AF783790

UNGRUH / JORDAN

Gleichlaufschaltungen von Asynchronmotoren

FLORENZ UNGRUH / HEINZ JORDAN

Gleichlaufschaltungen von Asynchronmotoren

Mit 120 Abbildungen

FRIEDR. VIEWEG & SOHN
BRAUNSCHWEIG 1964

ISBN 978-3-663-00592-6 ISBN 978-3-663-02505-4 (eBook)
DOI 10.1007/978-3-663-02505-4

Vorwort

Dieses Buch entstand aus Arbeiten der Verfasser im Elektromotorenwerk Bad Neustadt/Saale der SSW, in den AEG-Fabriken Brunnenstraße Berlin und im Institut für elektrische Maschinen der Technischen Hochschule Hannover.
Die Antriebstechnik kennt als ständig wiederkehrende Aufgabe den Gleichlauf mehrerer Maschinengruppen. Eine technisch besonders interessante Lösung gelingt durch Zusammenschalten von Drehstromasynchronmotoren mit Schleifringläufern. Sie ist unter dem Namen „elektrische Welle" bekannt. Obwohl man diese Schaltungen seit Jahrzehnten mit gutem Erfolg auf den verschiedensten Gebieten der Technik verwendet, erfordert ihre Projektierung ein ungewöhnlich hohes Maß an Kenntnissen der physikalischen Zusammenhänge. Daraus mag sich die gelegentlich zu beobachtende Unsicherheit oder Scheu gegenüber der Verwendung elektrischer Wellen erklären. Für den Ingenieur, der nur gelegentlich mit solchen Gleichlaufschaltungen zu tun hat, ist es schwierig, aus der großen Zahl der einschlägigen Veröffentlichungen die gesuchte Auskunft zu finden.
Das vorliegende Buch soll diese Lücke schließen. Der erste Teil gibt einen Überblick über die Arbeitsweise und die Anwendung der elektrischen Welle. Die Abschnitte über die Berechnung und Projektierung erklären das stationäre und dynamische Verhalten der einzelnen Schaltungen anhand einer einheitlichen Theorie. Die sich daraus ergebenden Schlußfolgerungen erlauben es dann jeweils rasch, die technisch richtigen Maßnahmen zu treffen.
Das Buch soll dem Praktiker als Nachschlagewerk dienen und dem theoretisch interessierten Ingenieur ein Ausgangspunkt für seine Berechnungen sein. Darüber hinaus zeigt es den Studierenden der Ingenieurwissenschaften, wie man durch geeigneten Ansatz auch komplizierte technische Aufgaben in einfacher Form darstellen und lösen kann.

Mülheim/Ruhr, September 1964
Dr.-Ing. *Florenz Ungruh*

Hannover, September 1964
Prof. Dr.-Ing. *Heinz Jordan*

Inhaltsverzeichnis

Einleitung

Mit der Einführung des Elektromotors erfolgte in der Technik eine Umstellung vom Einzel- und Gruppenantrieb zum Mehrmotorenantrieb. Heute ist die gesamte Motorleistung größerer Arbeitsmaschinen i.a. auf zahlreiche kleinere Motoren verteilt. Auf längere mechanische Wellen und die zugehörigen Getriebe-, Riemen- und Kettenübertragungen als Bindeglieder zwischen verschiedenen Antriebselementen wird möglichst ganz verzichtet.
Dieser technisch sinnvollen Entwicklung stehen oft erhebliche Schwierigkeiten entgegen, nämlich dann, wenn räumlich getrennte Maschinengruppen aus *technologischen* Gründen mit genau gleicher Drehzahl oder festem Drehzahlverhältnis angetrieben werden müssen. Eine solche Forderung kann von mechanischen Wellen und Übersetzungsgetrieben erfüllt werden, falls die Arbeitsmaschinen räumlich nicht allzu weit voneinander entfernt sind. Bei mehreren Einzelantrieben ist ein Gleichlauf jedoch normalerweise nicht gegeben und auch nicht ohne weiteres einzuhalten; denn die Drehzahl der meisten Antriebe ist mehr oder minder stark lastabhängig und daher nicht konstant.
Die Forderung nach Gleichlauf kann nun ohne mechanische Hilfsmittel auch auf rein *elektrischem* Wege erfüllt werden. Naheliegend ist z.B. die Verwendung von Synchronmaschinen als Antriebsmotoren. Diese Lösung scheidet jedoch wegen der Bindung an die unveränderliche synchrone Drehzahl und wegen der Schwierigkeiten beim Hochfahren und Synchronisieren der Antriebe i.a. aus. Eine andere Möglichkeit ist die Verwendung von drehzahlregelbaren Motoren in Verbindung mit einer geeigneten Gleichlaufsteuerung. Eine solche Anordnung sieht man vor, wenn der Arbeitsprozeß neben der Gleichlaufforderung eine Regelmöglichkeit für das Drehzahlniveau verlangt. Die einfachste und wirtschaftlichste Gleichlaufeinrichtung ist jedoch die sog. *„elektrische Welle"*. Sie entsteht durch ständer- und läuferseitiges Zusammenschalten zweier oder auch mehrerer Schleifringläufermachinen. Abb. 1 zeigt eine der möglichen Schaltungen. Die beiden Antriebsgruppen sind hierbei zusätzlich mit je einer normalen Drehstrom-Schleifringläufermaschine gekuppelt. Ihre Ständer liegen am Drehstromnetz. Infolge der bei Lastdifferenzen durch die elektrische Verbindung der Läuferwicklungen fließenden *Ausgleichströme* stellen sich die Wicklungsachsen der Läufer in beiden Wellenmaschinen auf eine bestimmte Stellung relativ zum Drehfeld ein, die auch im Lauf erhalten bleibt. Die zwischen den Antriebsgruppen auftretenden Lastdifferenzen werden also

durch die von den Ausgleichströmen hervorgerufenen Drehmomente der beiden Wellenmaschinen ausgeglichen.
Ein wesentlicher *Vorteil* der elektrischen Welle liegt in der Einfachheit ihres Aufbaus und in der Möglichkeit, *normale* Maschinen verwenden

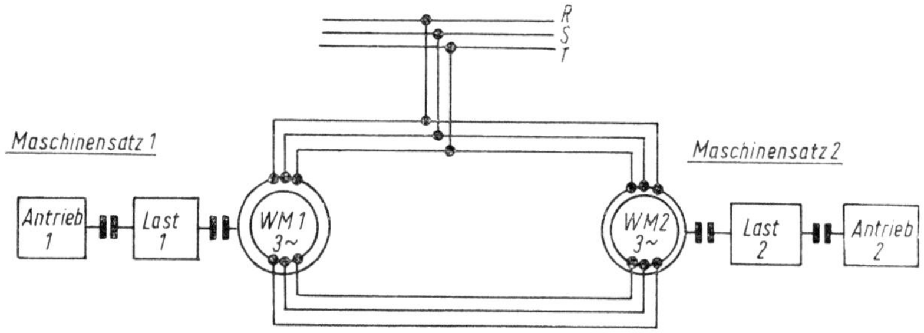

Abb. 1
Kupplung zweier Antriebsgruppen durch eine elektrische Welle

zu können. Diese Gleichlaufeinrichtung ist im Betrieb sehr robust, wenig störungsanfällig und kann bei sorgfältiger Projektierung in weiten Drehzahlbereichen und beiden Drehrichtungen ohne Schwierigkeit verwendet werden. Dabei sind die speziellen Anforderungen je nach der Anwendungsart oft sehr verschieden. In den meisten Fällen übernimmt die elektrische Welle direkt den *Ausgleich von Lastdifferenzen* zwischen zwei Antriebsgruppen. Sie muß demnach in der Lage sein, mehr oder weniger große Drehmomente und Leistungen direkt zu übertragen. Gelegentlich werden auch einzelne Nebenantriebe über elektrische Wellen mit einem Hauptantrieb gekuppelt und so in Gleichlauf gehalten. Hierbei wird oft auf besondere Antriebsmotoren für die Nebenantriebe verzichtet, so daß deren Lastmoment dauernd von der elektrischen Welle geliefert werden muß. In anderen Fällen geht es um die *Fernbetätigung* einer Stell- oder Anzeigevorrichtung. Hierbei sind die zu übertragenden Drehmomente zwar klein, aber die Anforderungen an die Winkelgenauigkeit der Übertragung sehr hoch. In diesem Zusammenhang bezeichnet man die elektrische Welle auch als „*Drehmelder*" (im angelsächsischen Sprachgebiet als „Synchro", aber auch Selsyn, Telesyn, Autosyn, Teletorque, Synchrotel, Synchrotie usw).

Die vielfältigen Verwendungsmöglichkeiten der elektrischen Welle erfordern große Sorgfalt und Erfahrung bei der Projektierung. Weil bei der Auslegung der Wellenmaschinen nicht allein das zu übertragende Drehmoment im *stationären* Betrieb zu berücksichtigen ist, ist eine genaue Kenntnis der *physikalischen* Wirkungsweise nötig. Die elektrische

Welle stellt nämlich eine *elastische* Verbindung zwischen den Maschinengruppen dar, deren Drehmassen auf diese Weise wie durch Torsionsfedern gekuppelt sind und daher *Drehschwingungen* ausführen können. Eine Überprüfung der dynamischen Verhältnisse ist unerläßlich, da bei Auftreten von Resonanzen oder bei ungenügender Abdämpfung von gegenseitigen Schwingungen der Antriebsgruppen ein einwandfreier Betrieb der Gleichlaufanordung nicht mehr gewährleistet ist.
Es gibt eine Reihe von *Schaltungsmöglichkeiten* für elektrische Wellen mit verschiedenen stationären und dynamischen Eigenschaften. Diese Tatsache läßt sich bei der Planung oft vorteilhaft ausnutzen. Daneben müssen aber auch jeweils die konstruktiven Gegebenheiten der Anlage überprüft werden, um störende Einflüsse von vornherein auszuschalten!

Im folgenden wird zunächst anhand einiger *Beispiele* auf die typischen *Anwendungsformen* der elektrischen Welle eingegangen. Auch die wichtigsten Drehmelderschaltungen sowie die Abwandlungen der elektrischen Welle für die Steuer- und Regelungstechnik (Nachlaufsteuerung, elektrisches Differential, elektrische Torsionswelle) werden der Vollständigkeit halber kurz erwähnt. Das Hauptgewicht wird dann auf die Darstellung der zur direkten Drehmomentübertragung benutzten elektrischen Welle gelegt. Von besonderer Bedeutung für den projektierenden Ingenieur ist die Kenntnis der *stationären* und *dynamischen* Eigenschaften der wichtigsten Gleichlaufschaltungen, die in weiteren Kapiteln behandelt werden. Dabei sei besonders auf die Zusammenfassung der Ergebnisse in den Abschnitten über die *Auslegung* elektrischer Wellen hingewiesen.

A. Allgemeiner Überblick über Gleichlaufantriebe mit elektrischer Welle

1. Wirkungsweise und Anwendungsformen der elektrischen Welle

1.1 Physikalische Wirkungsweise

Eine *mechanische* Welle hat die Aufgabe, Drehbewegungen über räumliche Entfernungen hinweg zu übertragen. Hierbei ist die Drehzahl an den Enden der Welle die gleiche, während sich abhängig von dem zu übertragenden Drehmoment eine elastische Verdrehung und somit ein bestimmter *Verdrehungswinkel* einstellt (Abb. 2a).
Ähnlich liegen die Verhältnisse bei der *elektrischen* Welle. Sie ersetzt die mechanische Welle durch zwei Schleifringläufermaschinen, die durch ihre elektrische Zusammenschaltung im Gleichlauf gehalten werden und die geforderten Drehmomente *elektromagnetisch* übertragen (Abb. 2b). Außer den Verbindungsleitungen sind keine mechanischen Verbindungselemente zwischen den Wellenmaschinen vorhanden.

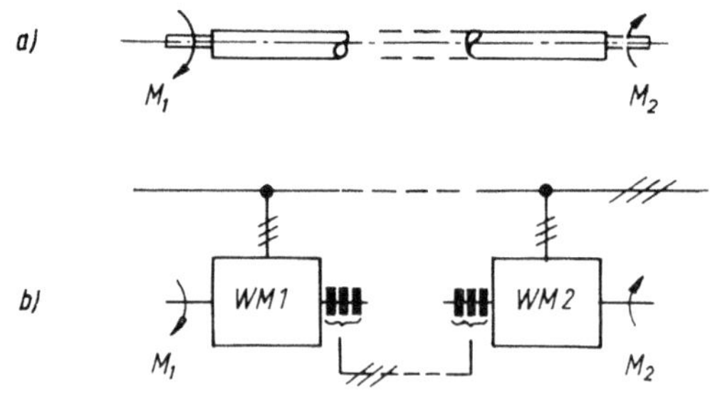

Abb. 2
Wellen zur Drehmomentübertragung
a) Mechanische Welle
b) Elektrische Welle

Zur Verwendung in der elektrischen Welle eignen sich grundsätzlich alle Schleifringläufermaschinen mit gleichen Spannungen und Strangzahlen. Meistens besitzen beide Wellenmaschinen im Ständer und Läufer Drehstromwicklungen; es werden aber auch Maschinen verwendet, die nur im Ständer oder im Läufer dreiphasige Wicklungen tragen, während der andere Teil der Maschine mit einer einphasigen Wicklung und gegebenenfalls mit einer gegen diese um 90° elektrisch versetzten Zusatzwicklung ausgestattet ist.
Die *Wirkungsweise* der elektrischen Welle läßt sich wie folgt beschreiben: In den beiden Wellenmaschinen werden vom Netz magnetische Felder

erzeugt, die gleiche Größe, gleiche Frequenz und gleiche zeitliche sowie räumliche Phasenlage haben (Abb. 3a). Ist die relative Lage der Ständer- und Läuferwicklungen zueinander infolge einer entsprechenden Läuferstellung bei beiden Maschinen dieselbe, dann werden in den nichterregten Wicklungen — hier im Läufer — Spannungen von gleicher Größe und Phasenlage induziert (Abb. 3b). Man kann sie daher so zusammenschalten, daß in den Läuferstromkreisen bei dieser Läufer-

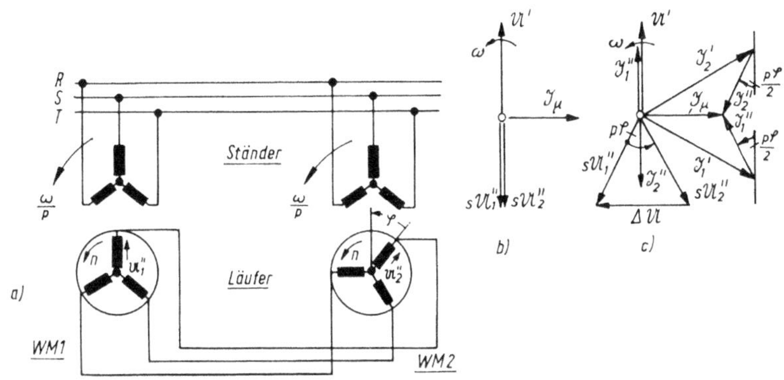

Abb. 3
Elektrische Welle mit Drehfelderregung, Ständer parallel am Netz
a) Schaltbild
b) Zeigerbild der Spannungen und Ströme, Maschinen unbelastet
c) Zeigerbild der Spannungen und Ströme, Maschinen belastet

stellung keine Ströme fließen. Verdreht man nun einen der Läufer um einen bestimmten Winkel, dann weichen die Läuferspannungen der beiden Maschinen in der Phasenlage voneinander ab (Abb. 3c). Die Spannungsdifferenz $\Delta\mathfrak{U}$ bringt *Ausgleichströme* zum Fließen, die zusammen mit den magnetischen Feldern Drehmomente erzeugen. Diese Drehmomente sind nach dem Lenzschen Gesetz so gerichtet, daß sie ihre Entstehungsursache zu beseitigen suchen und demnach die Läufer in die Ausgangsstellung zurückdrehen, ähnlich wie die Torsionsmomente bei einer mechanischen Welle. Die durch $\Delta\mathfrak{U}$ erzeugten Läuferströme werden im wesentlichen vom Streublindwiderstand des Läuferkreises begrenzt. Sie stehen daher nahezu senkrecht auf $\Delta\mathfrak{U}$ und sind dadurch in der Lage, die geforderten Ausgleichsmomente auszubilden. Der *Streublindwiderstand* ist also diejenige Größe, die dem System erst die Eigenschaften einer „Welle" erteilt [38]!
Man muß allerdings beachten, daß die Läuferspannungen außerdem noch *drehzahlabhängig* sind und verschwinden, wenn die Läufer synchron mit dem Drehfeld rotieren. Die Drehmomente sind daher eben-

falls drehzahlabhängig und verschwinden, wenn Läufer und Drehfeld in Drehzahl und Drehrichtung übereinstimmen.
Für die praktische Anwendung der elektrischen Welle haben sich nun einige *typische Anwendungsformen* herausgebildet. Sie sollen im folgenden anhand von *Beispielen* erläutert werden. Leider sind die Bezeichnungen für die verschiedenen Ausführungsarten nicht immer einheitlich. Die hier verwendeten Ausdrücke haben sich in der Fachliteratur und im Sprachgebrauch der Elektrotechniker in letzter Zeit immer mehr durchgesetzt.

1.2 Die elektrische Ausgleichwelle

In Abb. 1 treiben zwei unabhängig voneinander aufgestellte Antriebsmotoren 1 und 2 je eine Last an. Die beiden Machinensätze sind mit ständer- und läuferseitig elektrisch verbundenen Schleifringläufermaschinen gekuppelt. Das ist die *Grundform* der elektrischen Welle. Die Antriebsmotoren können Elektromotoren beliebiger Art oder auch andere Kraftmaschinen sein. Man muß lediglich die Wellenmaschinen so dimensionieren, daß sie mit Sicherheit die größte auftretende Drehmomentdifferenz zwischen den beiden Maschinengruppen 1 und 2 übertragen können. Die Typengröße der Wellenmaschinen richtet sich i.a. also nicht nach der absoluten Größe der geforderten Lastmomente! Sind die Belastungen der beiden Antriebsmotoren stets etwa gleich groß, dann können die Motoren für die elektrische Welle relativ klein bemessen sein. In manchen Fällen wird allerdings gefordert, daß auch bei Ausfall eines *Antriebsmotors* der Gleichlauf aufrecht erhalten bleibt. Hier benötigt man dann natürlich entsprechend größere Wellenmotoren.

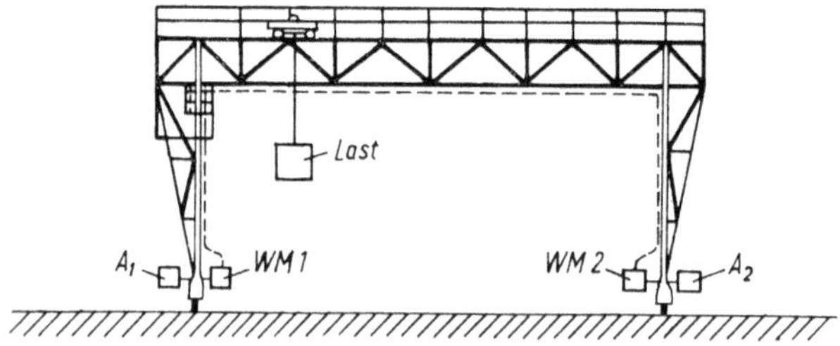

Abb. 4a
Fahrantrieb eines Brückenkranes, schematisch

In Abb. 4 ist als Beispiel für diese Form der elektrischen Welle der Fahrantrieb eines Brückenkrans schematisch dargestellt. An jeder Seite der Brücke ist das Fahrwerk mit einer Antriebsmaschine A und

Abb. 4b
Verladebrücke im Hafen von Bremen (Werkphoto AEG)

einer Ausgleichmaschine *WM* gekuppelt. Bei unterschiedlichem Fahrwiderstand wird die Differenz der geforderten Antriebsmomente von den Wellenmaschinen ausgeglichen.
Als weiteres Anwendungsbeispiel ist in den Abb. 5a und 5b die Wehranlage einer Staustufe dargestellt. Die Schütze werden hier von je einem

Abb. 5a
Staustufe Jochenstein/Donau
Ansicht vom Oberwasser aus (Werkphoto SSW)

Motor angetrieben. Jeder Antriebsmotor ist mit einem weiteren Drehstrommotor gekuppelt, wobei die jeweils zu einem Schütz gehörenden Gleichlaufmaschinen als elektrische Ausgleichwelle arbeiten. Die Wel-

Abb. 5b
Staustufe Jochenstein/Donau
Antriebs- und Gleichlaufaggregate (elektrische Ausgleichwellen) für die Doppelschütze der Wehranlage (Werkphoto SSW)

Abb. 6
Hebeböcke, gekuppelt mittels elektrischer Welle (Werkphoto AEG)

lenmaschinen sind dabei so dimensioniert, daß sie den Gleichlauf selbst bei Ausfall des zugehörigen Antriebsmotors noch aufrecht erhalten.
Abb 6 zeigt die Kupplung mehrerer Hebeböcke mittels elektrischer Welle.

1.3 Die Arbeitswelle

Es liegt nun die Frage nahe, ob nicht etwa die Wellenmaschinen gleichzeitig die Funktion der Antriebsmotoren und des Drehmomentausgleichs übernehmen können. Eine solche Anordnung ist in der Tat möglich, wenn man im Läuferkreis der Wellenmotoren einen gemeinsamen *Sternpunktwiderstand* wie in Abb. 7 vorsieht.

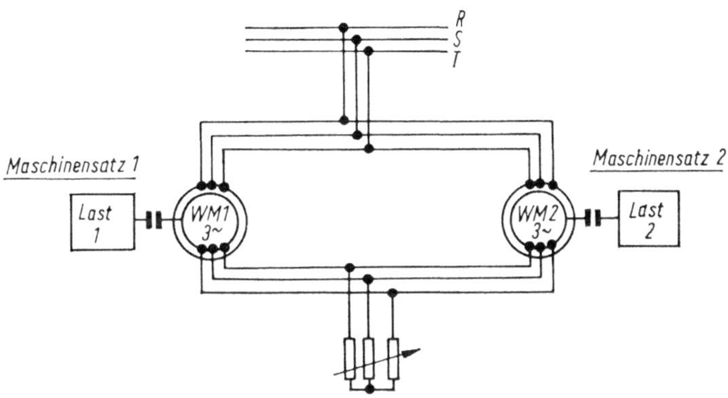

Abb. 7
Elektrische Arbeitswelle

Das Wesen der Drehmomentbildung in dieser Schaltung sei kurz erläutert. Die elektrische Ausgleichwelle nach Abb. 1 erzeugt solange überhaupt kein Drehmoment, wie sich die Wellenmaschinen mit gleicher Drehzahl bewegen und die Wicklungsstränge ihrer Läufer die gleiche räumliche Lage aufweisen. In diesem Bewegungszustand haben die induzierten Spannungen in den Läufern die gleiche Phasenlage. Da die gleichnamigen Stränge der beiden Maschinen im Läuferkreis *gegeneinander* geschaltet sind, heben sich die Spannungen gegenseitig auf. Die Läufer sind dann stromlos, und es wird kein Drehmoment erzeugt. Die elektrische Ausgleichwelle bildet also nur dann ein Drehmoment aus, wenn die beiden Maschinengruppen in der Phasenlage der Läuferspannungen nicht mehr übereinstimmen!
Bei der elektrischen Arbeitswelle verzichtet man auf eigene Antriebs-

motoren. Man muß daher dafür sorgen, daß ein antreibendes Drehmoment auch dann noch vorhanden ist, wenn die beiden Lastmomente absolut gleich groß sind und die Phasendifferenz der Läuferspannung verschwindet. Das gelingt mit Hilfe des Sternpunktwiderstandes. Jede Wellenmaschine erzeugt dann ein Antriebsmoment wie ein normaler Schleifringmotor, dessen Läuferwicklung auf einen Widerstand geschaltet ist. Daneben bleiben aber die Eigenschaften des Drehmomentausgleichs erhalten, weil ja die elektrische Verbindung zwischen den Läuferwicklungen nach wie vor vorhanden ist, wie bei der Ausgleichwelle.

Dem Anwendungsbereich der elektrischen Arbeitswelle ist eine natürliche *Grenze* gesetzt. Die Betriebsdrehzahl darf nämlich 80 bis 90% der synchronen Drehzahl des Drehfeldes der Wellenmaschinen nicht überschreiten. Das ist leicht einzusehen, wenn man bedenkt, daß bei synchroner Drehzahl im Läuferkreis keine Spannungen mehr induziert werden und damit dann auch keine Drehmomentbildung mehr erfolgt. Diese Drehzahlabhängigkeit des Ausgleichmoments wird später noch erläutert. Für die elektrische Arbeitswelle ergibt sich damit, daß die Größe des Sternpunktwiderstandes der Belastung so angepaßt sein muß, daß der erforderliche Abstand zur synchronen Drehzahl des Drehfeldes gewahrt bleibt!

Die hier beschriebene Anordnung hat sich für eine Reihe von Antrieben mit etwa *konstantem Lastmoment* gut bewährt, beispielsweise bei Kranen, Verladebrücken und in Sonderfällen auch bei Werkzeugmaschinen. Besonders häufig wird sie in der Textilindustrie zum Antrieb von Krempelsätzen verwendet. Abb. 8 zeigt einen Krempelsatz, bei dem drei einzelne Krempel von je einem Schleifringläufermotor angetrieben werden. Die Antriebsmotoren befinden sich in der Schaltung als elektrische Arbeitswelle und werden so im Gleichlauf gehalten. Das zu verarbeitende Fasermaterial durchläuft dabei nacheinander die drei Krempel in einem gleichmäßigen Bewegungsablauf.

Man wird die Ausgleichwelle nach Abb. 1 der Arbeitswelle immer dann vorziehen, wenn die Lastschwankungen besonders groß oder die zusätzlich in den Sternpunktwiderständen auftretenden Verluste aus wirtschaftlichen Gründen nicht tragbar sind.

Abb. 9 zeigt als weiteres Anwendungsbeispiel eine mit elektrischen Wellen ausgerüstete Hubbrücke,

1.4 Die Ferndreherwelle

Ein Sonderfall der elektrischen Ausgleichwelle hat besondere Bedeutung erlangt: die elektrische *Ferndreherwelle*. In der Praxis ergibt sich oft die Forderung, einen Nebenantrieb mit dem Hauptantrieb in Gleichlauf zu halten. So wird bei Drehbänken, wie in Abb. 11a skizziert, häufig

Abb. 8
Elektrische Arbeitswelle mit drei Wellenmaschinen als Antrieb eines Drei-Krempelsatzes in einem Textilbetrieb (Werkphoto SSW)

Abb. 9
Die größte Hubbrücke Europas mit elektrischer Welle (Werkphoto AEG)

verlangt, daß die Vorschubgeschwindigkeit des Supports in einem festen Verhältnis zur Drehzahl des Hauptantriebes steht — eine Forderung, die z.B. zur Herstellung von sauberen Gewinden unerläßlich

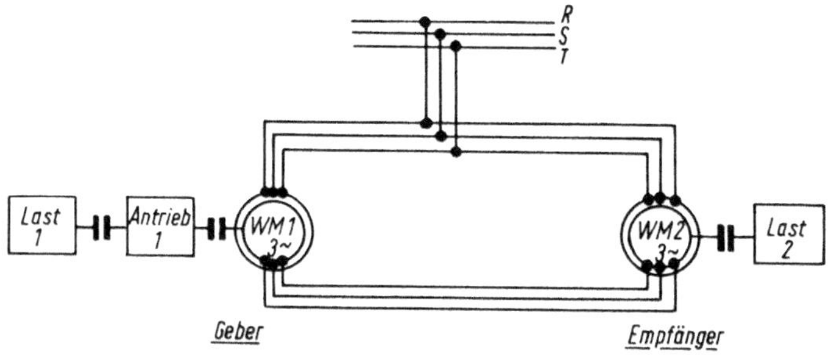

Abb. 10
Elektrische Ferndreherwelle

ist. Da die Antriebsleistungen für die Spindel einerseits und den Support andererseits sehr verschieden sind, verzichtet man für den Support, ganz auf einen eigenen Antriebsmotor und überträgt die gesamte für die Supportbewegung benötigte Leistung über eine Ferndreherwelle.

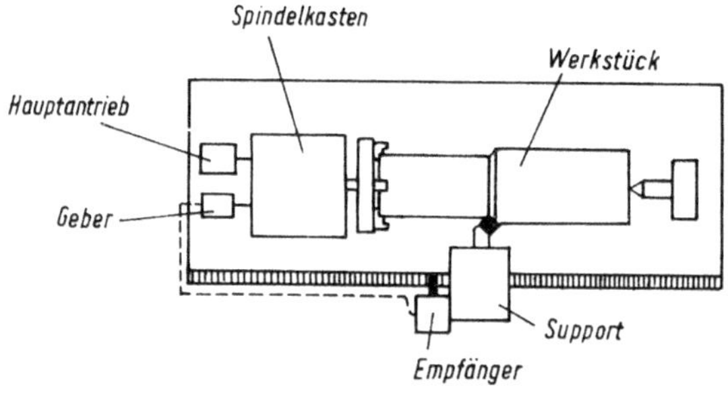

Abb. 11a
Support-Antrieb einer Drehbank, schematisch

Die Anordnung der elektrischen Ferndreherwelle zeigt Abb. 10. Eine Wellenmaschine, der *Geber*, ist mit dem Hauptantriebsmotor gekuppelt, die andere, der *Empfänger*, mit dem Support. Man spricht von Geber und Empfänger, da im Gegensatz zur Ausgleichwelle bei der Ferndreherwelle die Richtung des Energieflusses unveränderlich vorgegeben ist. Der Geber entnimmt die geforderte Leistung im wesentlichen dem Hauptantrieb. Der Empfänger treibt als Motor die Last 2 an. Abb.

Abb. 11b
Elektrische Ferndreherwelle als Supportantrieb an einer Spitzendrehbank (Werkphoto SSW)

Abb. 12
Elektrische Wellen zum Antrieb der Supporte an einem Großkarussell (Drehdurchmesser 15m) (Werkphoto SSW)

11b zeigt das Foto einer Spitzendrehbank, bei der eine elektrische Ferndreherwelle zum Antrieb des Supports dient.
Auch beim Großkarussell in Abb. 12 werden die beiden Supporte von elektrischen Ferndreherwellen angetrieben. Jeder Support hat einen

eigenen am Spindelkasten angebauten Geber. Die Wellenmaschinen können daher unabhängig voneinander betrieben werden.
Ferndreherwellen werden auch häufig in der Textil- und Papierindustrie und in vielen Bereichen der Verfahrenstechnik verwendet.

1.5 Gleichlaufregelungen mit elektrischen Wellen

Neben den drei wichtigsten Formen der elektrischen Welle zur *direkten Leistungsübertragung* — der elektrischen Ausgleichwelle, der Arbeits- und Ferndreherwelle — besteht die Möglichkeit, Abwandlungen der Ausgleichwelle als Zusatzeinrichtungen zu verwenden, um damit *drehzahlregelbare* Antriebe im Gleichlauf zu halten oder auf konstantes Drehzahlverhältnis zu regeln.

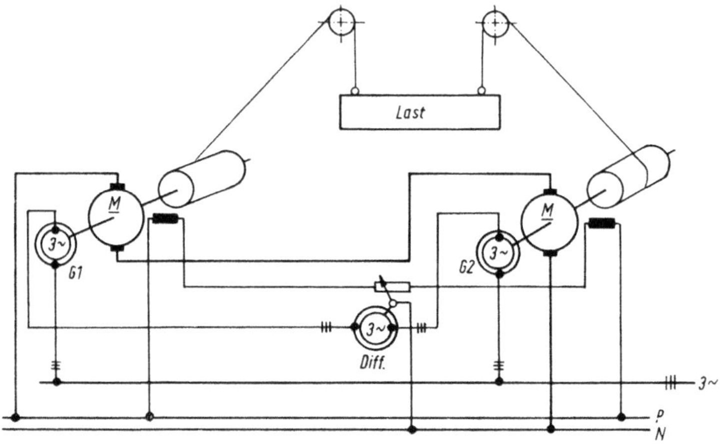

Abb. 13
Gleichlaufregelung mit elektrischem Differential, am Beispiel zweier parallel arbeitender Hubwerke
G1, G2 — Geber 1 und 2
Diff. — Differential

Bekannt ist das *elektrische Differential* — so genannt wegen der Ähnlichkeit seiner Funktion mit der eines mechanischen Differentials. In Abb. 13 ist die Schaltung einer solchen Regelung für ein Anwendungsbeispiel dargestellt. In diesem Beispiel sind zwei getrennt angeordnete und einzeln angetriebene Hubwerke so zusammengeschaltet, daß sie gemeinsam betrieben werden können. Für die Gleichlaufregelung sind die beiden Antriebsmotoren der Winden zusätzlich mit je einer kleinen ständerseitig dreiphasig vom Netz erregten Schleifringläufermaschine (Geber 1 und 2) gekuppelt. Die Läuferwicklungen werden nun nicht —

wie bei einer gewöhnlichen Ausgleichwelle — unmittelbar miteinander verbunden, sondern auf eine dritte Maschine, das elektrische Differential, geschaltet. Solange die beiden Geber 1 und 2 genau die gleiche Drehzahl besitzen, wird das Differential in Ständer und Läufer mit der gleichen Frequenz gespeist, es steht daher still. Sobald sich aber eine beginnende Drehzahlabweichung durch eine Änderung in der gegenseitigen Phasenlage der Läuferspannungen beider Geber bemerkbar macht, folgt daraus eine entsprechende Drehbewegung des Läufers am Differential, die zu einer *Drehzahlkorrektur* benutzt werden kann.

Die beschriebene Anordnung ist in der Lage, ein vorgegebenes Drehzahlverhältnis mit großer Genauigkeit einzuhalten! Die Größe der vorübergehend auftretenden Abweichungen wird jedoch durch die „Güte" der als Geber und Differential verwendeten Schleifringläufermaschinen bestimmt. So gehen vor allem die mechanische Reibung

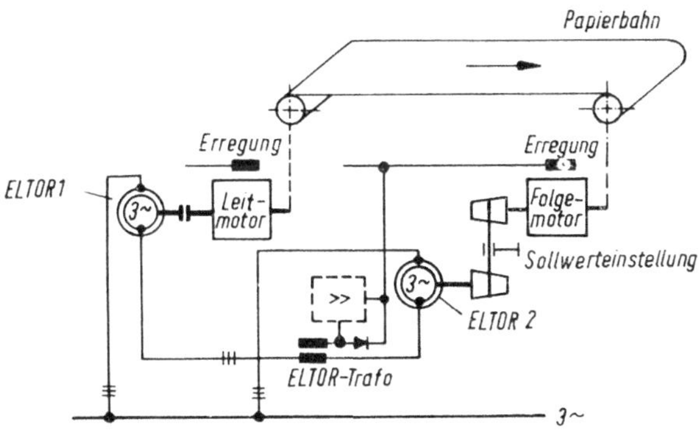

Abb. 14
Elektrische Torsionswelle zur Gleichlaufregelung

des Differentials sowie sein Magnetisierungsbedarf und sein elektromagnetisch bedingter Stellungsfehler stark in die Regelgenauigkeit ein.

In den meisten Fällen, z.B. in der Hebezeugtechnik (Abb. 13), ist der Winkelfehler völlig bedeutungslos, wenn nur der absolute Gleichlauf über längere Zeit hinweg gewährleistet ist. Höher sind die Genauigkeitsforderungen jedoch oft in der Textil- und Papierindustrie, wenn es darum geht, eine Papierbahn mit konstantem Zug oder bei genau vorgegebener Streckung zu transportieren (Abb. 14). Auch für diese Aufgabe ist eine Regelung mit elektrischem Differential grundsätzlich geeignet. Die oben erwähnten Mängel des Differentials lassen sich

Abb. 15a
Papiermaschine mit Mehrmotorenantrieb und ELTOR-Gleichlaufregelung (Werkphoto SSW)

Abb. 15b
ELTOR-Leiteinrichtung zur Steuerung der Antriebsmotoren einer Papiermaschine nach Abb. 15a (Werkphoto SSW)

weitgehend durch Übergang auf die *elektrische Torsionswelle*, kurz ELTOR-System genannt, vermeiden. Auch hier sind, wie beim elektrischen Differential, zwei normale Schleifringläufermaschinen (ELTOR 1 und 2) mit den Hauptmotoren (Leit- und Folgemotor genannt) gekuppelt. Das Differential ist dann durch einen *Transformator* ersetzt, der in die Läuferverbindung zwischen den beiden Gebern eingeschaltet wird. Der bei einer Läuferverdrehung zwischen den beiden ELTOR-Maschinen auftretende Strom wird dann als Kriterium für die „elektrische Torsion" der Welle im ELTOR-Transformator gemessen und dient als Eingangsgröße für die Drehzahlkorrektur des Folgemotors. Mit einem derartigen System lassen sich sehr gute Regelungseigenschaften erzielen [80,101].

In Abb. 15a ist eine Papiermaschine mit Mehrmotorenantrieb dargestellt. Ihre zahlreichen Antriebsmotoren werden mit Hilfe der in Abb. 15b wiedergegebenen ELTOR-Leiteinrichtungen im Gleichlauf gehalten.

1.6 Drehmelder

Elektrische Wellen zur Fernübertragung sehr kleiner Drehmomente oder zur Fernanzeige von Winkelstellungen bezeichnet man als *Drehmelder*. Da an derartige Gleichlaufmaschinen erhöhte Anforderungen gestellt werden, darf man hierfür nicht mehr normale Schleifringläufermotoren verwenden. Für diese Zwecke wurden besondere „*Drehmelder*" entwickelt (Abb. 16 und 17). Sie sind in ihrem grundsätzlichen Aufbau zwar einem normalen Schleifringläufermotor ähnlich, aber konstruktiv und elektrisch so dimensioniert, daß mit ihnen hohe Übertragungsgenauigkeiten von Winkelstellungen erreicht werden können. Solche Drehmelder werden *stets zweipolig* und für *einphasigen Netzanschluß* gebaut! Die einphasige Erregerwicklung ist zur Verminderung der Reibungsverluste im *Läufer* angeordnet (2 statt 3 Bürsten). Als kennzeichnende Größe für die Leistungsfähigkeit einer solchen elektrischen Gleichlaufanordung kann beispielsweise die erzielbare *Anfangssteilheit* c_0 der Drehmomentkennlinie gelten. Zur Orientierung ist in Abb. 18 die Steilheit c_0 für Stillstand über der Motornennleistung aufgetragen. Diese Werte gelten für serienmäßige Motoren mit Eigenlüftung.

Neben der Anwendung als *Momenten*drehmelder (torque — synchro) zur direkten Drehmomentübertragung werden diese Sondermachinen mit geringen Abwandlungen als *Steuer*drehmelder (control — synchro) für *Nachlaufsteurungen* in Verbindung mit einem *Stellmotor* (servomechanism) und außerdem als *Funktions*drehmelder (resolver) für Analogiegeräte und zur Ausführung von Rechenoperationen benutzt. Diese kurze Übersicht zeigt wiederum die Vielseitigkeit der Anwendungsformen von Gleichlaufsystemen mit *induktiven* Bauelementen auch

Abb. 16a
Ansicht eines Momentendrehmelders in einer Montageplatte (Werkphoto S&H)

Abb. 16b
Drehmelder nach Abb. 16a, teilweise aufgeschnitten (Werkphoto S&H)

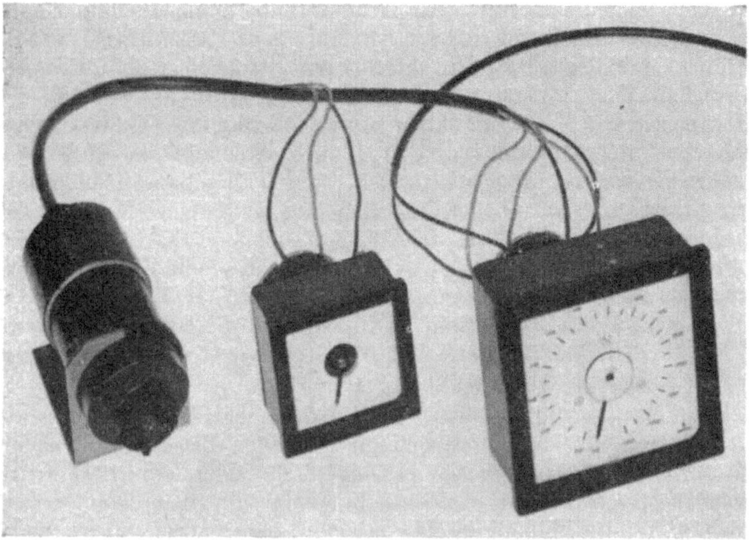

Abb. 17
Drehmelder zur Fernanzeige
Anordnung mit einem Geber und zwei Empfängern (Werkphoto S&H)

außerhalb des Starkstromgebietes im Bereich der Steuer-, Meß- und Regelungstechnik.

Nun sollen anhand einfacher *Anwendungsbeispiele* die besonderen Merkmale der Drehmeldertechnik erläutert werden. Wir betrachten zunächst den einfachen Fall der Fernanzeige von Meßwerten mit Hilfe eines Momentendrehmelders (Abb. 19). In diesem Beispiel wird die Ruderstellung eines Schiffes vom Geber der Drehmelderanordung

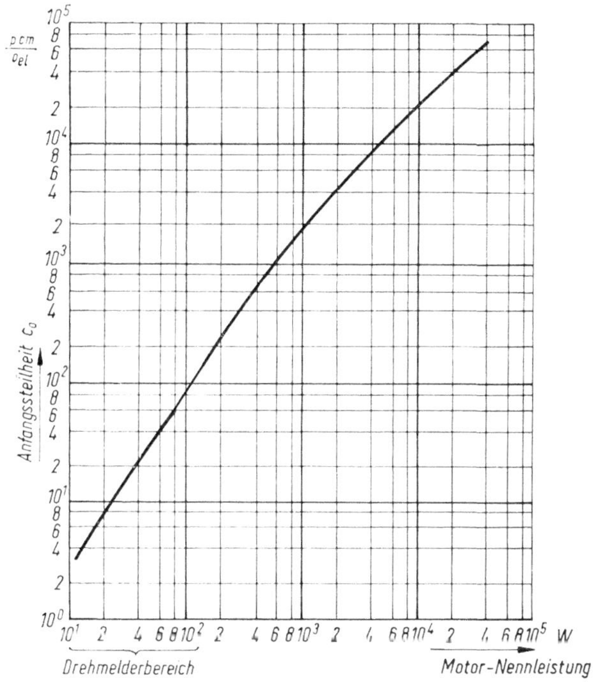

Abb. 18
Anfangssteilheit c_0 der Drehmomentlinie bei Stillstand der elektrischen Welle in Abhängigkeit von der Motor-Nennleistung der Wellenmaschinen

auf mehrere Empfänger übertragen und so an beliebiger Stelle sichtbar gemacht. Die Genauigkeit der Übertragung ist durch die Eigenschaften der verwendeten Drehmelder bestimmt. Bei den auf dem Markt erhältlichen Systemen dieser Art wird im Leerlauf ein größter Fehler von 1 Winkelgrad garantiert. Diese Genauigkeitsangabe berücksichtigt alle dem System eigentümlichen *Fehlerquellen*, also sowohl die *elektromagnetischen* Fehler (infolge von Wicklungs- und Nutungsoberwellen, Luftspaltungssymmetrien, Läuferexzentrizitäten usw.) als auch die *Lagerreibung* der Empfänger. Bei zusätzlicher äußerer Belastung auf der Empfängerseite, z.B. durch lange Zeiger oder Betätigungseinrichtungen, kann noch ein *Lastfehler* hinzukommen. Als kennzeichnende Größe für

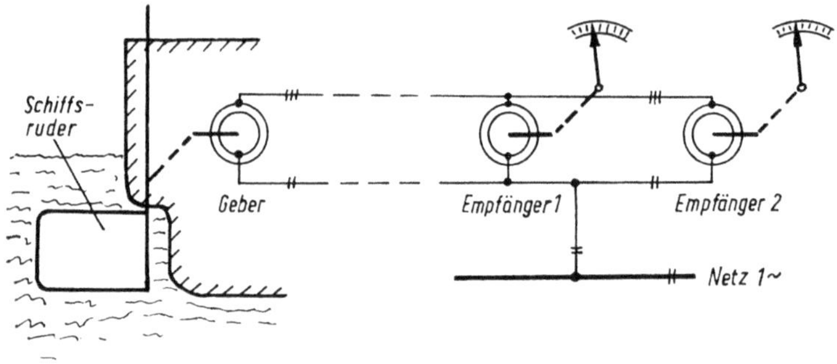

Abb. 19
Momentendrehmelder für Fernanzeige der Ruderstellung

die Belastbarkeit der Momentendrehmelder wird von den Herstellern die Steilheit der Momentenkennlinie angegeben (z. B. 20 pcm/° elektrisch, Abb. 18), mit deren Hilfe der Lastfehler leicht errechnet werden kann. Zur Unterdrückung von Pendelungen um die Gleichgewichtslage sind die Empfänger einer Drehmeldergruppe meistens noch mit einem eingebauten mechanisch oder elektromagnetisch wirkenden *Schwingungsdämpfer* ausgerüstet.

Im obigen Biespiel einer reinen Anzeige kann die Belastung und somit der Fehler sehr klein gehalten werden. Mit zunehmender Last, wenn etwa ein Schreiber zu führen oder ein Stellglied abhängig vom Meßwert zu betätigen ist, wird der Lastfehler aber u.U. unerwünscht groß.

Beim Momentendrehmelder muß am Geber das volle zur Bewegung des Empfängers erforderliche Drehmoment aufgebracht werden. Man hat dabei zu berücksichtigen, daß das zur Betätigung des Gebers verwendete Element genügend leistungsfähig ist, daß also die Rückwirkung der Belastung den Meßwert nicht verfälscht. Immer dann, wenn am Empfänger größere Leistungen verlangt werden, empfiehlt sich die Verwendung einer *Nachlaufsteuerung*. Bei dieser Anordnung dienen die Drehmelder nur zur Steuerung eines Stellmotors, der seine Energie aus dem Netz bezieht.

Abb. 20a zeigt die Wicklungsanordnung und Schaltung einer Nachlaufsteuerung mit Drehmeldern. Der Geber wird wie üblich im Läufer einphasig vom Netz erregt. Über die miteinander verbundenen dreiphasigen Ständerwicklungen wird das Wechselfeld auf die Empfängermaschine übertragen. Die in der einphasigen Läuferwicklung des Empfängers induzierte Wechselspannung (Abb. 20b) ist proportional dem Sinus des eingezeichneten Winkels $p\varphi$, wenn dessen Bezugsachse senkrecht zur Läuferwicklungsachse des Gebers definiert wird. Die Läufer-

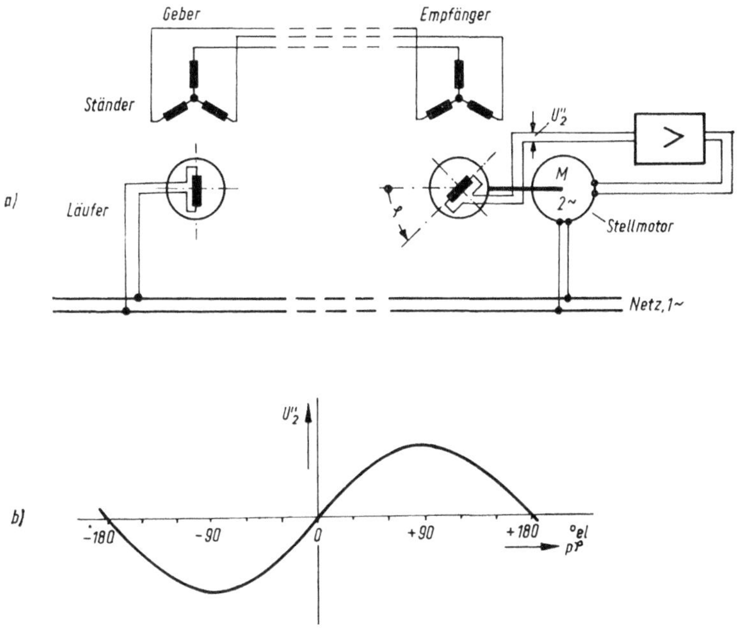

Abb. 20
Nachlaufsteuerung
a) Wicklungsanordnung und Schaltung
b) Abhängigkeit der Steuerspannung von der relativen Läuferstellung

spannung des Empfängers wird über einen Verstärker auf die Steuerwicklung eines „phasenempfindlichen" Stellmotors (z.B. eines Ferraris-Motors) geschaltet, der den Empfängerläufer auf $\varphi = 0$ zurückdreht und somit stets in eine von der Läuferstellung des Gebers abhängige Lage bringt. Wichtig für die Genauigkeit der Regelung ist in erster Linie der (sehr kleine) elektrische Fehler der verwendeten Drehmelder und die Restspannung bei $\varphi = 0$ in Verbindung mit der Ansprechempfindlichkeit des Stellmotors. Bei Speisung des Drehmeldersystems mit Netzfrequenz ist die erreichbare Genauigkeit oft höher als ± 1 Grad. Noch kleinere Fehlerabweichungen von z.B. ± 10 Minuten oder gar in der Größenordnung nur einiger Bogenminuten werden durch Übergang auf *höhere* Erregerfrequenzen (z.B. 400 Hz) erreicht!

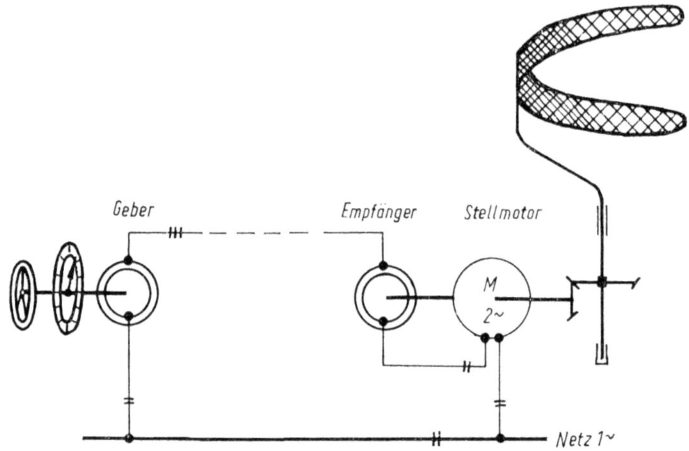

Abb. 21
Nachlaufsteuerung mit Drehmeldern zur Fernbedienung einer Antenne

Als Beispiel für eine Nachlaufsteuerung ist in Abb. 21 eine Anordnung zur Ferneinstellung einer Antenne mit Hilfe von Steuerdrehmeldern gezeigt. In ähnlicher Weise werden auch Fahrzeugsteuerungen, z.B. die Kursregelung von Schiffen, ausgeführt. Der Geber wird auf der

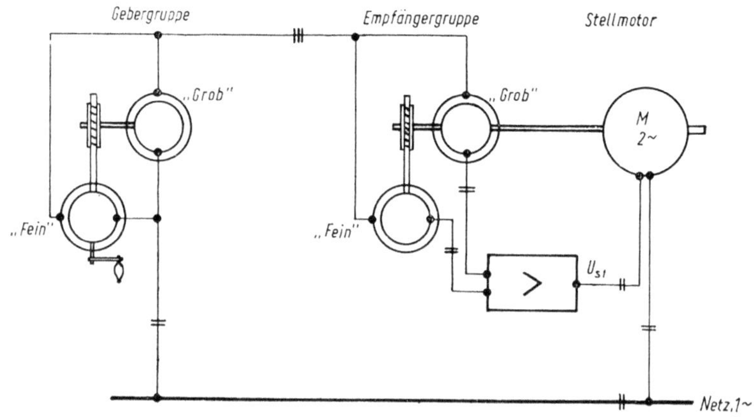

Abb. 22
Überordnung mehrerer Drehmeldersysteme zur Steigerung der Genauigkeit einer Nachlaufsteuerung (Grob-Fein-Systeme)

Kommandobrücke von Hand oder von einem Kreiselkompaß als Kursregler eingestellt. Ein vom Empfänger gesteuerter Hilfsantrieb hält die Ruderstellung stets in Übereinstimmung mit dem vorgegebenen Sollwert.

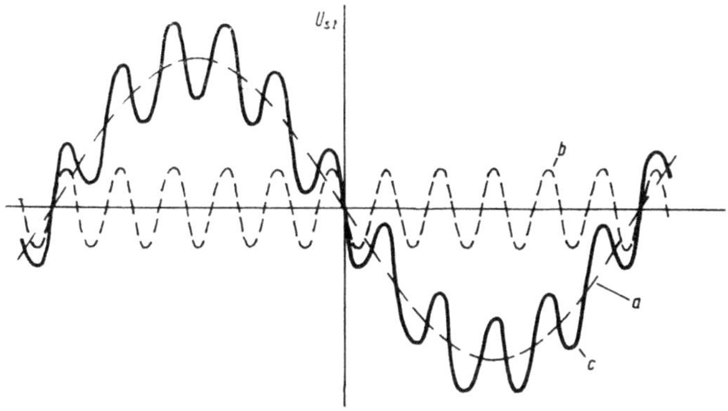

Abb. 23
Steuerspannung bei Überordnung mehrerer Drehmeldersysteme
a) Spannung des „Grob"-Systems
b) Spannung des „Fein"-Systems
c) Gesamt-Steuerspannung

Die *Genauigkeit* der Steuerung kann auf andere Weise noch erheblich gesteigert werden. Abb. 22 zeigt die Überordnung eines „*Fein*"-Systems über das normale Drehmelderpaar („*Grob*"-System). Wie aus Abb. 23 hervorgeht, wird dadurch die Steilheit der Steuerspannung in unmittelbarer Nähe der Abgleichstellung sehr stark heraufgesetzt und damit die Genauigkeit entsprechend verbessert. Die beiden Drehmelderpaare müssen über Präzisionsgetriebe mechanisch gekuppelt werden. An den Gebern läßt sich jede gewünschte Winkelstellung von Hand oder auch nach irgendeinem Programm einstellen. In Abb. 24 ist als Beispiel das Foto einer Anlage mit einer derartigen Steuerung dargestellt.

Der *Funktions-* oder *Rechen*drehmelder (resolver) dient ausschließlich zur Übertragung oder Umwandlung von *Informationen.* Sein konstruktiver Aufbau entspricht dem des Momentendrehmelders. Lediglich die Wicklungsanordnung ist anders. Im Ständer sind meistens in zwei aufeinander senkrechten Achsen getrennte Wicklungen angeordnet, während der Läufer eine oder auch zwei aufeinander senkrechte Wicklungen trägt. Der Funktionsdrehmelder vermag eine vorgegebene Läuferstellung nach einer beliebigen Bezugsrichtung in ihre Sinus-

und Cosinuskomponenten zu zerlegen oder umgekehrt eine in Koordinaten vorgegebene Lage des Läufers einzustellen. Auch Vektorad-

Abb. 24a
Drehmelder zur Stellungsanzeige an einer Richtmaschine.
Im Vordergrund das Steuerpult mit der Empfänger-Anzeige (Werkphoto S&H).

Abb. 24b
Rückansicht der Richtmaschine nach Abb. 24a.
Im Montagesockel der Anstellmotoren sind die Geber-Drehmelder und ihre Anschlüsse sichtbar (Werkphoto S&H).

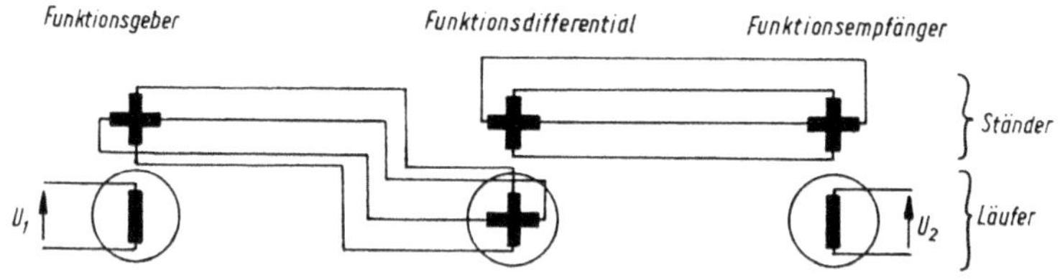

Abb. 25
Funktionsdrehmelderanordnung

ditionen und Subtraktionen und, in Verbindung mit einem Funktionsdifferential, auch Vektordrehungen können auf diese Weise ausgeführt werden (Abb. 25).

Funktionsdrehmelder kommen sowohl in Kombinationen mehrerer Systeme als auch als Einzelgeräte vor. Ein weites Anwendungsgebiet finden sie im Bereich der Automation von Arbeitsprozessen und bei Werkzeugmaschinensteuerungen. Drehmeldersysteme für höhere Frequenzen (400 Hz) werden in großem Umfang für Flugzeug- und Raketensteuerungen verwendet.
Nach diesem Überblick über die *Anwendungsmöglichkeiten* der elektrischen Welle soll nunmehr auf ihre *Schaltungsarten* näher eingegangen werden.

2. Schaltungsarten der elektrischen Welle

Die elektrische Welle wurde in den bisher gezeigten Schaltbildern vorwiegend so dargestellt, daß die Ständerwicklungen der beiden Wellenmaschinen *parallel* an das *Drehstrom*netz angeschlossen waren. Diese Schaltung wird zwar sehr häufig angewendet, sie ist aber keineswegs die einzig mögliche, und es kann u.U. je nach dem Anwendungsfall und den gewünschten Betriebseigenschaften auch eine der vielen anderen möglichen Schaltungen bessere Ergebnisse zeigen. Es sollen daher in diesem Abschnitt die typischen Eigenschaften der wichtigsten Schaltungen gegenübergestellt werden, um dem projektierenden Ingenieur die Auswahl von Fall zu Fall zu erleichtern.
Zuvor sind noch einige allgemeine Gesichtspunkte zu beachten. Bei der elektrischen Welle ist das von den Wellenmotoren erzeugte Drehmoment sowohl vom Verdrehungswinkel der Wellenmaschinen als auch von der Drehzahl und der Drehrichtung hinsichtlich des Drehfeldes abhängig. Die eigentliche Veränderliche ist jedoch der *Verdrehungswinkel* φ; denn dieser stellt sich nach den momentanen Lastverhältnissen ein, während die Drehzahl i.a. eine durch den Antrieb von vornherein fest vorgegebene Größe darstellt und daher als *Parameter* anzusehen ist. Unter der „Drehmomentkennlinie" wird daher hier stets die Abhängigkeit des Drehmoments vom Verdrehungswinkel der Läufer verstanden. Die Eigenschaften der elektrischen Welle werden dann zweckmäßig als Funktion des *elektrischen* Verdrehungswinkels $p\varphi$ zwischen den Wicklungsachsen angesehen. Er ergibt sich aus dem mechanischen Winkel φ durch Multiplikation mit der Polpaarzahl p der Wellenmotoren.
Der Winkel φ und die Drehmomente der Wellenmotoren werden in Richtung des Drehfeldes *positiv* gezählt. Dreht sich z.B. die elektrische Welle in Richtung des Drehfeldes, dann bleibt die stärker belastete Maschine in der Phasenlage relativ zum Drehfeld etwas zurück. Der Verdrehungswinkel ist in diesem Fall für die betreffende Maschine negativ, das zugehörige Drehmoment jedoch positiv, da es den Nacheil-

winkel auszugleichen sucht und daher in Richtung des Drehfeldes wirken muß. Bei der Darstellung der Drehmomente der Wellenmotoren über dem Verdrehungswinkel sind daher negativen Verdrehungswinkeln i.a. positive Drehmomente zugeordnet und umgekehrt.

2.1 Dreiphasige symmetrische Schaltungen

In Abb. 26 ist anhand von zwei Schaltungsbeispielen gezeigt, wie man die Ständerwicklungen einer elektrischen Welle bei dreiphasigem Netzan-

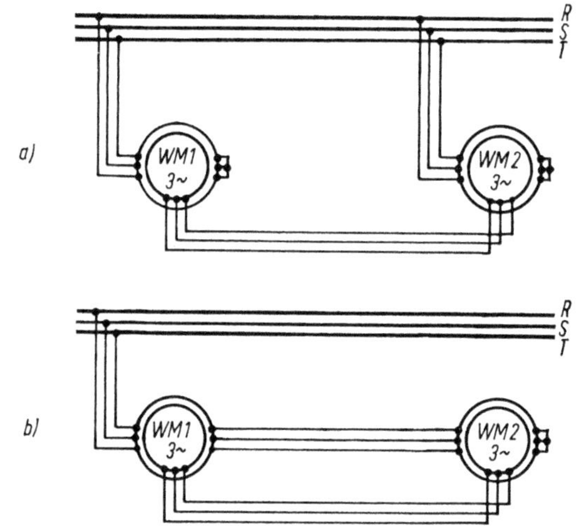

Abb. 26
Schaltungsbeispiele für elektrische Wellen mit dreiphasigem Netzanschluß
a) Parallelschaltung der Ständerwicklungen
b) Reihenschaltung der Ständerwicklungen

schluß entweder parallel oder in Reihe an das Drehstromnetz anschließen kann. Da die Läuferverbindungen bei diesen Schaltungen gleich sind, wird in beiden Fällen ein Gleichlauf erzielt. Trotzdem zeigt das Betriebsverhalten beider Schaltungsarten wesentliche Unterschiede. Sie kommen am deutlichsten in dem völlig andersartigen Verlauf der Drehmomentkennlinien zum Ausdruck.
In einer Übersicht sind in Abb. 27 die verschiedenen Schaltungsmöglichkeiten aufgeführt. Die angegebenen *Kurzbenennungen* erlauben eine eindeutige Kennzeichnung der Schaltungsart. In der dritten Spalte ist als wesentliche Eigenart der jeweiligen Schaltung der Verlauf der Drehmomentkennlinien $M = f(p\varphi)$ skizziert. Die dp-Schaltung zeigt mit zunehmendem Verdrehungswinkel einen steilen Anstieg des Drehmoments mit einer Kennlinie, die etwa der eines Synchronmotors entspricht. Im Bereich von 90 elektrischen Winkelgraden wird ein Maximum der Momente erreicht mit einem anschließenden Absinken auf Null bei einer Winkelstellung von nahezu 180 Grad elektrisch.

Bei normaler Ausnutzung der Wellenmaschinen und Berücksichtigung einer gewissen Überlastbarkeit arbeitet eine elektrische Welle in dp-Schaltung mit Winkelverdrehungen von etwa 15 bis 30 Grad elektrisch.

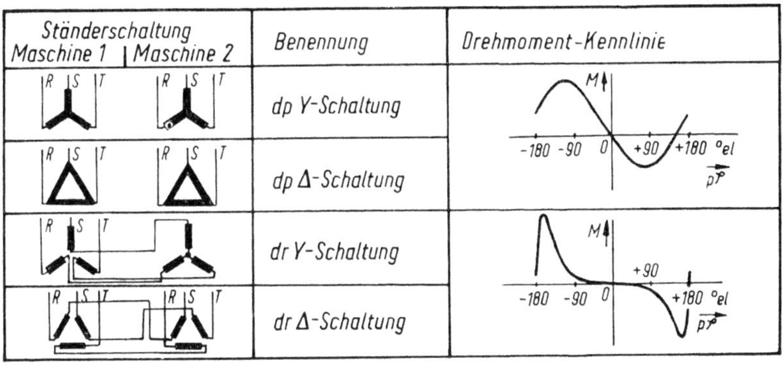

Abb. 27
Übersicht der Schaltungsarten mit dreiphasigem *symmetrischem* Netzanschluß
dp-Ständerwicklungen *d*reiphasig *p*arallel am Netz
dr-Ständerwicklungen *d*reiphasig in *R*eihe am Netz

Aus der in Abb. 27 dargestellten Kennlinie der dr-Schaltung geht hervor, daß bei Reihenschaltung der Ständerwicklungen schon bei kleinen Belastungen große Winkelverdrehungen auftreten. Das Kippmoment wird erst relativ spät bei einer Verdrehung von etwa 150 Grad elektrisch erreicht. Die Höhe des Kippmoments übertrifft jedoch das bei der dreiphasigen Parallelschaltung auftretende. Man wird daher die Parallelschaltung immer da verwenden, wo eine sehr kleine Winkelverdrehung verlangt wird — wie etwa bei Drehbänken zum Schneiden eines genauen Gewindes. Wenn dagegen eine gewisse „*Lose*" in Kauf genommen werden kann — natürlich unter Wahrung des absoluten Gleichlaufs — wird man die Reihenschaltung wegen ihres höheren Kippmoments vorziehen. Anwendungsbeispiele für die Reihenschaltung sind Kran-, Wehrantriebe u. ä.
Es wurde schon erwähnt, daß die Kippmomente M_{vk} der Wellenmaschinen drehzahlabhängig sind und daß keine Drehmomente übertragen werden, wenn Läufer- und Drehfelddrehzahl übereinstimmen. In Abb. 28 ist für die dp-Schaltung die Abhängigkeit der an den beiden Wellenmaschinen auftretenden Kippmomente von der Drehzahl n bzw. vom Schlupf s dargestellt. Diese Kippmomente der Wellenmaschinen oder kurz Wellenkippmomente sind dabei auf das Kippmoment M_k bezogen, das sie im Betrieb als normaler Asynchronmotor entwickeln. Man hat zwischen diesen Kippmomenten streng zu unter-

scheiden! Das höchste von einer elektrischen Ausgleichwelle übertragbare Drehmoment ist etwa gleich der Summe der am Geber und Empfänger auftretenden Wellenkippmomente. Wie der Kurvenverlauf von Abb. 28 zeigt, wird beim Lauf gegen das Drehfeld das höchste übertragbare Drehmoment erzielt.

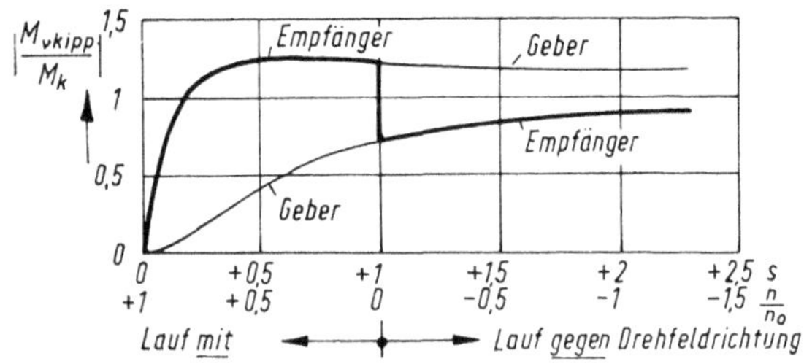

Abb. 28
Drehzahlabhängigkeit der Kippmomente bei einer elektrischen Welle mit dp-Schaltung

Bei einer *Ferndreher*welle interessiert hauptsächlich das am *Empfänger* auftretende Kippmoment. Wenn die Betriebsdrehzahl einer solchen elektrischen Welle so gewählt werden kann, daß sie nicht höher ist als maximal etwa 80% der synchronen Drehzahl des Drehfeldes, dann ist der Lauf mit dem Drehfeld vorzuziehen, da hier ein hohes Kippmoment der Welle zur Verfügung steht. Ein Betrieb gegen das Drehfeld wird bei einer Ferndreherwelle nur dann gewählt, wenn sie in einem sehr großen Drehzahlbereich arbeiten soll. Bei einem Betrieb in beiden Drehrichtungen ist zu beachten, daß sich bei Drehrichtungsumkehr das Kippmoment des Empfängers sprunghaft ändert! Auf die Ursachen hierfür wird in Abschnitt 4.1 noch näher eingegangen.
Zur Übertragung eines bestimmten Drehmoments ist in jedem Fall ein ganz bestimmter Verdrehungswinkel erforderlich. Wird die Belastung größer als das maximal mögliche Rückstellmoment der Welle, dann bleibt der Gleichlauf nicht mehr erhalten: Die elektrische Welle „*reißt*". Dieser Vorgang entspricht dem Abscheren einer mechanischen Welle bei Überlastung. Bei Fortfall der übermäßigen Belastung kann die elektrische Welle aber wieder synchronisiert werden und ist dann unverändert betriebsbereit.

2.2 Unsymmetrische Schaltung der Ständerwicklungen

Bei den bisher erwähnten Schaltungen der elektrischen Welle handelt es sich um einen *dreiphasigen* Netzanschluß bei *symmetrischer* Schaltung der Ständer- und Läuferwicklungen. Sie arbeiten daher mit einem

„*Kreisdrehfeld*“ in den Wellenmaschinen. Bei Ausgleich- und Ferndreherwellen ist es jedoch auch möglich, die Drehstromwicklungen der Ständer in einer *unsymmetrischen* Schaltung an ein dreiphasiges Netz oder in einer *einphasigen* Schaltung an ein Wechselspannungsnetz

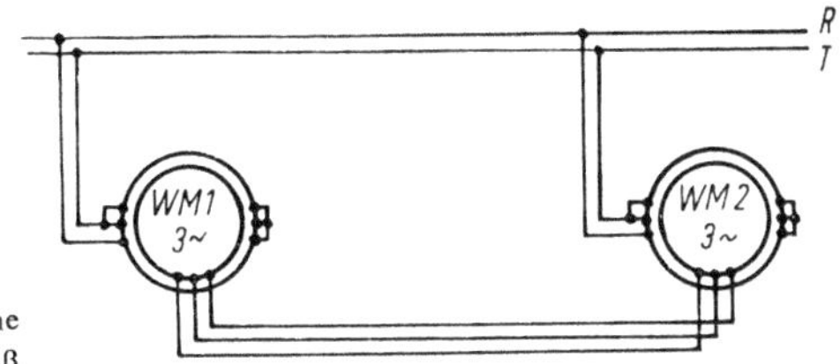

Abb. 29
Schaltungsbeispiel für eine elektrische Welle mit unsymmetrischem Netzanschluß

zu legen. Die dreiphasige symmetrische Läuferschaltung muß jedoch stets unverändert beibehalten werden. Abb. 29 zeigt als Beispiel eine elektrische Welle mit *einphasigem* Netzanschluß. Hierbei ist der dritte Strang der Ständerwicklungen zu dem zweiten parallel geschaltet.

Ständerschaltung für beide Wellenmaschinen	Benennung	Drehmoment-Kennlinie
	V-Schaltung	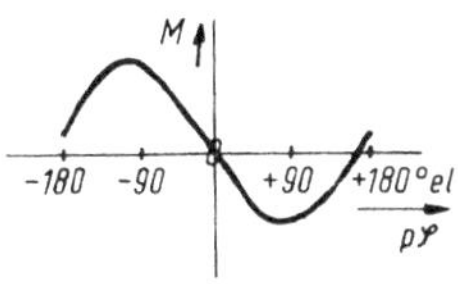
	V_0' -Schaltung	
	V''-Schaltung	
	JK-Schaltung	
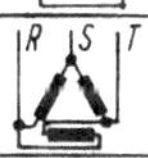	BBC-Schaltung	

Abb. 30
Übersicht der Schaltungsarten mit dreiphasigem *unsymmetrischem* Netzanschluß
V-Zusammenschaltung der Wicklungsstränge in *V*-Form
V mit Index o — V-Schaltung mit Nullsystem
JK-Schaltung nach Vorschlag von *J*ordan und *K*rebs
BBC-Schaltung nach Vorschlag der Firma *B*rown *B*overi & *C*o

Vom gewöhnlichen Drehstromasynchronmotor her sind zahlreiche Möglichkeiten für unsymmetrische Ständerschaltungen bekannt. In der Übersicht von Abb. 30 sind die wichtigsten dreiphasigen Anordnungen mit ihren Kurzbezeichnungen aufgeführt. Die Schaltungen unterscheiden sich untereinander im wesentlichen durch die Stärke der *gegenläufigen*

Drehfeldkomponente und die Größe des auftretenden *Nullsystems.* In der Praxis werden sie allerdings nicht sehr oft verwendet. Doch können sie in schwierigen Fällen bei *selbsterregten* Pendelungen eine Verbesserung der *dynamischen Stabilität* bringen!
Eine wesentlich größere praktische Bedeutung als den unsymmetrischen dreiphasigen Schaltungen kommt den *einphasigen* Schaltungen zu. Die gebräuchlichsten dieser Schaltungsarten und ihre Kurzbezeichnungen enthält die Abb. 31. In den gleichfalls dargestellten Drehmomentkenn-

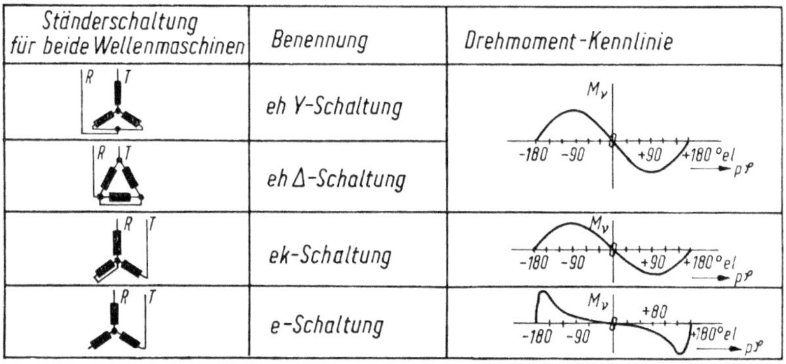

Abb. 31
Übersicht der Schaltungsarten mit *einphasigem* Netzanschluß
eh — *e*inpha*s*ig in Form eines *h*
ek — *e*inphasig mit *k*urzgeschlossenem dritten Strang
e — *e*inphasiger Netzanschluß zweier Wicklungsstränge in Reihe, dritter Strang offen

linien treten wieder zwei grundsätzlich verschiedene Winkelabhängigkeiten der Drehmomente je nach der Schaltungsart hervor. Bei den Schaltungen mit wenigstens einem überbrückten Wicklungsstrang sind die Momente ähnlich der dp-Schaltung etwa proportional dem Sinus des Verdrehungswinkels, während bei der einphasigen Schaltung mit offenem dritten Strang (e-Schaltung) in Analogie zur dr-Schaltung große Verdrehungswinkel, aber auch hohe Kippmomente auftreten. Allerdings sind bei den einphasigen Schaltungen wie allgemein bei unsymmetrischen Wicklungsanordnungen die erzielbaren Kippmomente durchweg geringer als bei dreiphasigem symmetrischen Netzanschluß. In Abb. 32 ist für die eh-Schaltung die Abhängigkeit der bezogenen Wellenkippmomente von der Drehzahl aufgetragen. Auch bei dieser einphasigen Schaltung wird in der Nähe der synchronen Drehzahl des mitläufigen Feldes das Wellenkippmoment erheblich kleiner, während die sprunghafte Änderung des Empfängerkippmoments bei Drehrichtungsumkehr nicht mehr vorhanden ist. Die höchste Betriebsdrehzahl sollte wegen des Drehmomenteinbruchs auf etwa 80% der synchronen Drehzahl beschränkt werden, falls man auch bei hohen Drehzahlen das volle Drehmoment von der elektrischen Welle fordert.

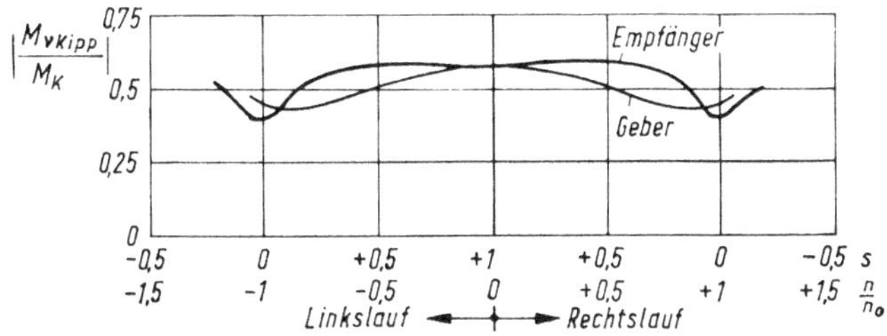

Abb. 32
Drehzahlabhängigkeit der Wellen-Kippmomente bei einer elektrischen Welle mit eh-Schaltung und einphasiger Erregung der Ständerwicklungen

Bei den übrigen in Abb. 31 dargestellten Schaltungen verhält sich die Drehzahlabhängigkeit des Wellenkippmoments ähnlich wie bei der eh-Schaltung. Lediglich die e-Schaltung zeigt eine noch tiefere Einsattlung bei der synchronen Drehzahl (Abb. 93).
Die einphasigen Schaltungen der elektrischen Welle werden auch bei dreiphasigem Netzanschluß als *Vorstufe* beim *Synchronisieren* verwendet. Unter Synchronisieren versteht man das Zusammenschalten der Wellenmaschinen, nachdem die Verbindungsleitungen oder die Netzanschlüsse unterbrochen waren. Es ist allgemein nämlich nicht möglich, eine elektrische Welle mit dreiphasigem Netzanschluß nach Trennung vom Netz direkt wieder zuzuschalten. Die abgeschalteten Gleichlaufmaschinen können sich dann nämlich als zwei unabhängige Maschinen frei bewegen und bleiben bei irgendeiner relativen Winkelverdrehung stehen. Liegt diese zufällig etwa im Bereich von $\pm 180°$ elektrisch (vgl. Abb. 27), dann wird bei dreiphasigem Zuschalten die Maschine mit der kleineren Drehmasse wegen der hohen Momente bei negativen Winkeln so stark beschleunigt, daß die kleineren negativen Momente bei positiven Winkeln beim Abbremsen der Drehschwingung nicht mehr zum Einfangen der Läufer ausreichen. Beide Wellenmaschinen werden dann für sich asynchron hochlaufen. Diese Erscheinung wird bei einphasigem Netzanschluß vermieden, da die Drehmomentkennlinie hier im Stillstandsbereich symmetrisch ist (vgl. Abb. 31).
Man stellt die Wellenmaschinen daher immer zunächst durch einphasigen Netzanschluß auf die Nullage ein und verbindet erst dann auch die dritte Zuleitung mit dem Netz. Aus diesem Grund wird sogar zuweilen auf einen dreiphasigen Netzanschluß überhaupt verzichtet und von vornherein eine einphasige Schaltung vorgesehen, um Einsparungen

bei den Schaltgeräten und den zugehörigen Steuerungseinrichtungen zu erzielen. Die einphasige Schaltung kommt vor allem dann infrage, wenn die elektrische Welle in beiden Drehrichtungen betrieben werden soll oder wenn eine Drehrichtungsumkehr des Empfängers bei unverändertem Drehsinn des Gebers vorgesehen ist.
Die in dieser Abhandlung gezeigten Schaltbilder sind stets stark vereinfacht und enthalten nur die für den betrachteten Zusammenhang wichtigsten Teile. Für die Praxis sind natürlich stets die üblichen Schaltgeräte und Schutzeinrichtungen zu ergänzen. Auf die speziellen Erfordernisse der elektrischen Welle, wie das Synchronisieren, wird später noch näher eingegangen. Zur Veranschaulichung ist in Abb. 33 der

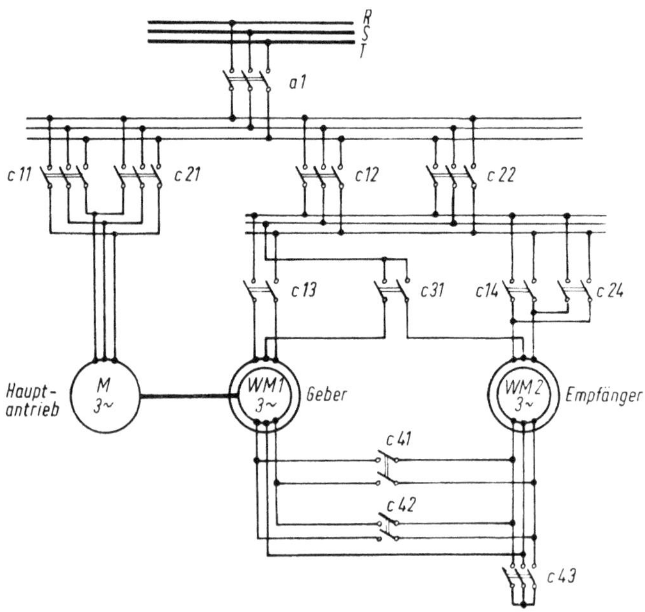

Abb. 33
Übersichtsschaltplan einer elektrischen Ferndreherwelle.
Drehrichtungen für Antrieb und Empfänger unabhängig wählbar

Schaltplan für eine Ferndreherwelle dargestellt, die in dieser Art in der Praxis häufig verwendet wird. Bei diesem Beispiel darf die Drehrichtung des Hauptantriebsmotors beliebig gewählt werden. Außerdem kann die Drehrichtung des Empfängers unabhängig von den Bedingungen an der Geberseite frei vorgegeben werden. Ferner ist die Erhal-

tung des vorgegebenen Drehsinns der elektrischen Welle relativ zur Drehfeldrichtung gewährleistet.
Die Antriebsrichtung wird durch eine Betägigung des Schützes *c* 11 oder *c* 21 bestimmt. Je nach dem vorgegebenen Drehsinn der elektrischen Welle ist den Schützen *c* 11/*c* 21 eines der Schütze *c* 12 oder *c* 22 zugeordnet, womit die Drehfeldrichtung am Geber festliegt. Soll die Drehrichtung des Empfängers mit der Geberseite übereinstimmen, dann sind die Schütze *c* 14 und *c* 41 einzuschalten, andernfalls die Schütze *c* 24 und *c* 42. Die dritte Phase des Ständers wird zur besseren Synchronisierung (vgl. auch Abschn. 9) verzögert zugeschaltet. Der Empfänger kann auch völlig selbständig z.B. als *Eilgangsmotor* betrieben werden, indem die Schütze *c* 12, *c* 14 und *c* 31 und zusätzlich *c* 43 eingeschaltet werden.
Bei Wahl einer einphasigen Ständererregung sind die Schütze *c* 12, *c* 22, *c* 24 und *c* 31 entbehrlich, weil die Feldumkehr und das Vorsynchronisieren dann überflüssig sind.

2.3 Gleichstromerregung

Eine elektrische Welle kann mit Dreh- oder Wechselstrom beliebiger Frequenz erregt werden. Es ist nur zu beachten, daß sich die synchrone Drehzahl entsprechend ändert. Als Grenzfall ist also auch die Erregung mit *Gleichstrom* möglich, wobei dann der synchrone Punkt mit dem Stillstand zusammenfält. Bei dieser Betriebsart ist jedoch nur eine Drehmomentübertragung bei Lauf möglich, weil im Stillstand im Läuferkreis keine Spannung induziert wird und daher auch keine Drehmomente entstehen. Eine mögliche Schaltung für Gleichstromspeisung zeigt Abb. 34a. Die Ständerwicklungen sind hier nach Art der eh-Schaltung an ein Gleichstromnetz angeschlossen. Für die Gleichstromeinspeisung ist aber auch jede andere einphasige Schaltung nach Abb. 31 verwendbar. Die Drehmomentkennlinie (Abb. 34b) zeigt einen ähnlichen Verlauf wie bei symmetrischem Anschluß an ein Drehstromnetz. Bemerkenswert ist, daß bei Ferndreherwellen in dieser Schaltung das Empfängermoment immer kleiner als das Gebermoment ist. Die Unsymmetrie nimmt dabei mit größer werdenden Läuferwiderständen zu.
In Abschn. 8 wird nachgewiesen, daß die dynamischen Eigenschaften und die Abdämpfung von Pendelungen bei der elektrischen Welle mit Gleichstromspeisung besonders günstig sind! Diese Betriebsart wendet man daher vorzugsweise dort an, wo die dynamischen Verhältnisse Schwierigkeiten bereiten und wo besonderer Wert auf einen absolut pendelfreien Betrieb bei möglichst kleinen Winkelabweichungen gelegt wird. Bei der Inbetriebnahme dieser Schaltung wird die Welle zunächst meist an Wechselspannung gelegt und hochgefahren und dann im Lauf auf Gleichstromerregung umgeschaltet.

Die oben erwähnten dynamischen Eigenschaften des Antriebs stehen in engem Zusammenhang mit seinen *Stabilitätsverhältnissen.* Diese müssen bei der endgültigen Auslegung unbedingt bekannt sein. Ihre

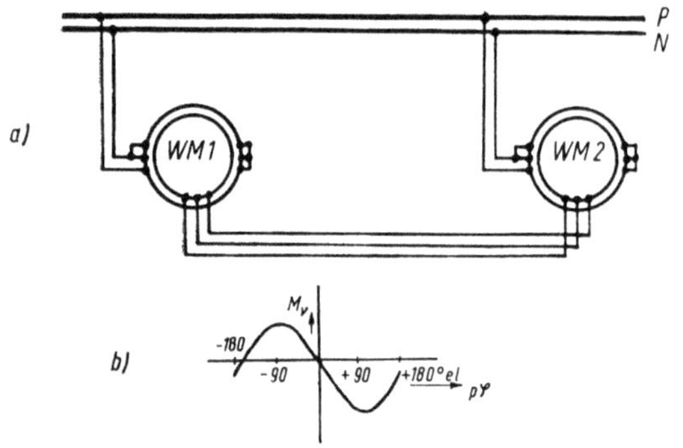

Abb. 34
Elektrische Welle mit Gleichstromspeisung der Ständerwicklungen
a) Schaltbild
b) Drehmomentkennlinie

Grundlagen werden in Kap. B zusammenfassend behandelt. Wer sich jedoch zunächst einmal nur für das stationäre Verhalten interessiert, kann dieses Kapitel erst einmal unbedenklich überschlagen.

B. Die elektrische Welle als schwingungsfähiges Feder-Masse-System

Bei Kupplung von mehreren Antrieben über elastische Bindeglieder besteht immer die Möglichkeit, daß die Maschinengruppen *Drehschwingungen* ausführen. In diesem Sinne stellt auch die elektrische Welle eine *elastische* Kupplung zwischen den Drehmassen der Maschinengruppen dar. Sie wirkt ähnlich wie eine Torsionsfeder (Abb. 35).

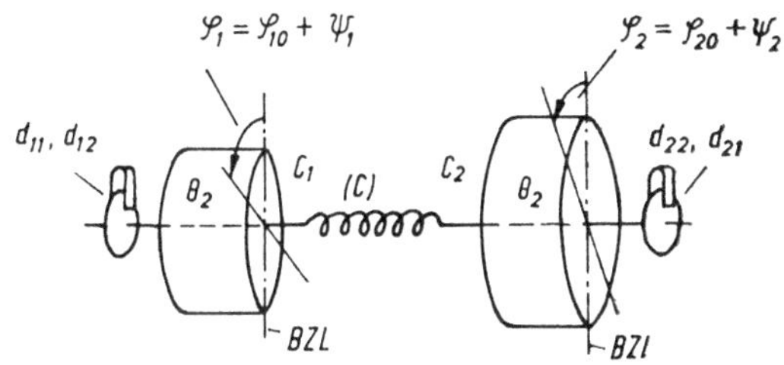

Abb. 35
Schwingungstechnisches Ersatzsystem der elektrischen Welle
BZL = Bezugslinie

Bei Laständerungen wird daher der Übergang von einem Gleichgewichtszustand in einen anderen normalerweise in Form von *Drehschwingungen* vor sich gehen, die nach Maßgabe der *Dämpfung* zeitlich abklingen. Im Fall periodischer Lastschwankungen oder bei sich stetig wiederholenden Laststößen kann das System aber auch dauernd periodische Bewegungen — sog. erzwungene Schwingungen — ausführen, deren Amplituden stark von dessen *Resonanzen* beeinflußt werden. Die Untersuchung dieser Vorgänge ist Aufgabe einer *Stabilitätsbetrachtung*, die bei der Projektrierung schwingungsfähiger Anlagen grundsätzlich immer anzustellen ist.

Das *schwingungstechnische* Ersatzsystem einer aus zwei Wellenmaschinen mit den zugehörigen Antriebs- und Belastungsmaschinen bestehenden Gleichlaufgruppe (vgl. Abb. 1) ist in Abb. 35 dargestellt. Die mit Θ_1 bezeichnete Drehmasse stellt die Summe aller mit der Wellenmaschine 1 gekuppelten Drehmassen — bezogen auf die Drehzahl der Wellenmaschine — dar. Dasselbe gilt für Θ_2 bezüglich der Maschinenseite 2.

Die Drehmassen sind im mechanischen Ersatzbild durch eine Torsionsfeder gekuppelt, deren Federsteife aus den Drehmomenten der elektrischen Welle zu berechnen ist.

Das mechanische Ersatzsystem nach Abb. 35 gibt allerdings noch eine Eigenart vieler Schaltungen der elektrischen Welle nicht richtig wieder. Die Drehmomente der beiden Wellenmaschinen können nämlich im Gegensatz zu einer mechanischen Welle verschieden groß sein! Die wirksame Federsteife ergibt sich jeweils aus der Steilheit der Drehmomentkennlinie der betreffenden Wellenmaschine am Arbeitspunkt:

$$|c_\nu| = \left| \frac{\partial M_\nu}{\partial(\varphi_1 - \varphi_2)} \right| \qquad \nu = 1,2. \tag{1}$$

In Abb. 36 ist anhand einer typischen Drehmomentkennlinie gezeigt, daß die Federzahlen für die beiden Maschinenseiten verschieden groß anzusetzen sind. Sie hängen von dem elektrischen Verdrehungswinkel $p\varphi = p(\varphi_1 - \varphi_2)$ der beiden Maschinengruppen ab. Lediglich bei $\varphi = 0$, d.h. bei Schwingingen der *unbelasteten* Welle ist $c_1 = c_2 = c$.

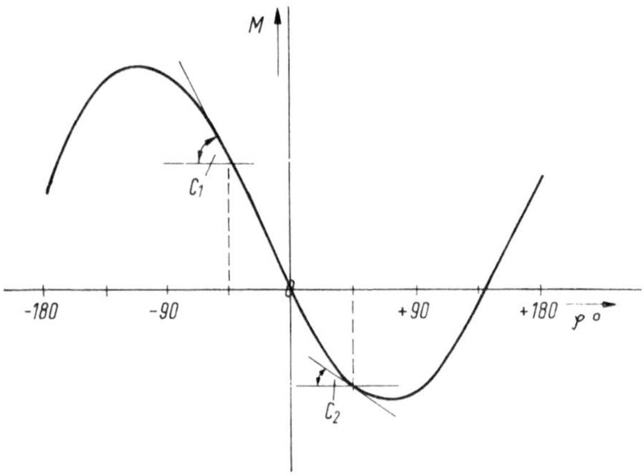

Abb. 36
Ermittlung der wirksamen Federzahl aus der Drehmomentlinie (für eine zweipolige Anordnung). $\varphi = \varphi_{10} - \varphi_{20}$.

Außer den Drehmassen und den elastischen Rückstellmomenten sind bei Schwingungen auch noch *Dämpfungsmomente* wirksam, die normalerweise einen irgendwie eingeleiteten Schwingungsvorgang nach einiger Zeit abklingen lassen. Es ist nun zu beachten, daß die an der Maschinengruppe 1 wirkende Dämpfung nicht nur vom Bewegungszustand der Seite 1, sondern auch von dem der Seite 2 abhängt. Bei Geschwindigkeitsänderungen einer Maschine werden nämlich infolge der Kupplung über die elektrische Welle auch die Ströme und Drehmomente der anderen

Maschine beeinflußt. Diesen Verhältnissen trägt man bei der theoretischen Behandlung dadurch Rechnung, daß für jede Maschine zwei Dämpfungsfaktoren eingeführt werden. Der erste Index bezieht sich auf die Maschine, an der die betrachtete Dämpfung wirksam ist, während der zweite Index auf die Seite verweist, von deren Bewegung die Größe des jeweiligen Dämpfungsanteils bestimmt wird (z.B. kennzeichnet d_{12} eine an Maschine 1 wirksame Dämpfung, die durch die Läuferbewegung der Maschine 2 verursacht ist).

Die Berechnung des Schwingungssystems hat grundsätzlich unter Berücksichtigung des Einflusses *aller* bewegten Teile zu erfolgen. Angekuppelte Antriebs- und Belastungsmachinen sind mit ihren Drehmassen, Drehmomenten und auch mit ihrem jeweiligen Dämpfungseinfluß in die Rechnung einzubeziehen. Die beiden ersteren Größen werden bei der üblichen Planung rechnerisch ermittelt. Die Dämpfungsfaktoren der elektrischen Welle selbst lassen sich ebenfalls angeben. Bei den übrigen Maschinen ist dagegen eine Berechnung der Dämpfungsmomente kaum möglich. Hier ist man auf Messungen oder auf Erfahrungswerte angewiesen. Hinzu kommen mathematische Schwierigkeiten. Die Dämpfungsmomente der elektrischen Welle sind *elektromagnetischer* Natur und werden mit sehr guter Näherung als *geschwindigkeitsproportional* angesetzt. Die übrigen Dämpfungen haben oft andere Ursachen und folgen nicht diesem einfachen Ansatz, wodurch die analytische Lösung der Bewegungsdifferentialgleichungen erheblich erschwert oder u.U. sogar unmöglich wird.

Aus den erläuterten Gründen erscheint es unumgänglich, sich bei der Berechnung lediglich auf die Berücksichtigung der elektromagnetischen Dämpfungen der Wellenmaschinen zu beschränken. Dies ist jedoch in den meisten Fällen zugleich sinnvoll, weil man mit der Rechnung dann auf der sicheren Seite liegt! Die *äußeren* Dämpfungen (d.h. alle außerhalb der Wellenmaschinen) sind sehr vielfältigen Einflüssen unterworfen, insbesondere dem jeweiligen Belastungszustand. Es kommen fast immer auch Betriebszustände vor, wo sie fast völlig verschwinden (z.B. im Leerlauf). In einer Stabilitätsbetrachtung sind nun aber stets die *ungünstigsten* Umstände zu berücksichtigen! Da negative äußere Dämpfungen i.a. nicht vorkommen, entspricht ein Ansatz unter Vernachlässigung der äußeren Dämpfung den praktischen Erfordernissen.

Um die Vorgänge einer einfachen Berechnung zugänglich zu machen, muß man sich auf die Betrachtung der kleinen Winkelabweichungen ψ_1 und ψ_2 von den jeweiligen Gleichgewichtslagen φ_{10} bzw. φ_{20} beschränken. Nur dann sind die Bewegungsdifferentialgleichungen linear und haben konstante Koeffizienten.

3. Berechnung des Schwingungssystems

Unter den obigen Voraussetzungen kann man die *freien* und die *erzwungenen* Schwingungen getrennt voneinander untersuchen.

3.1 Freie Schwingungen

Das in Abb. 35 dargestellte Ersatzbild einer einfachen elektrischen Welle mit zwei Wellenmaschinen stellt ein System mit *zwei Freiheitsgraden* dar, dessen Bewegungen durch zwei gewöhnliche homogene lineare Differentialgleichungen beschrieben werden. Diese lauten mit den Bezeichnungen nach Abb. 35:

$$\left\{\begin{aligned} &\Theta_1\ddot{\psi}_1+d_{11}\cdot\dot{\psi}_1+d_{12}\cdot\dot{\psi}_2+c_1(\psi_1-\psi_2)=0,\\ &\Theta_2\cdot\ddot{\psi}_2+d_{21}\dot{\psi}_1+d_{22}\cdot\dot{\psi}_2+c_2(\psi_2-\psi_1)=0. \end{aligned}\right. \tag{2}$$

Der mechanische Winkel ψ_ν (mit $\nu = 1,2$) für die jeweils betrachteteMaschine bedeutet die räumliche Winkellage der Drehmassen gegenüber einer gemeinsamen aber willkürlichen Bezugslinie, und $\dot{\psi}_\nu = \frac{d\psi_\nu}{\mathrm{d}t}$ bzw. $\ddot{\psi}_\nu = \frac{d^2\psi_\nu}{\mathrm{d}t^2}$ sind die zugehörigen Winkelgeschwindigkeiten und Winkel-beschleunigungen.

Mit dem *Lösungsansatz*:

$$\psi_\nu = \hat{\psi}_\nu\cdot \mathrm{e}^{\lambda t} \tag{3}$$

erhält man die *charakteristische Gleichung*:

$$\begin{aligned} \lambda^3\cdot\Theta_1\Theta_2+\lambda^2(\Theta_1 d_{22}+\Theta_2 d_{11})+\lambda(\Theta_1 c_2+\Theta_2 c_1+d_{11}d_{22}-d_{12}d_{21})+\\ +c_1(d_{22}+d_{21})+c_2(d_{11}+d_{12})=0, \end{aligned} \tag{4}$$

wenn man von einer Drehung des Systems als Ganzes absieht ($\lambda = 0$). Die Lösungen der charakteristischen Gleichung bestimmen den Verlauf der Ausgleichbewegungen. Da die Gleichung jedoch bereits dritten Grades ist, sind die physikalischen Vorgänge bei dieser allgemeinen Gleichung nicht ohne weiteres mehr zu übersehen. Die grundsätzlichen Zusammenhänge sollen daher am Beispiel einiger Sonderfälle erläutert werden.

3.1.1 Das ungedämpfte System

Bei *fehlender* Dämpfung ($d_{11} = d_{12} = d_{22} = d_{21} = 0$) wird die charakteristische Gleichung quadratisch und nimmt die Form:

$$\lambda^2\cdot\Theta_1\Theta_2+\Theta_1 c_2+\Theta_2\cdot c_1=0 \tag{5}$$

an.

Mit $i = \sqrt{-1}$ lautet die *Lösung* dieser Gleichung:

$$\lambda = \pm i \sqrt{\frac{\Theta_1 c_2 + \Theta_2 c_1}{\Theta_1 \Theta_2}} = \pm i\Omega_0, \tag{6}$$

wobei zur Abkürzung:

$$\Omega_0 = \sqrt{\frac{\Theta_1 c_2 + \Theta_2 c_1}{\Theta_1 \Theta_2}} \tag{7}$$

gesetzt ist.

Durch Einsetzen von Gl. (6) in Gl. (3) erhält man nach Anwendung des Eulerschen Satzes die Lösungen der *homogenen* Differentialgleichungen zu:

$$\psi_\nu = C_{1\nu} \cdot \cos \Omega_0 t + C_{2\nu} \cdot \sin \Omega_0 t$$

und mit dem Additionstheorem der Cosinusfunktion:

$$\psi_\nu = \hat{\psi}_\nu \cdot \cos (\Omega_0 t - \varepsilon_\nu). \tag{8}$$

Diese Gleichung beschreibt eine *ungedämpfte harmonische* Schwingung (Abb. 37), wobei die oben definierte Größe Ω_0 die *Drilleigenkreis-*

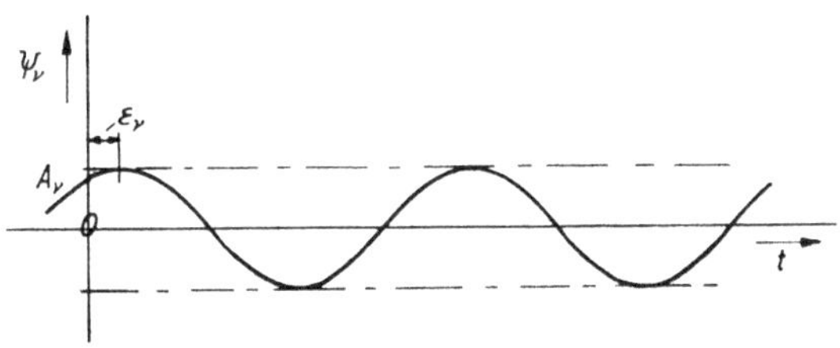

Abb. 37
Verlauf der freien ungedämpften Schwingung

frequenz des Systems darstellt. Die *Integrationskonstanten* $\hat{\psi}_\nu$ und ε_ν ergeben sich aus den willkürlichen *Anfangsbedingungen* für den Verdrehungswinkel $\psi_\nu(0)$ und die Winkelgeschwindigkeit $\dot{\psi}_\nu(0)$ zur Zeit $t = 0$.

Im Fall einer symmetrischen Federkennlinie mit $c_1 = c_2 = c$ erhält man aus Gl. (7) bei Einführung des Begriffes der *resultierenden* Drehmasse Θ_{res}:

$$\Theta_{res} = \frac{\Theta_1 \cdot \Theta_2}{\Theta_1 + \Theta_2} \tag{9}$$

für die *Eigenkreisfrequenz* die einfachere bekannte Formel:

$$\Omega_0 = \sqrt{\frac{c}{\Theta_{res}}}. \tag{10}$$

3.1.2 Das System mit gleichen Dämpfungsfaktoren

Unter der sich später als physikalisch sinnvoll erweisenden Bedingung $d_{11} = -d_{12} = d_{22} = -d_{21} = d$ vereinfacht sich die charakteristische Gleichung (4) des *gedämpften* Systems zu einer quadratischen Gleichung:

$$\lambda^2 \cdot \Theta_1\Theta_2 + \lambda \cdot d(\Theta_1+\Theta_2) + \Theta_1 c_2 + \Theta_2 c_1 = 0. \tag{11}$$

Die *Wurzeln* dieser Gleichung sind:

$$\lambda_{1,2} = -\frac{d(\Theta_1+\Theta_2)}{2 \cdot \Theta_1\Theta_2} \pm i \sqrt{\frac{\Theta_1 c_2 + \Theta_2 c_1}{\Theta_1\Theta_2} - \left(\frac{d(\Theta_1+\Theta_2)}{2\Theta_1\Theta_2}\right)^2}. \tag{12}$$

Mit:

$$T_d = \frac{\Theta_1\Theta_2}{d(\Theta_1+\Theta_2)} = \frac{\Theta_{res}}{d} \tag{13}$$

und:

$$\Omega_e = \sqrt{\frac{\Theta_1 c_2 + \Theta_2 c_1}{\Theta_1\Theta_2} - \left(\frac{d(\Theta_1+\Theta_2)}{2\Theta_1\Theta_2}\right)^2} \tag{14}$$

erhält man die Lösungen der *homogenen* Differentialgleichungen zu:

$$\psi_\nu = \hat{\psi}_\nu \cdot e^{-\frac{t}{2T_d}} \cdot \cos(\Omega_e t - \varepsilon_\nu). \tag{15}$$

Das Auftreten einer *Dämpfung* hat also im wesentlichen *zwei Folgen*: Erstens wird die Eigenkreisfrequenz beeinflußt, wie ein Vergleich von Gl. (14) mit der Gl. (7) für die ungedämpfte Schwingung zeigt. Zweitens tritt in der Lösung jetzt ein *exponentielles* Glied auf, das bei positiver Dämpfung d ein Abklingen der Schwingungsamplitude nach einer e-Funktion bewirkt (Abb. 38). Die mit Gl. (13) eingeführte Größe T_d stellt sich als die *Dämpfungszeitkonstante* heraus, durch die das mehr oder weniger schnelle Abklingen der Ausgleichschwingungen bestimmt wird.

Bei kleiner Dämpfung ist die Zeitkonstante sehr groß. Im Fall einer negativen Dämpfung d sind negative Zeitkonstanten denkbar bzw. auch physikalisch sinnvoll und realisierbar. Eine negative Dämpfung bedeutet, daß während jeder Periode der Schwingung dem System durch die „Dämpfungsmomente" nicht Energie entzogen, sondern vielmehr zugeführt wird, wodurch sich die Schwingungsamplituden fortwährend vergrößern (Abb. 39). Die *Anfachung* der Schwingung wird durch beschleunigend wirkende Momente verursacht, die der Schwinggeschwindigkeit proportional sind; sie können also nur bereits vorhandene Schwingungen verstärken, aber nicht selbst eine Schwingung einleiten. Man nennt solche Schwingungssysteme deshalb *dynamisch instabil,* weil die Instabilität durch die dynamischen Vorgänge bedingt ist.

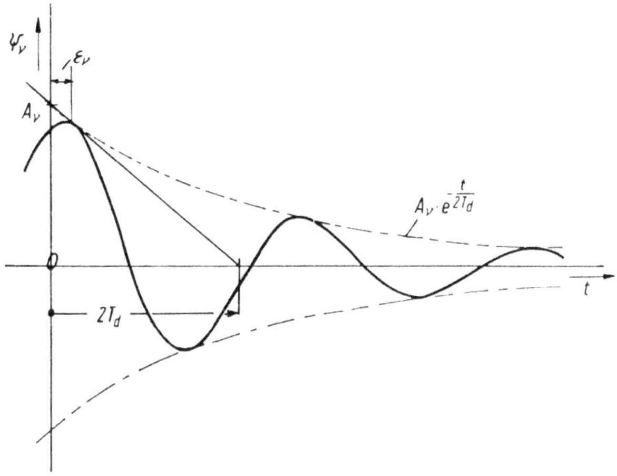

Abb. 38
Verlauf der freien gedämpften Schwingung

Statische Instabilität besagt dagegen, daß die bei einer Störung des Gleichgewichts der stationären Momente von Antrieb und Belastung

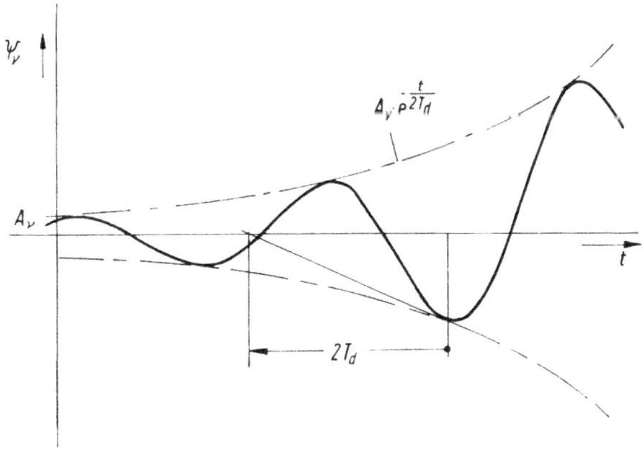

Abb. 39
Schwingungsverlauf bei negativer Dämpfung

auftretenden Beschleunigungen nicht wieder auf den ursprünglichen Gleichgewichtszustand zurückführen. Das ist bei eingliedrigen Systemen gleichbedeutend mit einer negativen Federzahl. Für einen störungsfreien Betrieb müssen die statischen und dynamischen Stabilitätsbedingungen gleichzeitig erfüllt sein!
Die bisher beschriebenen Schwingungen als Lösung der Bewegungsdifferentialgleichungen treten nur dann auf, wenn die Wurzeln der charakteristischen Gleichung imaginäre oder komplexe Werte besitzen. Bei starker Dämpfung erhält man jedoch für:

$$\left[\frac{d(\Theta_1+\Theta_2)}{2\Theta_1\Theta_2}\right]^2 \geqq \frac{\Theta_1 c_2+\Theta_2 c_1}{\Theta_1\Theta_2}$$

reelle Lösungen der charakteristischen Gleichung. Die Auswertung der Bewegungsdifferentialgleichung liefert dann keine Schwingung mehr, sondern die Überlagerung zweier abklingender Exponentialfunktionen:

$$\psi_\nu = C_{3\nu}\cdot e^{\lambda_1 t}+C_{4\nu}\cdot e^{\lambda_2 t}. \tag{16}$$

Diese Lösung hat für elektrische Wellen jedoch keine Bedeutung, da derart starke Dämpfungen praktisch kaum vorkommen.

3.1.3 Stark unterschiedliche Drehmassen

In manchen Fällen sind die Drehmassen der beiden über die elektrische Welle gekuppelten Maschinengruppen so verschieden, daß bei auftretenden Pendelungen nur die mit der kleinen Drehmasse behaftete Seite merkliche Schwingungen ausführt. Daher ist dann die Dämpfung auch nur an dieser einen Maschinenseite wirksam. Unter dieser Voraussetzung kann man in der charakteristischen Gleichung die Glieder mit der großen Drehmasse im Nenner vernachlässigen. Für $\Theta_1 \gg \Theta_2$ ergibt sich somit aus Gl. (4):

$$\lambda^2+\lambda\cdot\frac{d_{22}}{\Theta_2}+\frac{c_2}{\Theta_2}=0 \tag{17}$$

mit:

$$\lambda_{1,2} = -\frac{d_{22}}{2\Theta_2}\pm i\sqrt{\frac{c_2}{\Theta_2}-\left(\frac{d_{22}}{2\Theta_2}\right)^2}\,. \tag{18}$$

Durch Gl. (15) wird gleichzeitig auch dieser Schwingungsvorgang erfaßt, wenn man:

$$T_d = \frac{\Theta_2}{d_{22}} \tag{19}$$

und:

$$\Omega_e = \sqrt{\frac{c_2}{\Theta_2} - \left(\frac{d_{22}}{2\Theta_2}\right)^2} \tag{20}$$

setzt.

Die den Schwingungsverlauf kennzeichnenden Größen der Drilleigenkreisfrequenz Ω_e und der Dämpfungszeitkonstanten T_d sind in diesem Falle also nur von den Kennwerten der Maschinenseite mit der kleinen Drehmasse abhängig. Die Anordnung verhält sich im übrigen wie ein *eingliedriger* Schwinger.

3.1.4 Stabilitätskriterien des allgemeinen Falles

Für den allgemeinen Fall eines Systems mit den Bewegungsdifferentialgleichungen nach Gl. (2) ist die Lösung nicht so übersichtlich wie in den bisher behandelten Sonderfällen. Der genaue Verlauf der Schwingungen im einzelnen ist dann allerdings auch nicht mehr von großer technischer Bedeutung. Es interessiert hier in erster Linie die Frage, ob die Ausgleichschwingungen zeitlich abklingen, ob also der Betrieb *dynamisch stabil* ist oder nicht. Diese Entscheidung kann man jedoch allein aus der charakteristischen Gleichung herleiten, ohne die Lösungen der Differentialgleichung im einzelnen berechnen zu müssen. Die Stabilität ist immer dann gewährleistet, wenn die Koeffizienten der charakteristischen Gleichung den von *Hurwitz* ([105] bis [108]) definierten *Stabilitätsbedingungen* genügen. Für die Koeffizienten der Gleichung 3. Grades von der Form:

$$\lambda^3 a_0 + \lambda^2 a_1 + \lambda a_2 + a_3 = 0 \tag{21}$$

müssen hiernach folgende Bedingungen gleichzeitig erfüllt sein:

$$\left\{\begin{aligned} & a_1 > 0, \\ & a_1 a_2 - a_0 a_3 > 0, \\ & a_3 > 0. \end{aligned}\right. \tag{22}$$

Im Falle der elektrischen Welle sind die Koeffizienten durch Gl. (4) zu:

$$\left\{\begin{aligned} a_0 &= \Theta_1 \Theta_2, \\ a_1 &= \Theta_1 d_{22} + \Theta_2 d_{11}, \\ a_2 &= \Theta_1 c_2 + \Theta_2 c_1 + d_{11} d_{22} - d_{12} d_{21}, \\ a_3 &= c_1 (d_{22} + d_{21}) + c_2 (d_{11} + d_{12}) \end{aligned}\right. \tag{23}$$

gegeben.

In den zuvor betrachteten Sonderfällen ergab sich immer $a_3 \equiv 0$, und es blieb als einzige Bedingung für die dynamische Stabilität übrig, daß der jeweils wirksame Dämpfungsfaktor *positiv* sei. Diese Bedingung allein genügt in dem hier betrachteten allgemeinen Fall aber nicht mehr! Es müssen darüber hinaus gewisse Kombinationen der Dämpfungs- und Federkoeffizienten und der Drehmassen ganz bestimmte Bedingungen, nämlich die Stabilitätskriterien nach Gl. (22) erfüllen. Die dynamische Untersuchung der elektrischen Welle in allgemeiner Form besteht also im wesentlichen in der Berechnung der in den Bewegungsgleichungen vorkommenden c- und d-Koeffizienten und der Überprüfung, ob die Ungleichungen (22) erfüllt sind.

3.2 Fremderregte (erzwungene) Schwingungen

Neben den eben beschriebenen freien Ausgleichschwingungen, die sich insbesondere bei plötzlichen Laständerungen oder bei einmaligen Laststößen einstellen, können durch periodische Belastungsschwankungen oder durch rhythmische Laststöße *erzwungene* Pendelungen des Schwingungssystems verursacht werden. Diese Art von Schwingungen stellt sich nach dem Abklingen des gedämpften Ausgleichvorganges als eine periodische Bewegung mit konstanter Amplitude ein, die so lange erhalten bleibt, als die Anregung andauert.

Für ein bekanntes Pendelmoment $\hat{M}_p$, das das Gleichlaufsystem mit der Kreisfrequenz Ω_p zu Schwingungen anregt, kann man die Bewegungsvorgänge aus den Differentialgleichungen (2) berechnen, wenn man darin das Pendelmoment als *Störfunktion* einführt. Wirkt beispielsweise die Störung auf die Maschinengruppe 1 ein, dann erhält man:

$$\left\{\begin{aligned} &\Theta_1\ddot{\psi}_1+d_{11}\dot{\psi}_1+d_{12}\dot{\psi}_2+c_1(\psi_1-\psi_2)=\hat{M}_p\sin\Omega_p t,\\ &\Theta_2\cdot\ddot{\psi}_2+d_{21}\dot{\psi}_1+d_{22}\dot{\psi}_2+c_2(\psi_2-\psi_1)=0.\end{aligned}\right. \tag{24}$$

Da hier lediglich die physikalischen Zusammenhänge aufgezeigt werden sollen, kann im folgenden das praktisch meist vorliegende einfache System mit $c_1 = c_2 = c$ und $d_{11} = -d_{12} = d_{22} = -d_{21} = d$ betrachtet werden. Unter diesen Voraussetzungen lassen sich die beiden Differentialgleichungen (24) bei Einführung von $\psi = \psi_1 - \psi_2$ zu einer einzigen von der Form:

$$\Theta_{res}\ddot{\psi}+d\dot{\psi}+c\psi=\frac{\Theta_{res}}{\Theta_1}\hat{M}_p\cdot\sin\Omega_p t \tag{25}$$

zusammenfassen, wobei Θ_{res} nach Gl. (9) definiert ist. In diesem Zusammenhang interessiert nämlich nur die durch ψ gekennzeichnete Relativbewegung der Maschinengruppen.

Die neben der gedämpften Eigenschwingung auftretende *erzwungene* Schwingung gehorcht dem Ansatz:

$$\psi = \hat{\psi} \cdot \sin(\Omega_p t - \varepsilon_p). \tag{26}$$

Das Feder-Masse-System schwingt also mit der gleichen Kreisfrequenz Ω_p, mit der es von außen angeregt wird, jedoch mit einer Phasendifferenz ε_p gegen das erregende Pendelmoment. Die Schwingungsamplitude $\hat{\psi}$ und der Phasenwinkel ε_p können durch Einsetzen in Gl. (25) bestimmt werden.

Die Amplitude ergibt sich daraus zu:

$$\hat{\psi} = \frac{\hat{M}_p \cdot \dfrac{\Theta_{res}}{\Theta_1}}{\sqrt{(c - \Theta_{res}\Omega_p^2)^2 + d^2 \, \Omega_p^2}}. \tag{27}$$

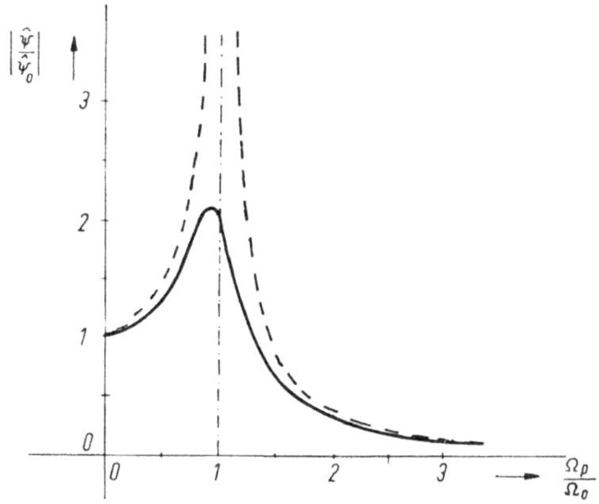

Abb. 40
Resonanzkurve
— — — ungedämpftes System, $d = 0$
——— Dämpfung $d/d_{Grenz} = 0{,}25$

Von besonderem Interesse ist die Frequenzabhängigkeit der Pendelamplitude $\hat{\psi}$ (Abb. 40). Im Grenzfall $\Omega_p = 0$ erhält man den *statischen* Ausschlag:

$$\hat{\psi}_0 = \frac{\hat{M}_p \cdot \dfrac{\Theta_{res}}{\Theta_1}}{c}. \tag{27a}$$

Mit steigender Erregerkreisfrequenz nimmt die Ausschlagsamplitude zunächst immer mehr zu und erreicht den maximalen Wert bei:

$$\Omega_p = \Omega_{pR} = \sqrt{\frac{c}{\Omega_{res}} - \frac{d^2}{2\Theta_{res}^2}}, \tag{28}$$

der sog. *Resonanzkreisfrequenz*. Für große Werte von Ω_p werden die Ausschläge wieder kleiner, und für $\Omega_p \to \infty$ strebt $\hat{\psi}$ gegen Null.
Es ist zweckmäßig, bei der Darstellung der Frequenzabhängigkeit die Schwingungsamplitude auf den *statischen* Ausschlag $\hat{\psi}_0$ zu beziehen:

$$\left|\frac{\hat{\psi}}{\hat{\psi}_0}\right| = \frac{c}{\sqrt{(c-\Theta_{res}\Omega_p^2)^2+d^2\Omega_p^2}}. \tag{29}$$

Man nennt diese Funktion den *Frequenzgang* der Schwingung und spricht bei der bildlichen Darstellung von der *Resonanzkurve* (Abb. 40). Ebenso wählt man als Abszisse meistens nicht die Erregerkreisfrequenz Ω_p selbst, sondern des Frequenzverhältnis Ω_p/Ω_0, die sog. *Abstimmung*, wobei Ω_0 die Eigenkreisfrequenz des ungedämpften Systems nach Gl. (7) bzw. Gl. (10) bedeutet.
Außer dem Frequenzverhältnis hat auch die *Dämpfung* einen Einfluß auf die Schwingungsamplitude. Die Ausschläge werden vor allem in der Nähe der Resonanz ganz wesentlich durch die Dämpfung bestimmt, und im Resonanzpunkt selbst wird die Schwingung nur noch von der Dämpfung begrenzt. Mit $\Omega_{pR} = \Omega_0\sqrt{1-\frac{1}{2}\left(\frac{d\Omega_0}{c}\right)^2}$ ergibt sich aus Gl. (29) die *Resonanzamplitude* zu:

$$|\hat{\psi}_R| = \frac{\hat{M}_p \cdot \frac{\Theta_{res}}{\Theta_1}}{d\Omega_0} \frac{1}{\sqrt{1-\frac{1}{4}\left(\frac{d\Omega_0}{c}\right)^2}} \tag{30}$$

und die *Resonanzüberhöhung*, d.h. die maximale Amplitudenvergrößerung zu:

$$\left|\frac{\hat{\psi}_R}{\hat{\psi}_0}\right| = \frac{c}{d\Omega_0} \cdot \frac{1}{\sqrt{1-\frac{1}{4}\left(\frac{d\Omega_0}{c}\right)^2}}. \tag{31}$$

In Abb. 40 sind die Resonanzkurven für $d = 0$ und für $d = 0{,}25\, d_{Grenz}$ dargestellt. Dabei ist d_{Grenz} diejenige Dämpfung, bei der im Fall der freien Schwingungen gerade der *aperiodische Grenzfall* eintritt. Man erhält diesen Grenzfall durch Nullsetzen der Wurzeln in Gl. (12) zu:

$$d_{Grenz} = 2\sqrt{c \cdot \Theta_{res}}\,. \tag{32}$$

Es sei jedoch erwähnt, daß bei elektrischen Gleichlaufeinrichtungen die wirksamen Dämpfungen meistens kleiner sind als $d/d_{\text{Grenz}} = 0{,}25$, so daß die Eigendämpfung außer in direkter Nähe der Resonanz nur einen geringen Einfluß auf die Ausschläge der fremderregten Schwingungen hat. Die hier erwähnten Zusammenhänge zeigen, daß eine elektrische Welle bei Vorhandensein einer Fremderregung, genau so wenig wie andere schwingungsfähige Systeme, für längere Zeit in Resonanznähe betrieben werden darf!

C. Berechnung und Projektierung elektrischer Wellen

Die für die Verwendung als Wellenmaschinen vorgesehenen Schleifringläufermotoren sind Maschinen des normalen Lieferprogramms der Elektromotorenfabriken. Trotzdem kann nicht jeder gerade verfügbare Schleifringläufermotor ohne nähere Prüfung seiner Eignung für eine elektrische Welle verwendet werden. Es empfiehlt sich in jedem Falle, schon bei der Bestellung die Lieferfirma auf den vorgesehenen Verwendungszweck hinzuweisen.

Wichtigste Vorbedingung für die Zusammenschaltung als elektrische Welle ist die gleiche Phasenzahl und gleiche Läuferstillstandsspannung für alle Wellenmaschinen! Darüber hinaus müssen einige weitere Voraussetzungen erfüllt sein, denen bei normalem Motorbetrieb nur eine untergeordnete Bedeutung zukommt. So ist vor allem auf eine relativ schwache Sättigung und auf eine geeignete Nutenschrägung zu achten, da u.U. andernfalls besonders bei niedrigen Drehzahlen Nachteile in thermischer, schwingungstechnischer und akustischer Hinsicht zu befürchten sind. Ferner kann z.B. die Verwendung einer besseren Dynamoblech-Qualität für den Läufer angebracht sein, wenn ein Betrieb der elektrischen Welle gegen das Drehfeld beabsichtigt ist (Eisenverluste im Läufer).

Die Vorausberechnung der Betriebseigenschaften einer elektrischen Welle erfolgt zweckmäßig anhand der Daten des Schleifringläufermotors. Das Kreisdiagramm des Asynchronmotors hängt von den Wirk- und Blindwiderständen der Ständer- und Läuferwicklung, der totalen Streuung und dem Magnetisierungsstrom ab. Diese Größen sind auch für das elektrische und magnetische Verhalten der Maschine im Betrieb als elektrische Welle maßgebend. Die Eigenschaften des *stationären* Betriebes lassen sich bei fast allen Gleichlaufschaltungen mit Asynchronmaschinen aus dem normalen Kreisdiagramm des Asynchronmotors mit Hilfe einiger Erweiterungen herleiten.

Die theoretischen Grundlagen für die Berechnung elektrischer Wellen wurden in zahlreichen Veröffentlichungen behandelt [1, 4, 13]. Dies gilt vor allem für die Schaltung mit symmetrischem Netzanschluß und parallel geschalteten Ständerwicklungen, aber auch für einige einphasige Schaltungen. Aufgrund dieser Arbeiten sind daher sowohl graphische als auch analytische Berechnungsverfahren bekannt. Im folgenden wird die Darstellung und Berechnungsweise so gewählt, daß zunächst die physikalischen Zusammenhänge und die Wirkungsweise anschaulich gezeigt werden. Das ist mit vereinfachenden Annahmen möglich. Im

Anschluß daran werden die vernachlässigten Einflüsse, soweit erforderlich, in die Rechnung mit einbezogen, so daß sie in ihrer Auswirkung für die Praxis leicht abgeschätzt werden können. Auf diese Weise wird den Erfordernissen bei der routinemäßigen Bearbeitung und Projektierung derartiger Anlagen weitgehend Rechnung getragen. Die zu erwartenden Ergebnisse werden zunächst einmal überschlägig abgeschätzt. Erst beim endgültigen Entwurf ist ein größerer rechnerischer Aufwand erforderlich.

Für die Berechnung werden generell folgende *Voraussetzungen* gemacht:

a) Symmetrie der Netzspannungen,
b) Beschränkung auf die Grundwelle des Luftspaltfeldes bei symmetrischem Netzanschluß. Bei unsymmetrischen Schaltungen wird auch das Nullsystem berücksichtigt.
c) Gültigkeit des *Überlagerungsprinzips* bei der Ermittlung der Ströme und Drehmomente.
d) Beschränkung auf *kleine* Schwingungsamplituden bei Stabilitätsuntersuchungen.
e) *Langsame* Pendelungen relativ zur Netzfrequenz bei dynamischen Stabilitätsuntersuchungen (elektromagnetische Einschwingvorgänge bleiben unberücksichtigt).

Weitere Einschränkungen werden jeweils in den einzelnen Kapiteln getroffen.

In den weitaus meisten Anwendungsfällen werden nur zwei Maschinen gleicher Type zu einer elektrischen Welle zusammengeschaltet. Wegen der damit verbundenen Vereinfachungen sind daher alle Berechnungen und Untersuchungen für elektrische Wellen aus zwei Maschinen gleicher Type vorgenommen.

4. Ausgleich- und Ferndreherwelle in Parallelschaltung am Drehstromnetz

Der Unterschied zwischen einer Ausgleich- und einer Ferndreherwelle besteht — wie schon in Abschn. 1 erläutert — lediglich im Fortfall des Antriebsmotors für eine der Maschinengruppen. Dadurch ändern sich die Belastungsverhältnisse für die elektrische Welle. Der Aufbau und die Schaltung der Gleichlaufmaschinen ist in beiden Fällen jedoch identisch, so daß bezüglich der Berechnung der elektrischen Daten und der Drehmomente keinerlei Unterschiede bestehen. Die Anordung der Maschine entspricht für die Ausgleichwelle der Abb. 1, für die Ferndreherwelle der Abb. 10. Aufbau und Schaltung sind in Abb. 3 dargestellt.

4.1 Ströme, Drehmomente und Leistungsfluß im stationären Betrieb

Für eine elektrische Ausgleichwelle gilt das *Ersatzschaltbild* nach Abb. 41. Die mechanische Verdrehung der Läufer wird dadurch berücksichtigt, daß eine entsprechende Verdrehung um den elektrischen Winkel $p\varphi$ zwischen den Ständerspannungen angenommen wird. Es ist nämlich phsysikalisch völlig gleichgültig, ob man eine Winkeldifferenz zwischen den Läuferspannungen der beiden Maschinen durch mechanische Verdrehung der Läufer oder durch eine entsprechende Phasenverschiebung zwischen den Speisespannungen der beiden Maschinen erzeugt. Zu beachten ist lediglich, daß einer Verdrehung eines Läufers in positiver Richtung eine negative Phasendrehung der entsprechenden Ständerspannung gleichkommt.

Das *Stromverhalten* der Ausgleichwelle läßt sich durch Anwendung des Überlagerungsprinzips fast ohne jede Rechnung aus dem Ersatzschema Abb. 41 herleiten [28]. Der gesamte Primärstrom $\mathfrak{J}_1'$ kann als Summe von

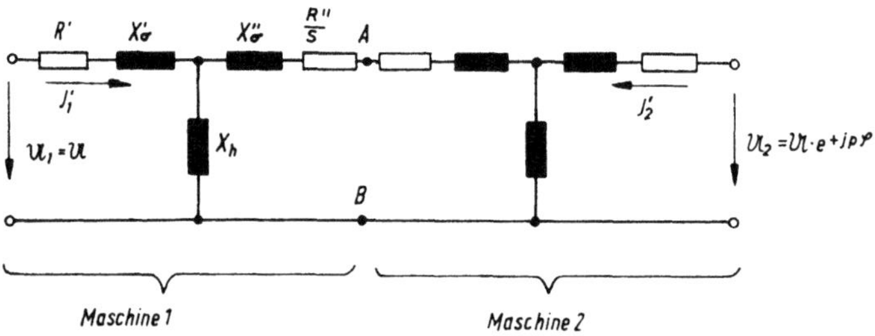

Abb. 41
Elektrisches Ersatzbild der Ausgleichswelle aus zwei Maschinen gleicher Type

zwei Teilströmen aufgefaßt werden. Der erste Teilstrom $\mathfrak{J}_{11}'$ fließt in der Ständerwicklung von Maschine 1, wenn $\mathfrak{U}_1 = \mathfrak{U}$ ist und die Ständerklemmen von Maschine 2 kurzgeschlossen sind ($\mathfrak{U}_2 = 0$). Der zweite Teilstrom $\mathfrak{J}_{12}'$ entsteht im Ständer der Maschine 1 bei Speisung der Maschine 2 mit $\mathfrak{U}_2 = \mathfrak{U}$ und Kurzschluß an den Klemmen der Maschine 1. Die Ströme und Widerstände der Ständerwicklungen werden, soweit eine Unterscheidung notwendig ist, durch einen Strich $'$ gekennzeichnet, die Daten der Läuferwicklung durch zwei Striche $''$ (z.B. $\mathfrak{J}_{12}'$ — Ständerstromkomponente in Maschine 1 infolge Speisung der Maschine 2). Bei Verdrehen der Speisespannung $\mathfrak{U}_2$ um den Winkel $+p\varphi$ verdreht sich die durch diese Spannung in der Ständerwicklung der Maschine 1 verursachte Stromkomponente $\mathfrak{J}_{12}'$ ebenfalls um den gleichen Winkel. Der gesamte Ständerstrom $\mathfrak{J}_1'$ ergibt sich daher zu:

$$\mathfrak{J}_1' = \mathfrak{J}_{11}' + \mathfrak{J}_{12}' e^{+jp\varphi}. \tag{33}$$

Für Maschine 2 ist φ durch $-\varphi$ zu ersetzen:

$$\mathfrak{J}'_2 = \mathfrak{J}'_{22} + \mathfrak{J}'_{21} \cdot e^{-ip\varphi}. \tag{34}$$

Da die Anordnung bei Zusammenschalten gleicher Maschinen völlig symmetrisch ist, muß $\mathfrak{J}'_{11} = \mathfrak{J}'_{22}$ und $\mathfrak{J}'_{12} = \mathfrak{J}'_{21}$ sein, und es gilt daher auch:

$$\mathfrak{J}'_2 = \mathfrak{J}'_{11} + \mathfrak{J}'_{12} \cdot e^{-ip\varphi}. \tag{34a}$$

Aus der Form der Gln. (33) und (34a) ist ersichtlich, daß die Ortskurve $\mathfrak{J}'_\nu = f(\varphi)$ ein *Kreis* ist mit dem Mittelpunktszeiger $\mathfrak{J}'_{11}$ und dem Radius $|\mathfrak{J}'_{12}|$. Diese beiden Diagrammvektoren lassen sich leicht aus den Grenzlagen für $p\varphi = 0°$ und $p\varphi = 180°$ bestimmen. Bei $p\varphi = 0°$ liegt nämlich eine symmetrische Speisung der beiden Maschinen vor, so daß sich die Läuferspannungen — da sie einander entgegenwirken — in ihrer Wirkung aufheben müssen und daher der Läuferkreis stromlos ist. In den Ständern können also bei $p\varphi = 0°$ nur die *Leerlaufströme* fließen:

$$\mathfrak{J}'_{11} + \mathfrak{J}'_{12} = \mathfrak{J}_0. \tag{35}$$

Der entgegengesetzte Fall liegt bei der Winkellage $p\varphi = 180°$ vor. Nunmehr wirken die Läuferspannungen gleichsinnig. Die Spannung zwischen den Punkten A und B in Abb. 41 verschwindet dann aus Symmetriegründen, und die Ständerströme entsprechen dem Strom $\mathfrak{J}_s$ des normalen Asynchronmotors bei dem vorliegenden Betriebsschlupf s:

$$\mathfrak{J}'_{11} - \mathfrak{J}'_{12} = \mathfrak{J}_s. \tag{36}$$

Aus den Gln. (35) und (36) ergeben sich die gesuchten Teilströme zu:

$$\mathfrak{J}'_{11} = \frac{1}{2} \cdot (\mathfrak{J}_s + \mathfrak{J}_0) \tag{37}$$

bzw.:

$$\mathfrak{J}'_{12} = -\frac{1}{2} \cdot (\mathfrak{J}_s - \mathfrak{J}_0) \tag{38}$$

und die gesamten Ständerströme aus den Gln. (33) und (34) zu:

$$\mathfrak{J}'_1 = \frac{1}{2} [(\mathfrak{J}_s + \mathfrak{J}_0) - (\mathfrak{J}_s - \mathfrak{J}_0) \cdot e^{+ip\varphi}] \tag{39}$$

und:

$$\mathfrak{J}'_2 = \frac{1}{2} [(\mathfrak{J}_s + \mathfrak{J}_0) - (\mathfrak{J}_s - \mathfrak{J}_0) \cdot e^{-ip\varphi}]. \tag{40}$$

Das Primärstromdiagramm ist also für beide Maschinen ein *gemeinsamer* Kreis, der abhängig vom elektrischen Verdrehungswinkel $p\varphi$ für die im Sinne des Drehfeldes voreilende Maschine in mathematisch positiver Richtung und für die andere Maschine im entgegengesetzten

Sinn durchlaufen wird. Die Maschine mit positivem $p\varphi$ wird dann zum Generator, die andere zum Motor.
Liegt für eine zu berechnende Wellenmaschine der *Heylandkreis* $\mathfrak{I}_1 = f(s)$ vor (Abb. 42), so läßt sich die Primärstromkurve der Wellenmaschinen —

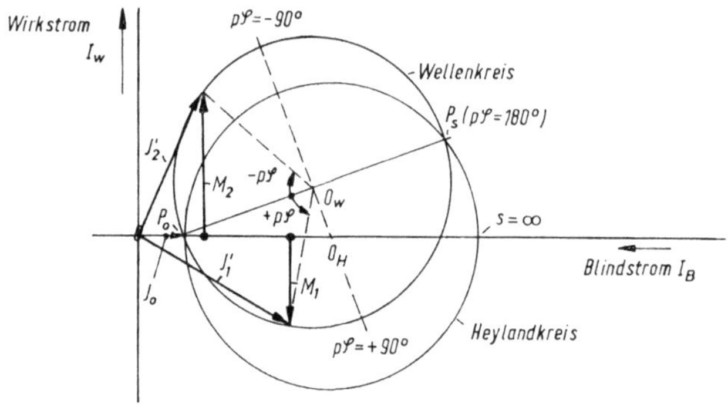

Abb. 42
Primärstromdiagramm der elektrischen Ausgleichswelle bei $R' = 0$

der sog. *Wellenkreis* — leicht finden, indem man den Punkt P_s des gewünschten Betriebsschlupfes s mit dem Leerlaufpunkt P_0 verbindet. Diese Linie stellt den Durchmesser des Wellenkreises mit dem Mittelpunkt O_w dar. Auf dem Wellenkreis findet man die zu einem bestimmten mechanischen Verdrehungswinkel φ gehörigen Ständerströme, indem man in O_w an den Radius $O_w\,P_0$ zu beiden Seiten den Winkel $p\varphi$ anträgt und die sich auf dem Wellenkreis ergebenden Schnittpunkte mit dem Koordinatenursprung verbindet.
Das Stromdiagramm in Abb. 42 ist unter Vernachlässigung der Eisenverluste und des ohmschen Ständerwiderstandes gezeichnet. Die Berücksichtigung der Eisenverluste kann in bekannter Weise nachträglich durch eine Achsenverschiebung im Kreisdiagramm erfolgen. Die Vernachlässigung des ohmschen Widerstandes der Ständerwicklung ist für Maschinen größerer Leistungen zulässig. Sie soll zunächst beibehalten werden, da sich die Drehmomentverhältnisse dabei besonders einfach und übersichtlich darstellen lassen. Bei Motoren mittlerer und kleiner Leistung (etwa bis zu 20 kW) sind die damit verbundenen Fehler jedoch unzulässig groß. Auf die Berücksichtigung des Ständerwiderstandes wird später noch eingegangen.
Die Drehmomente der beiden Wellenmaschinen sind wie bei jeder Asynchronmaschine durch die jeweiligen Drehfeldleistungen $P_{\nu D}$ bestimmt:

$$M_\nu = \frac{p}{\omega} \cdot P_{\nu D}, \tag{41}$$

wobei p die Polpaarzahl und ω die Netzkreisfrequenz bedeuten. Mit den hier getroffenen Voraussetzungen ist die Drehfeldleistung gleich der aufgenommenen Wirkleistung:

$$P_{\nu D} = 3\mathfrak{U}_\nu \cdot \mathfrak{J}'_\nu. \tag{42}$$

(Der Punkt · zwischen den Diagrammvektoren $\mathfrak{U}_\nu$ und $\mathfrak{J}'_\nu$ bezeichnet das *skalare* Produkt). Mit den Gln. (39) bis (42) erhält man dann die Drehmomente der elektrischen Welle zu:

$$M_1 = \frac{p}{\omega} \cdot \frac{3}{2} [(\mathfrak{U} \cdot \mathfrak{J}_s)(1 - \cos p\varphi) - (\mathfrak{U} \cdot i\mathfrak{J}_s - \mathfrak{U} \cdot i\mathfrak{J}_0) \cdot \sin p\varphi] \tag{43}$$

und:

$$M_2 = \frac{p}{\omega} \cdot \frac{3}{2} \cdot [(\mathfrak{U} \cdot \mathfrak{J}_s)(1 - \cos p\varphi) + (\mathfrak{U} \cdot i\mathfrak{J}_s - \mathfrak{U} \cdot i\mathfrak{J}_0) \cdot \sin p\varphi]. \tag{44}$$

Es ist zweckmäßig, die Wellenmomente M_1 bzw. M_2 auf das Drehmoment M_s der Wellenmaschinen im Betrieb als Asynchronmotoren zu beziehen. Das Moment des Asynchronmotors beim Schlupf s ist bekanntlich:

$$M_s = 3 \cdot \frac{p}{\omega} \cdot (\mathfrak{U} \cdot \mathfrak{J}_s) \tag{45}$$

oder, wenn man es entsprechend der *Kloss'schen* Formel auf das Kippmoment M_k des Asynchronmotors bezieht:

$$M_s = M_k \cdot \frac{2(s/s_k)}{1 + (s/s_k)^2}. \tag{46}$$

Es läßt sich nun leicht nachweisen, daß das Skalarprodukt $\mathfrak{U} \cdot (i\mathfrak{J}_s - i\mathfrak{J}_0)$ proportional $\frac{s}{s_k} \cdot M_s$ ist. Damit ergeben sich die Wellenmomente zu:

$$M_1 = \frac{M_s}{2}\left[(1 - \cos p\varphi) - \frac{s}{s_k} \cdot \sin p\varphi\right] \tag{47}$$

und:

$$M_2 = \frac{M_s}{2}\left[(1 - \cos p\varphi) + \frac{s}{s_k} \cdot \sin p\varphi\right]. \tag{48}$$

Bei $R' = 0$ wird die (negative) imaginäre Achse im Stromdiagramm (Abb. 42) zur Momentenbezugslinie. Die Drehmomente sind daher proportional dem Wirkanteil der Primärströme. Sie können direkt aus dem Kreisdiagramm entnommen werden (vgl. M_1 und M_2 in Abb. 42).

Bemerkenswert ist die Unsymmetrie der Drehmomente, wie aus dem Kreisdiagramm deutlich hervorgeht. Das motorische Drehmoment ist stets größer als das generatorische $|M_2| > |M_1|$ (vgl. Abb. 43). Auch die Drehmomentgleichungen (47) und (48) zeigen die Zusammensetzung

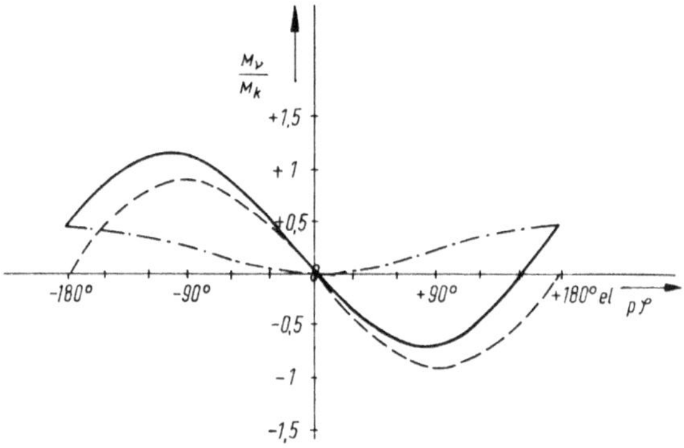

Abb. 43
Zusammensetzung der Wellenmomente M_ν aus synchronisierendem Momentanteil M_{Sy} und asynchronem Moment M_{As}
——— $M_\nu = M_{Sy} + M_{As}$
– – – – M_{Sy}
—·— M_{As}

aus zwei Komponenten. Nur der $\sin p\varphi$ proportionale Anteil ist an der Aufrechterhaltung des Gleichlaufs beteiligt. Das *synchronisierende* Moment M_{Sy} wirkt an beiden Maschinen mit gleicher Stärke, aber entgegengesetzten Vorzeichen. Es hat die Größe:

$$M_{Sy} = \frac{M_S}{2} \cdot \frac{s}{s_k} \cdot \sin p\varphi. \tag{49}$$

Der *asynchrone* Momentanteil:

$$M_{As} = \frac{M_S}{2} [1 - \cos p\varphi] \tag{50}$$

beschleunigt beide Wellenstränge in gleichem Drehsinn.
Der Verlauf der Wellenmomente abhängig vom Verdrehungswinkel und die Aufteilung in die beiden Komponenten M_{Sy} und M_{As} ist in Abb. 43 gezeigt. Die Unsymmetrie zwischen den Momenten an Geber und Empfänger ist offenbar umso größer, je stärker der asynchrone Momentanteil in Erscheinung tritt. An der eigentlichen Aufgabe der elektrischen Welle, Drehmomente von der einen Seite zur anderen zu übertragen, ist nur das synchronisierende Moment beteiligt. Ideale Wellenmaschinen mit verschwindend kleinen ohmschen Läuferwiderständen

könnten nur synchronisierende Momente erzeugen. Sobald die Maschinen mit ohmschen Widerständen behaftet sind, treten im Läuferkreis Verluste auf, die vom Netz her gedeckt werden müssen und dann gleichzeitig asynchrone Momente bewirken.

Diese Zusammenhänge lassen sich besonders klar anhand des *Energieflusses* in den Wellenmaschinen darstellen. In Abb. 44 ist der Energie-

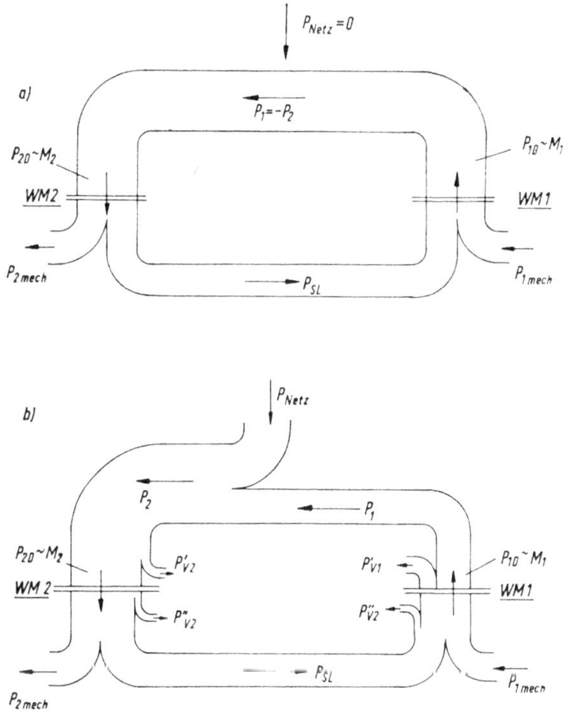

Abb. 44
Energiefluß einer elektrischen Ausgleichswelle bei Schlupf $s = 0,5$
a) Verlustlose elektrische Welle
b) Verlustbehaftete elektrische Welle

strom einer elektrischen Ausgleichwelle beim Schlupf $s = 0,5$ aufgezeichnet. Für jede der beiden Wellenmaschinen gelten die bekannten Beziehungen zwischen der Drehfeldleistung $P_{\nu D}$, der vom Läufer mechanisch abgegebenen Leistung $P_{\nu mech}$ und der elektrischen Läuferleistung $P_{\nu el} = P_{SL} + P''_{V\nu}$:

$$P_{\nu mech} = P_{\nu D} \cdot (1 - s) \tag{51}$$

und:

$$P_{\nu \text{el}} = P_{\nu \text{D}} \cdot s. \tag{52}$$

Die über die Schleifringe von der einen Maschine zur anderen übertragene Leistung P_{SL} ist natürlich an beiden Maschinen entgegengesetzt gleich groß, ebenso wie die Verluste in den Läuferwicklungen $P''_{\text{V}\nu}$ normalerweise gleich groß sind, da $\mathfrak{I}''_1 = -\mathfrak{I}''_2$ ist.
Abb. 44a zeigt den Leistungsfluß in einer *verlustlosen* elektrischen Welle. Zur Übertragung eines bestimmten Drehmoments von einer Wellenmaschine zur anderen muß eine entsprechende Drehfeldleistung den Luftspalt der Maschinen überqueren. Diese Leistung wird im Fall der verlustlosen Welle in voller Höhe durch die Verbindungsleitungen der Ständer übertragen. Läuferseitig spaltet sie sich entsprechend dem Schlupf s auf. Die auf der einen Seite aufgenommene mechanische Leistung wird vollständig an der Welle der anderen Maschine abgegeben. Die restliche elektrische Leistung schließt den Energiekreislauf über die Läuferverbindungsleitungen.
Der gleiche Energiefluß tritt im Prinzip auch bei *verlustbehafteten* Maschinen auf. Dem oben beschriebenen Energiekreislauf überlagert sich dann ein Energiestrom, der zur Deckung der Verluste aus dem Netz bezogen wird. Die Ständerverluste haben keinen Einfluß auf die Drehfeldleistung. Der Unterschied der Drehmomente zwischen Maschine 1 und 2 wird allein durch die Läuferverluste bestimmt, da diese an der motorisch arbeitenden Maschine die Drehfeldleistung vergrößern, während sie an der generatorisch wirkenden Maschine die Drehfeldleistung entsprechend vermindern. Je größer die Läuferverluste sind, umso ausgeprägter wird die Differenz zwischen den Drehmomenten der beiden Wellenmaschinen. Daraus erklärt sich, daß bei steigender Belastung der elektrischen Welle, wenn der Läuferstrom und die entsprechenden Verluste immer größer werden, die Momentenunsymmetrie zunimmt (vgl. Abb. 43). Bei $p\varphi = 180°$ wird die gesamte elektrische Leistung im Läuferkreis zur Deckung der Verluste verbraucht. Beide Wellenmaschinen arbeiten hier rein motorisch, und es kommt kein Energiekreislauf mehr zustande.
Solange die elektrische Welle im Lauf *mit* dem Drehfeld ($s < 1$) betrieben wird, ist die Energieaufteilung ähnlich wie in Abb. 44. Der größere Teil der Energie wird im Ständerkreis transportiert.
Bei Betrieb *gegen* das Drehfeld ($s > 1$) addiert sich die der einen Maschine mechanisch zugeführte Leistung zur Luftspaltleistung und wird elektrisch über den Läuferkreis zur anderen Maschine transportiert (vgl. Abb. 45 für $s = 1{,}5$). Man darf daraus aber nicht den falschen Schluß ziehen, daß der Betrieb gegen das Drehfeld wegen des hohen Energietransports im Läuferkreis besonders ungünstig sei und

zu sehr hohen Läuferverlusten führen müsse; denn für den Energietransport ist im wesentlichen die proportional mit dem Schlupf ansteigende Läuferspannung verantwortlich. Zu beachten ist jedoch, daß bei $s > 1$ die generatorisch arbeitende Maschine mechanisch Leistung abgibt. Dies hat bei Ferndreherwellen zur Folge, daß bei Schlupf

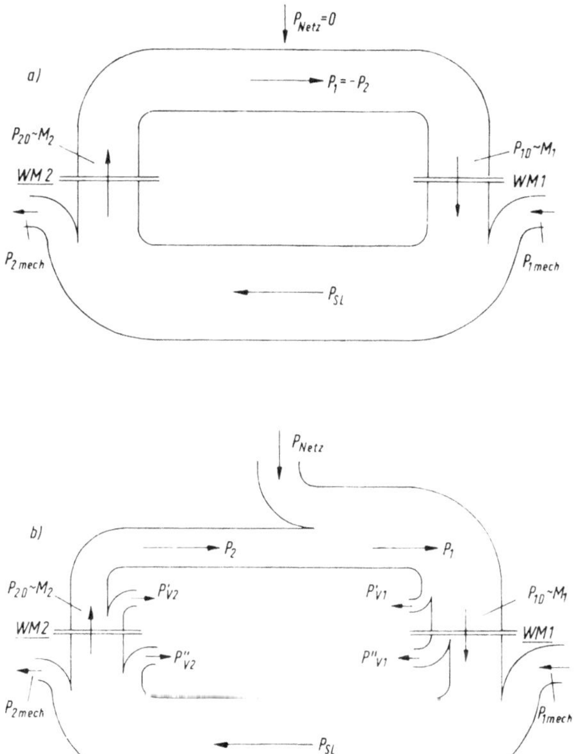

Abb. 45
Energiefluß einer elektrischen Ausgleichswelle bei Schlupf $s = 1{,}5$
a) Verlustlose elektrische Welle
b) Verlustbehaftete elektrische Welle

$s > 1$ das Empfängermoment kleiner als das Gebermoment wird, so daß man dem Geber mechanisch mehr Leistung zuführen muß als am Empfänger gefordert wird. Bei Lauf mit dem Drehfeld ist das Verhältnis der an einer Maschine abgegebenen mechanischen Leistung zu der von der anderen Maschine aufgenommenen größer als 1, bei Lauf gegen das Drehfeld ist dieses Verhältnis stets kleiner als 1.

Die oben abgeleiteten Strom- und Drehmomentgleichungen und das Kreisdiagramm in Abb. 42 gelten bei Vernachlässigung des Primärwiderstandes der Wellenmaschinen und der Eisenverluste. Unter *Berücksichtigung der ohmschen Widerstände* der Ständerwicklung führt die analytische Methode auf recht komplizierte Ausdrücke für die Ströme und Momente, die später noch bei den Stabilitätsuntersuchungen angegeben werden. Für die praktische Berechnung des *stationären* Betriebsverhaltens hat sich ein zeichnerisches Verfahren unter Zuhilfenahme des Kreisdiagrammes als besonders geeignet erwiesen.

Ausgehend vom Kreisdiagramm des Asynchronmotors*) unter Berücksichtigung der ohmschen Ständerwiderstände kann man für den gewünsch-

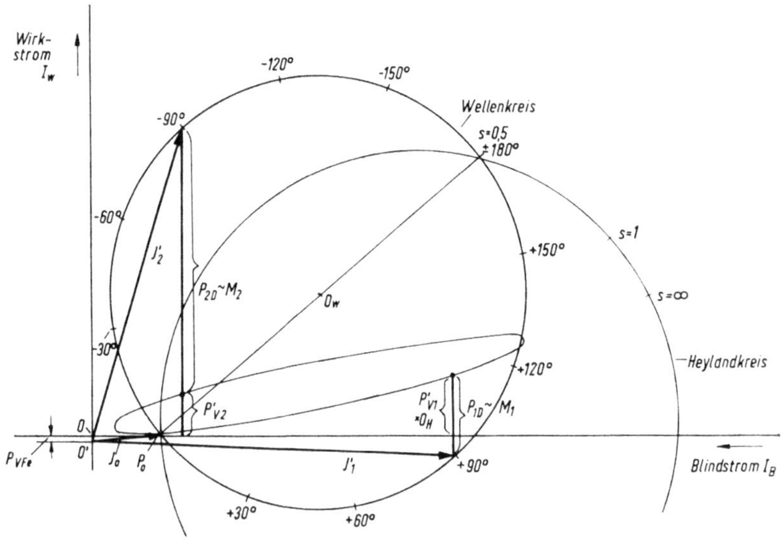

Abb. 46
Primärstromdiagramm der elektrischen Welle bei $R' \neq 0$ und $P_{VFe} \neq 0$

ten Schlupf s den Wellenkreis zeichnen. In Abb. 46 ist als Beispiel die Konstruktion für Wellenmaschinen mit einer Motorleistung von 5 kW bei einem Schlupf $s = 0{,}5$ durchgeführt.

*) Das Primärstromdiagram der Asynchronmaschine im selbständigen Motor- und Generatorbetrieb wird im folgenden stets kurz mit „*Heylandkreis*" bezeichnet, auch wenn es sich um das erweiterte Diagramm mit Berücksichtigung der ohmschen- und der Eisenverluste handelt, im Gegensatz zur Primärstromortskurve der elektrischen Welle, dem sog. „*Wellenkreis*".

Für die Ermittlung der Drehmomente darf nun nicht mehr die Abszisse als Bezugslinie angenommen werden. Um die Drehfeldleistungen als Maß für die Drehmomente zu erhalten, muß man vielmehr von der aufgenommenen Wirkleistung jeder Wellenmaschine die Ständerverlustleistung abziehen bzw. bei der generatorisch arbeitenden Maschine zur abgegebenen Leistung addieren. Berechnet man für verschiedene Läuferverdrehungswinkel $p\varphi$ aus den Primärströmen die Kupferverluste und trägt die entsprechende Strecke im Diagramm über der Blindstromachse auf, so erhält man als Drehmomentbezugslinie eine *ellipsenähnliche* Kurve. Für jede beliebige Belastung können damit die Drehmomente aus dem Primärstromdiagramm abgelesen werden, so wie es in Abb. 46 für $p\varphi = 90°$ Läuferverdrehung eingezeichnet ist. Außer dem primären Wicklungswiderstand sind in dem Kreisdiagramm noch die Eisenverluste des Ständers P_{VFe} durch eine Parallelverschiebung der Blindstromachse berücksichtigt.

Aus dem dargestellten Beispiel geht deutlich hervor, daß die Vernachlässigung der primären Verluste bei Maschinen in diesem Leistungsbereich zu erheblichen Fehlern führen würde. Die Differenzen werden besonders groß bei der Berechnung der Kippmomente, die zur Bestimmung der Überlastbarkeit bei der Auslegung der elektrischen Welle bekannt sein müssen.

Die Darstellung beschränkt sich hier auf den Schlupfbereich $s > 0$. Eine dreiphasige elektrische Welle mit symmetrischem Netzanschluß ist jedoch in der Lage, auch im *übersynchronen* Betrieb $s < 0$ Drehmomente zu übertragen. Lediglich in unmittelbarer Nähe des Synchronismus werden die übertragbaren Wellenmomente sehr klein, und im Punkt $s = 0$ tritt überhaupt kein Drehmoment mehr auf. Aus diesem Grunde kann man zwei Wellenmaschinen im Gleichlauf nicht über die synchrone Drehzahl des Drehfeldes hinaus hochfahren, so daß dem übersynchronen Betriebsbereich keine praktische Bedeutung zukommt.

4.2 Statische Stabilität des Gleichlaufsystems

Die Kenntnis der *Drehmomentkennlinie* ist die erste Voraussetzung für die richtige Dimensionierung eines Antriebs. Unter Drehmomentkennlinie wird dabei die Abhängigkeit des Drehmoments von der jeweiligen Veränderlichen im stationären Betrieb verstanden. Bei der Synchronmaschine ist das die Beziehung zwischen dem Drehmoment und dem Polrad-Verdrehungswinkel, bei den Asynchronmaschinen die Abhängigkeit des Drehmoments von der Drehzahl bzw. vom Schlupf. Die elektrische Welle stellt in gewisser Weise einen Sonderfall dar, da ihre Drehmomente sowohl vom Läuferverdrehungswinkel $p\varphi$ als auch von der Drehzahl n bzw. vom Schlupf s abhängen. Beide

Einflußgrößen können sich mit dem augenblicklichen Belastungszustand verändern. Sie ergeben sich im *stationären* Zustand aus einer Gleichgewichtsbedingung. Trotz dieser doppelten Abhängigkeit wird bei der elektrischen Welle für gewöhnlich nur der Verdrehungswinkel $p\varphi$ als eigentliche Veränderliche angesehen und die Drehzahl n bzw. der Schlupf s als Parameter aufgefaßt, wodurch sie den Charakter einer Synchronmaschine erhält.
Ein bestimmter Belastungszustand eines Antriebs kann nur dann betriebsmäßig aufrecht erhalten werden, wenn folgende drei Bedingungen für den stationären Betrieb gleichzeitig erfüllt sind [29]:

1. Die *Gleichgewichts*bedingung:
   Die Summe aller wirksamen Antriebs- und Lastmomente muß für jeden Wellenstrang für sich verschwinden.
2. Die Bedingung für *statische* Stabilität:
   Bei einer kleinen Störung des Gleichgewichtszustandes müssen die nach Verschwinden des Störmoments verbleibenden Drehmomente den Antrieb wieder in Richtung auf die Gleichgewichtslage beschleunigen oder verzögern.
3. Die Bedingung für *dynamische* Stabilität:
   Die bei einer Störung des Gleichgewichtszustandes auftretenden Ausgleichbewegungen müssen zeitlich abklingen.

Die über die *statischen* Stabilitätsforderungen hinausgehenden *dynamischen* Stabilitätsbedingungen werden im nächsten Kapitel (4.3) eingehend untersucht.
Das Gleichgewicht ist bei einem einfachen Antrieb durch:

$$A-L=0 \tag{53}$$

gegeben, wobei unter A das Antriebsmoment und unter L das Lastmoment zu verstehen ist. Im Fall der elektrischen Welle muß diese Bedingung unter Berücksichtigung der Momente M_ν der Wellenmaschinen für jede Antriebsgruppe erfüllt sein:

$$A_\nu-L_\nu+M_\nu=0 \quad (\nu=1,2). \tag{54}$$

Aus Abb. 47 erkennt man leicht, daß die Gleichgewichtsbedingung allein für einen statisch stabilen Betriebszustand nicht genügt. Im Teil a der Abbildung ist die bekannte Kennlinie A eines Asynchronmotors und eine Lastkennlinie L aufgezeichnet. Nur im Schnittpunkt P_a sind Antrieb und Last im statisch stabilen Gleichgewicht, da bei einer Absenkung der mittleren Winkelgeschwindigkeit $\dot\varphi_a$ das positive Differenzmoment den Antrieb wieder beschleunigt und im umgekehrten Fall bei Überschreiten von $\dot\varphi_a$ das überschüssige Lastmoment die nötige Drehzahlabsenkung bewirkt. Im Gegensatz dazu ist der Schnittpunkt P_b nicht stabil,

da bei der geringsten Abweichung von $\dot{\varphi}_b$ die Maschinengruppe völlig abgebremst oder bis zum Punkt P_a hochgefahren wird.
Ähnlich liegen die Verhältnisse bei einem Antrieb mit synchroner Motorkennlinie nach Abb. 47b. Beim Winkel φ_a ergibt sich ein stabiles Gleichgewicht im Schnittpunkt P_a der Momentenlinie. Der Gleichgewichtszustand im Punkt P_b ist instabil.

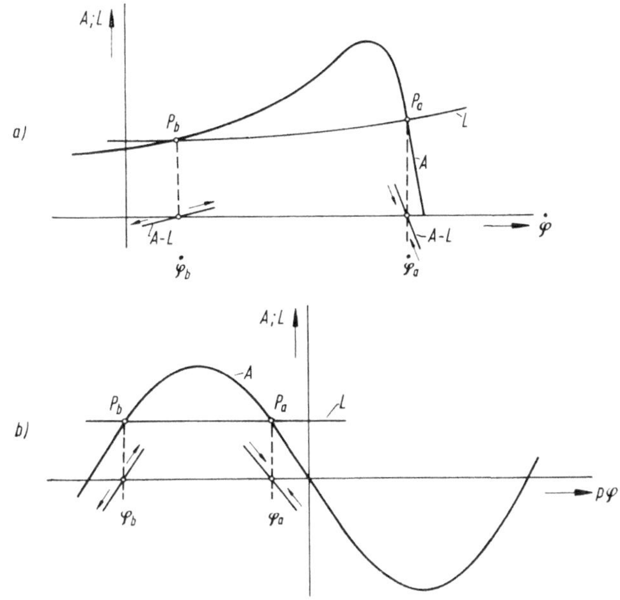

Abb. 47
Statische Stabilität eines Antriebes
a) mit asynchroner Motorcharakteristik
b) mit synchroner Motorcharakteristik

Bei den hier beschriebenen einfachen Antrieben ist die Bedingung für statische Stabilität erfüllt, wenn die resultierende Momentenlinie $A - L$ eine *fallende* Tendenz hat. Für einen Antrieb mit *asynchroner* Charakteristik bedeutet das:

$$\frac{\partial(A+M-L)}{\partial\dot{\varphi}} < 0 \tag{55}$$

und bei *synchroner* Motorcharakteristik:

$$\frac{\partial(A+M-L)}{\partial\varphi} < 0. \tag{56}$$

Die Drehmomente der in der Praxis als Belastung infrage kommenden Arbeitsmaschinen sind i.a. nur von der *Drehzahl* abhängig, aber unabhängig von der Winkellage, so daß $\frac{\partial L}{\partial \varphi} = 0$ wird. Unter dieser Annahme ist ein Antrieb mit Synchronmotor bis zum Kippmoment des Motors statisch stabil. Diese letztere Bedingung trifft auch bei der elektrischen *Ferndreherwelle* zu (Abb. 10). Dabei wird die Stabilität durch die Bedingungen an der Empfängerseite bestimmt. Die Maschinengruppe aus Empfänger und Belastung verhält sich dann wie ein selbständiger Synchronantrieb, der entsprechend den obigen Ausführungen bis zum Kippmoment des Empfängermotors statisch stabil ist. Voraussetzung hierfür ist allerdings ein genügend starker Antrieb des Gebers, so daß die Rückwirkung der Empfängerbelastung auf dessen Drehzahl vernachlässigt werden kann. Das ist i.a. auch der Fall. Andernfalls wird der stabile Bereich natürlich kleiner. Er kann dann aus den Stabilitätsbedingungen der Ausgleichwelle als Sonderfall berechnet werden.
In den meisten praktischen Fällen ist für die statische Stabilität der Ferndreherwelle das Kippmoment des Empfängers maßgebend! In

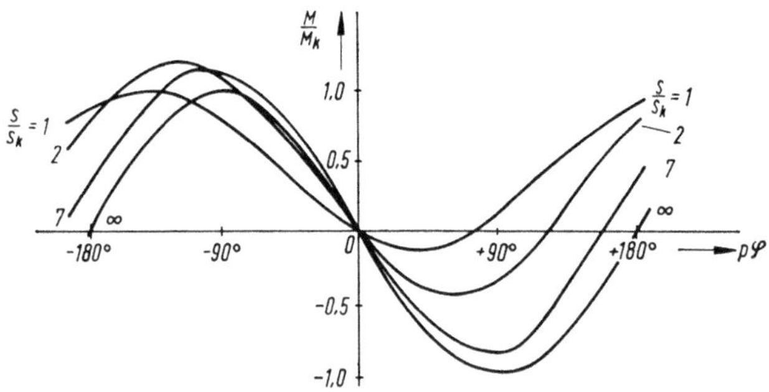

Abb. 48
Abhängigkeit der Drehmomente M/M_K vom Verdrehungswinkel $p\varphi$ bei verschiedenen Schlupfwerten s/s_K
(Anhaltswerte von s_k sind etwa 0,8 für 0,5 kW; 0,4 für 5 kW; 0,25 für 30 kW-Motor)

Abb. 48 sind die Drehmomentkennlinien einer Gleichlaufanordung für einige Schlupfwerte dargestellt. Man erhält das höhere Kippmoment und die größere Belastbarkeit am Empfänger, wenn er motorisch mit negativem Verdrehungswinkel arbeitet (vgl. Abb. 28). Laut Definition ist der Verdrehungswinkel für die bezüglich zum Drehfeld zurückgebliebene Maschine negativ. Bei Lauf mit dem Drehfeld bleibt der motorisch belastete Antrieb — der Empfänger — gegenüber dem Drehfeld zurück. Er hat dann einen negativen Verdrehungswinkel und damit das hohe Kippmoment.

Ungünstiger ist für eine Ferndreherwelle der Betrieb gegen das Drehfeld. Auch hier hat der belastete Empfänger das Bestreben, in der Drehzahl abzusinken. Dadurch wird aber eine Winkelverdrehung im Sinne des Drehfeldes bewirkt, da die Drehrichtung der Umlaufrichtung des Drehfeldes entgegengesetzt ist. Der Verdrehungswinkel des Empfängers ist dann positiv und das Kippmoment relativ niedrig (vgl. Abb. 48). Die Vorzeichenverhältnisse und die Zusammensetzung des Empfänger-

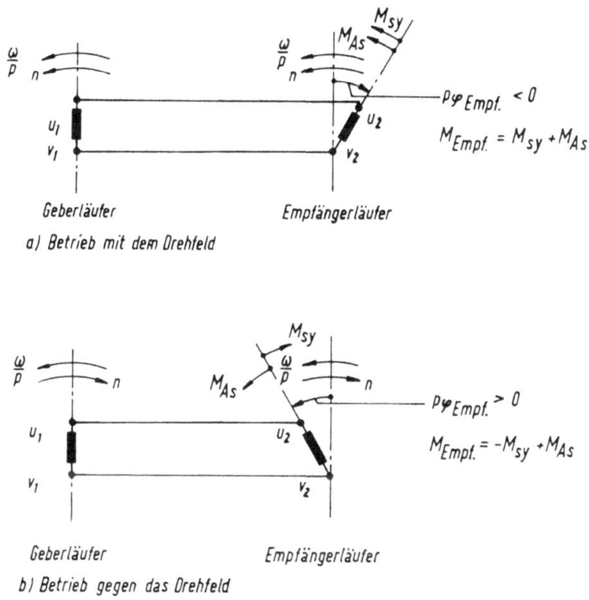

Abb. 49
Empfängermomente abhängig von der Drehrichtung. Läuferstellung schematisch durch eine Phase dargestellt

momentes aus der synchronen und asynchronen Komponente sind für die beiden Betriebsarten in Abb. 49 gegenübergestellt. Hieraus folgt, daß der Betrieb mit dem Drehfeld für die elektrische Ferndreherwelle vorteilhafter ist. Lediglich bei Maschinen mit großer Leistung, bei denen die asynchronen Drehmomente und damit die Unsymmetrie der Wellenkippmomente weniger ausgeprägt ist, kann auch ein Betrieb

gegen das Drehfeld vorgesehen werden. Elektrische Wellen mit Maschinen kleiner Typenleistung werden, wenn sie ohne zwischenzeitliche Trennung vom Netz in beiden Drehrichtungen laufen müssen, aus diesem Grunde häufig in einer *einphasigen* Schaltung betrieben!
Das Drehmoment am Empfänger der elektrischen Ferndreherwelle ist — wie in Abschn. 4.1 abgeleitet —:

$$M_{\text{Empf}} = \frac{M_s}{2} \cdot \left[(1 - \cos p\varphi) - \frac{s}{s_k} \cdot \sin p\varphi \right], \tag{57}$$

wobei $p\varphi$ entsprechend der vorliegenden Drehrichtung positiv oder negativ einzusetzen ist ($0 < s < 1$; $p\varphi < 0$ und $s > 1$; $p\varphi > 0$).
Entsprechend den obigen Feststellungen liegt ein stabiler Betrieb im Drehmomentbereich bis zum Kippmoment vor. Den maximal zulässigen Verdrehungswinkel φ_{stat} erhält man aus der Bedingung:

$$\frac{\partial M_{\text{Empf}}}{\partial \varphi} = \frac{p \cdot M_s}{2} \cdot \left[\sin p\varphi_{\text{stat}} - \frac{s}{s_k} \cos p\varphi_{\text{stat}} \right] = 0 \tag{58}$$

zu:

$$p\varphi_{\text{stat}} = \arctan \left| \frac{s}{s_k} \right| . \tag{59}$$

Diese Funktion ist in Abb. 50 über dem bezogenen Schlupf s/s_k dargestellt.

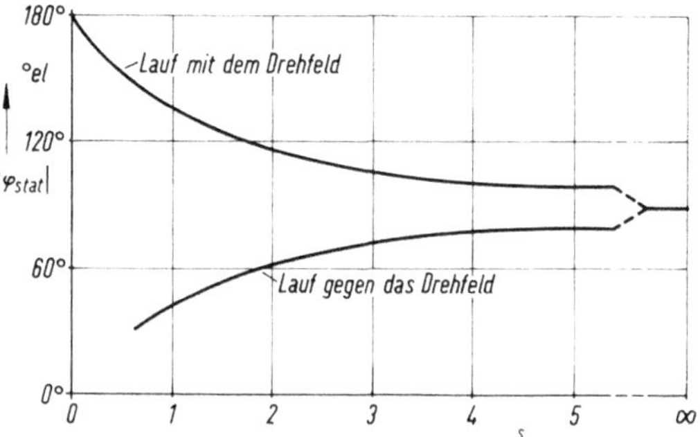

Abb. 50:
Maximaler Verdrehungswinkel bei statisch stabilem Betrieb der Ferndreherwelle

Der Empfänger kann unter keinen Umständen ein größeres als das bei $|p\varphi_{\text{stat}}|$ auftretende Drehmoment abgeben! Die *maximale* Belastung L_{Empf} am Empfänger ist also:

$$L_{\text{Empf}} \leqq \frac{M_s}{2}\left[(1-\cos p\varphi_{\text{stat}})-\frac{s}{s_k}\cdot\sin p\varphi_{\text{stat}}\right]. \tag{60}$$

Aus dieser Gleichung läßt sich eine Bedingung für die *Bemessung* der Wellenmaschinen herleiten. Führt man anstelle von M_s das Kippmoment M_k der Wellenmaschinen im normalen Motorbetrieb nach Gl. (46) ein, so erhält man aus Gl. (60) nach Einsetzen des maximalen Verdrehungswinkels $p\varphi_{\text{stat}}$ aus Gl. (59) nach einigen elementaren Umformungen die *Bemessungsformel*:

$$\left|\frac{M_k}{L_{\text{Empf}}}\right| \geqq \left|\frac{1+(s/s_k)^2}{(s/s_k)\left(1\mp\sqrt{1+(s/s_k)^2}\right)}\right|. \tag{61}$$

Das negative Vorzeichen vor der Wurzel gilt für positives $p\varphi_{\text{Empf}}$, also bei Betrieb gegen das Drehfeld, das positive Vorzeichen bei Lauf der Wellenmaschinen mit dem Drehfeld.

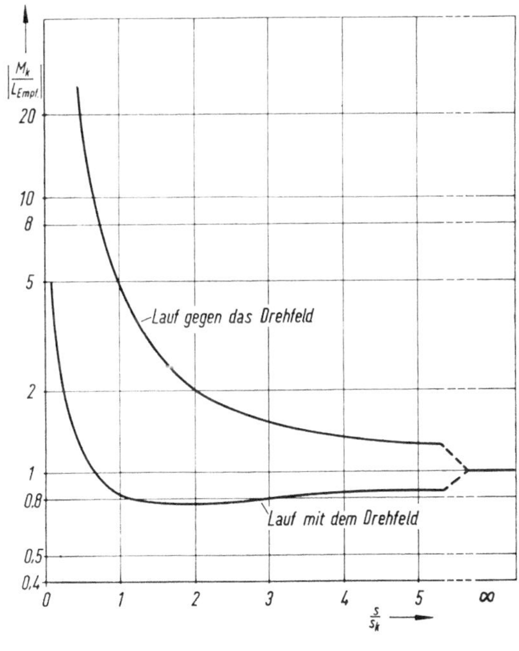

Abb. 51: Erforderliches Mindestkippmoment der Schleifringläufermotoren für eine elektrische Ferndreherwelle

Die Kurven in Abb. 51 zeigen deutlich die günstigen Eigenschaften der elektrischen Ferndreherwelle bei Betrieb mit dem Drehfeld. Wenn ein gewisser Abstand zur synchronen Drehzahl eingehalten wird (etwa $s/s_k > 0{,}5$), dann ist das Kippmoment der elektrischen Welle sogar höher als das des Asynchronmotors. Gl. (61) bzw. Abb. 51 können direkt für die Auslegung und Bemessung von Ferndreherwellen verwendet werden. Man wird allerdings auch hier — wie es bei der Dimensionierung elektrischer Maschinen üblich ist — das Kippmoment nicht gleich dem maximalen Lastmoment wählen, sondern eine gewisse *Überlastbarkeit* vorsehen (z.B. die zweifache). Das nach Gl. (61) bzw. Abb. 51 für den Wellenmotor erforderliche Kippmoment M_k ist demnach noch mit diesem Überlastungsfaktor zu multiplizieren! Darüber hinaus muß man prüfen, ob auch die *dynamische* Stabilität gewährleistet ist.

Die hier abgeleiteten Auslegungsbedingungen gelten streng genommen nur bei Vernachlässigung der ohmschen Ständerwiderstände. Für die Auswahl der Typenleistung ist diese Annahme jedoch i.a. zulässig. Die Verluste in der Ständerwicklung haben zwar bei kleineren Maschinen einen erheblichen Einfluß auf die Kippmomente der elektrischen Welle, aber gleichfalls auch auf das Kippmoment M_k der verwendeten Wellenmotoren, wobei sich diese Fehler bei den bezogenen Momenten z.T. kompensieren. Bei der Auslegung der Wellenmaschinen können daher die Ständerwiderstände zunächst unberücksichtigt bleiben.

Nunmehr soll die *statische* Stabilität der elektrischen *Ausgleichwelle* untersucht werden. Entsprechend der Aufgabe, die mit einer derartigen Anordnung zu erfüllen ist, ist die statische Stabilität nicht durch das Kippmoment an einer der beiden Wellenmaschinen begrenzt, sondern durch das maximale Differenzmoment, das zwischen Geber- und Empfängergruppe durch die elektrische Welle übertragen werden kann. Solange das *Ausgleich*moment — d.h. die Differenz der Wellenmomente — mit zunehmender Winkelverdrehung steigt, liegt i.a. noch ein statisch stabiler Betrieb vor, und zwar auch dann noch, wenn das Wellenkippmoment an einer der beiden Wellenmaschinen bereits überschritten ist. Daneben spielen allerdings — wie im folgenden noch gezeigt wird — die Rückwirkung der Laständerung an einer Maschinenseite auf die andere Maschinengruppe und damit die *Drehmassen* eine Rolle für die statische Stabilität.

Die Bewegungsvorgänge bei einer Gleichgewichtsstörung an der elektrischen Ausgleichwelle werden durch das Differentialgleichungssystem (2) beschrieben. Für die Betrachtung der *statischen* Stabilität kann von der Dämpfung abgesehen werden [9]. Die in Gl. (2) enthaltenen Federzahlen c_1 und c_2 sind nach Gl. (1) als Steilheit der Momentenlinie im betreffenden Arbeitspunkt definiert. Man erhält sie bei Vernachlässigung der ohmschen Ständerwiderstände durch Differentiation der Drehmomentgleichungen (47) und (48) nach φ. Damit lautet das vereinfachte Differentialgleichungssystem (2):

$$\left.\begin{aligned} \Theta_1\ddot{\psi}_1+\frac{p}{2}\cdot M_s\left[\frac{s}{s_k}\cdot\cos p\varphi_0-\sin p\varphi_0\right]\cdot(\psi_1-\psi_2)=0,\\ \Theta_2\ddot{\psi}_2+\frac{p}{2}\cdot M_s\left[\frac{s}{s_k}\cdot\cos p\varphi_0+\sin p\varphi_0\right]\cdot(\psi_2-\psi_1)=0.\end{aligned}\right\} \tag{62}$$

Die Winkel ψ_ν und ihre Ableitungen sind als die Abweichungen von der *stationären*, durch den Index 0 gekennzeichneten Drehbewegung aufzufassen. Das Bezugssystem für die ψ_ν fällt mit den Läuferachsen bei stationärem Betrieb (A_1 und A_2 in Abb. 52) zusammen. Es ist: $\varphi_1=\varphi_{10}+\psi_1, \varphi_2=\varphi_{20}+\psi_2, \varphi=\varphi_1-\varphi_2=\varphi_{10}-\varphi_{20}+\psi_1-\psi_2=\varphi_0+\psi_1-\psi_2$.

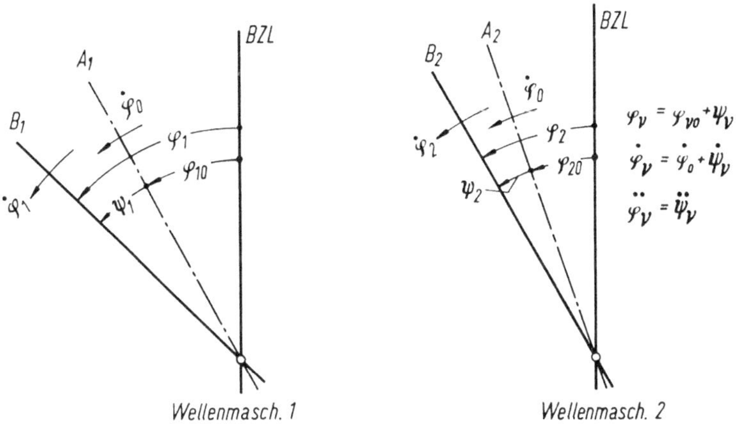

Abb. 52
Bewegungsgrößen bei Störung des Gleichgewichtszustandes
BZL = Bezugslinie, A_ν = Läuferbezugsachse im stationären Betrieb,
B_ν = Läuferbezugsachse bei gestörtem Gleichgewicht

Aus Gl. (62) ergibt sich eine charakteristische Gleichung zweiten Grades:

$$\Theta_1\Theta_2\lambda^2+\frac{p}{2}\cdot M_s\left[(\Theta_2+\Theta_1)\cdot\frac{s}{s_k}\cdot\cos p\varphi_0-(\Theta_2-\Theta_1)\cdot\sin p\varphi_0\right]=0. \tag{63}$$

Die Stabilitätsbedingung fordert nun, daß die Wurzeln der charakteristischen Gleichung *negative Realteile* besitzen. Diese Forderung ist für:

$$(\Theta_2-\Theta_1)\cdot\sin p\varphi_0-(\Theta_2+\Theta_1)\cdot\frac{s}{s_k}\cdot\cos p\varphi_0<0 \tag{64}$$

erfüllt.

Der maximal zulässige Läuferverdrehungswinkel φ_{stat} ergibt sich daraus zu:

$$p\varphi_{\text{stat}} = \operatorname{arc\,tan}\left|\frac{\Theta_2+\Theta_1}{\Theta_2-\Theta_1}\cdot\frac{s}{s_k}\right| < 90^\circ \text{ elektrisch.} \tag{65}$$

Im *günstigsten Falle* $\Theta_1 = \Theta_2$ ist der zulässige Verdrehungswinkel unabhängig von der Drehzahl stets $|p\varphi_{\text{stat}}| = 90^\circ$ elektrisch. Im *ungünstigsten Falle* $\Theta_1 \gg \Theta_2$ oder $\Theta_1 \ll \Theta_2$ erhält man wieder die schon für die Ferndreherwelle gefundene Bedingung $|p\varphi_{\text{stat}}| = \operatorname{arc\,tan} s/s_k$, wobei jedoch stets mit dem unter 90° elektrisch liegenden Verdrehungswinkel zu rechnen ist, der dem niedrigeren Kippmoment entspricht. Im allgemeinen Fall einer beliebigen Drehmassenverteilung liegt der zulässige Verdrehungswinkel zwischen diesen beiden Werten.

Bei Kenntnis des maximalen statisch stabilen Verdrehungswinkels kann man aus den Momentgleichungen das höchste übertragbare Ausgleichmoment errechnen und daraus eine Bemessungsgleichung für die Wellenmaschinen herleiten.

Die elektrische Ausgleichwelle muß in der Lage sein, ein bestimmtes Differenzmoment Δ zwischen den beiden Antriebsgruppen 1 und 2 auszugleichen. Das Moment Δ erhält man einerseits aus den Kennlinien der Antriebs- und Belastungsmaschine zu:

$$\Delta = (A_1-L_1)-(A_2-L_2). \tag{66}$$

Häufig werden an beiden Maschinengrupen Antriebsmotoren mit *gleichen* Drehmomentkennlinien verwendet ($A_1 = A_2$). In diesem Falle ist:

$$\Delta = L_2-L_1 \tag{67}$$

also direkt gleich dem Belastungsunterschied.

Das Ausgleichmoment Δ muß andererseits von den Wellenmaschinen aufgebracht werden:

$$\Delta = -(M_1-M_2). \tag{68}$$

Nach Einsetzen der in den Gln. (47) und (48) gefundenen Wellenmomente sieht man sofort, daß das Moment Δ nur von den *synchronisierenden* Momentanteilen geliefert wird:

$$\Delta = M_s\frac{s}{s_k}\cdot\sin p\cdot\varphi = M_k\,\frac{2(s/s_k)^2}{1+(s/s_k)^2}\cdot\sin p\varphi. \tag{69}$$

Für den statisch stabilen Betrieb ist der maximal zulässige Verdrehungswinkel durch Gl. (65) gegeben. Durch Einsetzen dieses Winkels in Gl. (69) erhält man das für die Übertragung des Ausgleichmomentes Δ *erforderliche Motorkippmoment* M_k der Wellenmaschinen zu:

$$\left|\frac{M_k}{\Delta}\right| = \frac{1+(s/s_k)^2}{2\cdot(s/s_k)^3}\cdot\sqrt{(s/s_k)^2+\left(\frac{\Theta_2-\Theta_1}{\Theta_2+\Theta_1}\right)^2}. \tag{70}$$

Dieses Verhältnis liegt immer zwischen den beiden Grenzwerten, die sich für gleiche Drehmassen $\Theta_1 = \Theta_2$ und sehr verschieden große Drehmassen $\Theta_1 \gg \Theta_2$ bzw $\Theta_1 \ll \Theta_2$ ergeben. Diese beiden Grenzwerte sind: für $\Theta_1 = \Theta_2$:

$$\left|\frac{M_k}{\Delta}\right| = \frac{1+(s/s_k)^2}{2(s/s_k)^2} \tag{71}$$

und für $\Theta_1 \gg \Theta_2$ bzw $\Theta_1 \ll \Theta_2$:

$$\left|\frac{M_k}{\Delta}\right| = \frac{1+(s/s_k)^2}{2(s/s_k)^3}\sqrt{1+(s/s_k)^2}. \tag{72}$$

Abb. 53 zeigt $\left|\frac{M_k}{\Delta}\right|$ abhängig vom bezogenen Schlupf s/s_k. Das erfor-

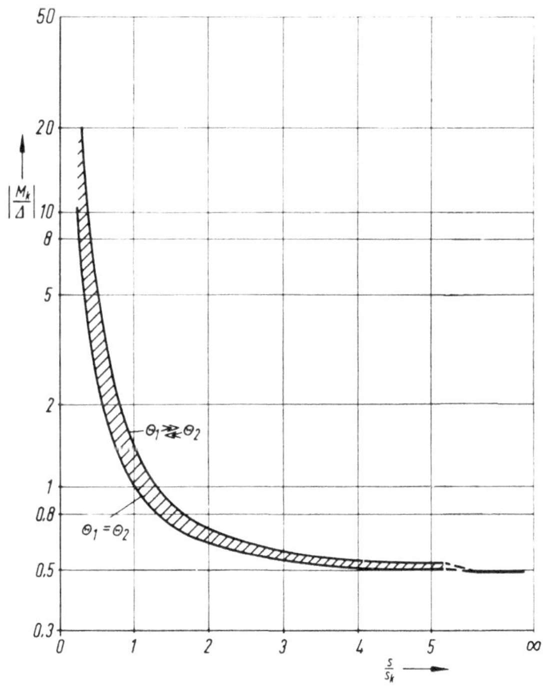

Abb. 53
Erforderliches Mindestkippmoment der Schleifringläufermotoren für eine elektrische Ausgleichswelle

derliche Motorkippmoment M_k wird bei großem Schlupf besonders klein und damit die Typenausnutzung günstig. Vom Gesichtspunkt der statischen Stabilität aus ist daher z.B. die Betriebsart „Lauf gegen das Drehfeld" bei elektrischen Ausgleichwellen normalerweise zu bevorzugen!

Aus Abb. 53 läßt sich die zur statisch stabilen Übertragung eines Ausgleichmomentes Δ erforderliche Motorgröße bestimmen. Sie wird durch das Kippmoment M_k der als Wellenmaschinen verwendeten Motoren gekennzeichnet. Ähnlich wie bei der Ferndreherwelle wird man auch für die Ausgleichwelle je nach der gewünschten Überlastbarkeit noch mit einem Sicherheitszuschlag rechnen.

Für die Bemessung der Wellenmaschinen einer elektrischen Ausgleichwelle ist nur das erforderliche Differenzmoment Δ maßgebend, während das gleichzeitig auftretende asynchrone Wellenmoment als eine Art Nebenerscheinung anzusehen ist. Nichtsdestoweniger ist es aber doch als zusätzliches Antriebsmoment an beiden Maschinengruppen wirksam und führt zu einer Beschleunigung der Schwungmassen und einer Drehzahländerung. Jede Lastschwankung ist daher mit einer Änderung *beider* Parameter — des Verdrehungswinkels $p\varphi$ und des Schlupfes s — verbunden!

Wenn die äußeren Drehmomentkennlinien $A_\nu - L_\nu$ und die Type der Wellenmotoren, d.h. das Kippmoment M_k und der Kippschlupf s_k bekannt sind, kann man die den stationären Zustand bestimmenden Parameter s und $p\varphi$ aus den Gleichgewichtsbedingungen Gl. (54) der beiden Wellengruppen bestimmen [1, 38]. Der Gleichgewichtszustand wird außer von dem oben definierten Differenzmoment Δ noch durch die Summe Σ der von den beiden Wellenmaschinen erzeugten Antriebsmomente bestimmt. Gemäß Gln. (47) und (48) ist:

$$\Delta = (A_1 - L_1) - (A_2 - L_2) = +M_s s/s_k \cdot \sin p\varphi\,, \tag{73}$$

$$\Sigma = (A_1 - L_1) + (A_2 - L_2) = -M_s \cdot (1 - \cos p\varphi)\,. \tag{74}$$

Die auf das Motorkippmoment M_k bezogenen Momente der elektrischen Ausgleichwelle Δ/M_k und Σ/M_k können als Funktion des bezogenen Schlupfes s/s_k oder des Verdrehungswinkels $p\varphi$ als Ortskurven bestimmt werden. Durch Eliminieren des Verdrehungswinkels $p\varphi$ erhält man in Verbindung mit Gl. (72) die dimensionslose Darstellung:

$$\left(\frac{\Sigma/M_k + \dfrac{2(s/s_k)}{1+(s/s_k)^2}}{\dfrac{2(s/s_k)}{1+(s/s_k)^2}}\right)^2 + \left(\frac{\Delta/M_k}{\dfrac{2\cdot(s/s_k)^2}{1+(s/s_k)^2}}\right)^2 = 1\,. \tag{75}$$

Faßt man Σ/M_k und Δ/M_k als rechtwinklige Koordinaten auf, dann sind die Kurven konstanten bezogenen Schlupfes s/s_k *Ellipsen* mit den Mittelpunkten:

$$\left(\frac{\Sigma}{M_k}\right)_{ms} = -\frac{2s/s_k}{1+(s/s_k)^2} \tag{76}$$

$$\left(\frac{\Delta}{M_k}\right)_{ms} = 0 \tag{77}$$

und den Halbachsen:

$$a_s = \left|\frac{2s/s_k}{1+(s/s_k)^2}\right| \tag{78}$$

$$b_s = \left|\frac{2(s/s_k)^2}{1+(s/s_k)^2}\right|. \tag{79}$$

Diese Ellipsen sind in Abb. 54 als voll ausgezogene Linien gezeichnet. Alle Ellipsen gehen durch den Koordinatenanfangspunkt. Bei $s = s_k$ erhält man einen Kreis mit dem Radius 1. Als Grenzwert für $s \to \infty$ entartet die Ellipse zu einer geraden Linie, die mit der Δ/M_k-Achse zusammenfällt. In diesem Falle treten — wie schon früher am Kreisdiagramm festgestellt wurde — nur Ausgleichmomente auf.
Die Abhängigkeit der Momente von der zweiten Veränderlichen, dem Verdrehungswinkel $p\varphi$ mit dem Schlupf s als Parameter, kann man durch Eliminieren von s/s_k aus den Gln. (73) und (74) darstellen. Auch in diesem Falle sind die Ortskurven Ellipsen:

$$\left(\frac{\Sigma/M_k}{1-\cos p\varphi}\right)^2 + \left(\frac{\Delta/M_k - \sin p\varphi}{\sin p\varphi}\right)^2 = 1. \tag{80}$$

mit den Mittelpunktskoordinaten:

$$(\Sigma/M_k)_{m\varphi} = 0, \tag{81}$$

$$(\Delta/M_k)_{m\varphi} = \sin p\varphi \tag{82}$$

und den Halbachsen:

$$a_\varphi = 1 - \cos p\varphi \tag{83}$$

$$b_\varphi = \sin p\varphi. \tag{84}$$

Abb. 54 enthält diese Kurven als gestrichelte Linien. Für $p\varphi = \pm 90°$ werden die Ellipsen zu Kreisen, die gleichzeitig die *Stabilitätsgrenze* für die symmetrische Ausgleichwelle mit $\Theta_1 = \Theta_2$ darstellen. Alle *statisch* stabilen Betriebszustände müssen im *Innern* dieser beiden Kreise liegen. Für jeweils zwei beliebige Werte von s/s_k und $p\varphi$ können mit dem Schnittpunkt der beiden zugeordneten Ortskurven die diesem Betriebszustand entsprechenden Antriebs- und Ausgleichmomente (Σ/M_k bzw. Δ/M_k) der elektrischen Welle an den Koordinatenachsen abgelesen werden.

Für die Ausgleichwelle mit sehr verschieden großen Drehmassen ist der maximale statisch stabile Verdrehungswinkel nach Gl. (65):

$$|p\varphi|_{\text{stat}} = \text{arc tan}\,|s/s_k|\,. \tag{65a}$$

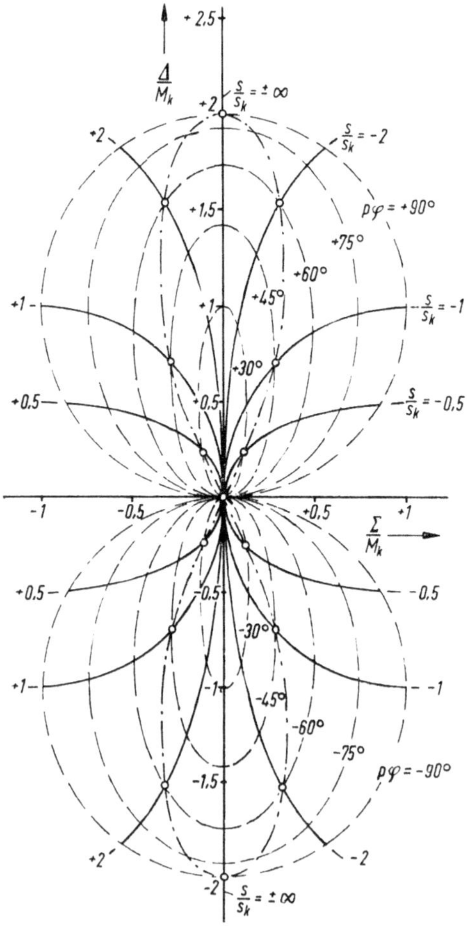

Abb. 54
Abhängigkeit der asynchronen ($\Sigma/M_{..}$) und synchronisierenden ($\Delta/M_{..}$) Drehmomentkomponenten von den Parametern s/s_k und $p\varphi$ für elektrische Ausgleichwellen

Der stabile Betriebsbereich wird in diesem Falle durch die in Abb. 54 strichpunktiert gezeichnete Kurve begrenzt, die einer Lemniskate ähnlich sieht. Aus dem Diagramm wird noch einmal deutlich, daß der Bereich der stabil übertragbaren Ausgleichmomente Δ/M_k bei kleinen Schlupfwerten eng begrenzt ist. Erst bei $s/s_k > 1$ stehen größere synchronisierende Momente zur Verfügung, die auch in einem großen

Winkelbereich statisch stabil übertragen werden können. Wir werden allerdings im folgenden Kapitel feststellen müssen, daß die Bedingungen für *dynamische* Stabilität mit den hier für den stationären Betrieb gefundenen nicht immer in Einklang stehen, so daß die endgültige Dimensionierung einen Kompromiß zwischen teilweise gegensätzlichen Forderungen darstellt.

4.3 Dynamische Stabilität des Gleichlaufsystems

Wird bei einer Maschine die äußere Last plötzlich geändert, dann wird die Differenz zwischen den Antriebs- und Lastmomenten die Drehmassen der betreffenden Maschinengruppen beschleunigen oder verzögern. Je nach den *Dämpfungsverhältnissen* stellt sich der neue stationäre Betriebszustand, wenn das Gleichlaufsystem dynamisch stabil ist, entweder nach einer abfallenden Exponentialfunktion oder nach einer gedämpften Schwingung ein. Ist die Dämpfung negativ, dann wird die Ausgleichschwingung zu immer größeren Amplituden angefacht. Es kann sich kein neuer stationärer Betriebszustand mehr einstellen und der Gleichlauf ist gestört.
Für die Untersuchung der *dynamischen* Vorgänge darf man die für den stationären Betrieb errechneten Drehmomentgleichungen nicht mehr verwenden! Während der Ausgleichbewegung ändern sich die Drehzahlen bzw. die Schlupfwerte an beiden Maschinengruppen vorübergehend in verschiedenem Maße. Man muß daher in der Momentengleichung die Einflüsse der Drehzahl- und Winkeländerungen an jeder Maschine berücksichtigen.
Bei Beschränkung auf lineare Glieder kann die vollständige im dynamischen Betrieb gültige Momentengleichung in folgender Form geschrieben werden:

$$M_\nu = M_{\nu 0} + \left(\frac{\partial M_\nu}{\partial \varphi_1}\right)_0 \varphi_1 + \left(\frac{\partial M_\nu}{\partial \varphi_2}\right)_0 \varphi_2 + \left(\frac{\partial M_\nu}{\partial \dot{\varphi}_1}\right) \dot{\varphi}_1 + \left(\frac{\partial M_\nu}{\partial \dot{\varphi}_2}\right)_0 \dot{\varphi}_2 \qquad (85)$$

oder:

$$M_\nu = M_{\nu 0} - c_{\nu 1}\varphi_1 - c_{\nu 2}\varphi_2 - d_{\nu 1}\dot{\varphi}_1 - d_{\nu 2}\dot{\varphi}_2 . \qquad (86)$$

φ_ν und $\dot{\varphi}_\nu$ sind dabei gemäß Abb. 52 als Abweichung vom Gleichgewichtszustand definiert. $M_{\nu 0}$ sind die bereits bekannten Drehmomente der Wellenmaschinen im stationären Betrieb. Die $\frac{\partial M_\nu}{\partial \varphi_\nu}$ geben die Momentenänderungen abhängig vom Verdrehungswinkel φ an und können aus den Momentengleichungen des stationären Betriebes durch Differentiation nach φ_ν leicht ermittelt werden. Sie entsprechen gemäß Gl. (1) den Federsteifen c_ν in den Bewegungsgleichungen (2).

Eine Berechnung der den Dämpfungsfaktoren entsprechenden Koeffizienten $\partial M_\nu/\partial\dot{\varphi}_\nu$ ist jedoch aus den stationären Momentengleichungen nicht mehr möglich. Zwar könnte man die Dämpfung durch Differentiation nach dem Schlupf s für den speziellen Fall $\dot{\varphi}_1 = \dot{\varphi}_2$ berechnen. Das gilt aber nur für eine reine Drehzahlpendelung bei konstantem Verdrehungswinkel, die praktisch nicht vorkommt. Die der stationären Drehbewegung überlagerte Pendelgeschwindigkeit an den beiden Maschinensätzen ist häufig vielmehr gegensinnig gerichtet, so daß eher $\dot{\varphi}_1 = -\dot{\varphi}_2$ gelten würde. Im allgemeinen ist demnach eine Bestimmung der Dämpfungsfaktoren aus den Drehmomentgleichungen des stationären Betriebes nicht möglich! Es sind daher neue Ansätze zur Berechnung der Ströme und Drehmomente erforderlich, die eine beliebige Änderung der Drehzahlen an den beiden Wellenmaschinen unabhängig voneinander berücksichtigen.

Auch für den dynamischen Fall können die Ströme mit Hilfe des Überlagerungsprinzips bestimmt werden, indem man zunächst den Strom bei Speisung der Maschine 1 und kurzgeschlossener Ständerwicklung der Maschine 2 berechnet und dann die Ströme für Speisung der Maschine 2 überlagert. Es ist jedoch zu berücksichtigen, daß sich die Läufer der Wellenmaschinen nicht mit der stationären Winkelgeschwindigkeit $\dot{\varphi}_0 = \frac{\omega}{p}(1-s)$ drehen, sondern um die Werte Δs_1 bzw. Δs_2 vom mittleren Schlupf s abweichen. Für Ausgleichvorgänge sind damit folgende Winkelgeschwindigkeiten anzusetzen:

$$\dot{\varphi}_\nu = \frac{\omega}{p}(1-s+\Delta s_\nu) \tag{87}$$

und für die Abweichungen der Winkelgeschwindigkeiten von den stationären Werten gilt:

$$\dot{\psi}_\nu = \frac{\omega}{p}\Delta s_\nu. \tag{88}$$

In Abb. 55 sind die Ströme und Frequenzen in den drei Stromkreisen bei Speisung der Maschine 1 für einen Strang eingetragen. Es ist bemerkenswert, daß bei Pendelungen ($\Delta s_\nu \neq 0$) die Frequenzen im Läufer- und im Ständerkreis der zweiten Maschine von der Schlupffrequenz abweichen. Die hierdurch verursachten Ströme erzeugen im Zusammenwirken mit dem Hauptfluß der Maschine zusätzliche Dämpfungsmomente.

Die Untersuchung der Dämpfung kann bei großen Maschinen unter Vernachlässigung der ohmschen Wicklungswiderstände im Ständer oder Läufer geschehen, wenn keine zusätzlichen äußeren Dämpfungswiderstände vorgesehen sind. Bei Maschinen mittlerer und vor allem kleiner Leistung sind die Eigenwiderstände der Wicklungen aber von erheblichem Einfluß auf die Größe der Dämpfungsmomente, so daß ihre Vernachlässigung hier zu unbefriedigenden Ergebnissen führt. Die folgenden Betrachtungen werden daher unter Berücksichtigung der Wicklungswiderstände durchgeführt.

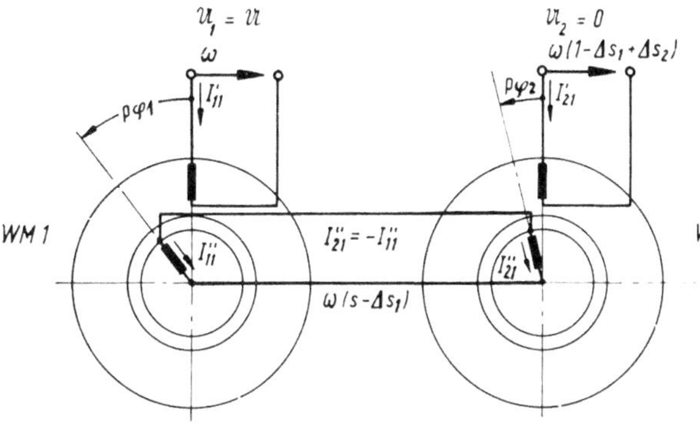

Abb. 55
Einphasiges Ersatzbild der dreiphasigen elektrischen Welle.
Ströme und Frequenzen bei Speisung der Maschine 1

Für die in Abb. 55 gezeigte Ersatzschaltung kann man mit den dort angegebenen Bezeichnungen die folgenden Spannungsgleichungen aufstellen:

$$\mathfrak{U}_1 = (R'+i\omega L')\mathfrak{J}'_{11}+i\omega M\mathfrak{J}''_{11}, \tag{89}$$

$$0 = i\omega(s-\Delta s_1)M\mathfrak{J}'_{11}+2[R''+i\omega(s-\Delta s_1)L'']\mathfrak{J}''_{11}-i\omega(s-\Delta s_1)M\mathfrak{J}'_{21} \tag{90}$$

$$0 = -i\omega(1-\Delta s_1+\Delta s_2)M\mathfrak{J}''_{11}+[R'+i\omega(1-\Delta s_1+\Delta s_2)L']\cdot\mathfrak{J}'_{21}. \tag{91}$$

Dieses Gleichungssystem läßt sich nach den drei Strömen auflösen. Die Ausdrücke nehmen einen erträglichen Umfang an, wenn man in Gl. (91) die Abweichung von der Grundfrequenz vernachlässigt, was wegen der aus anderen Gründen notwendigen Voraussetzung auf relativ langsame Pendelungen gegenüber der Netzfrequenz zulässig ist [34]. Ferner wird die Übersichtlichkeit der Ergebnisse sehr erleichtert, wenn man sich folgender Abkürzungen bedient:

$$\frac{R'}{\omega L'} = \alpha;\ \frac{R''}{\omega L''} = \beta;\ 1-\frac{M^2}{L'L''} = \sigma;\ \frac{U_1}{\omega L'} = I_\mu. \tag{92}$$

In den aus den Gln. (89) bis (91) errechneten Ausdrücken für die Ströme kann man durch Reihenentwicklung nach Δs_ν zu einer Trennung des stationären und des von Δs_ν verursachten Stromanteils kommen. Auf ähnliche Weise werden dann die Ströme $\mathfrak{I}'_{22}$, $\mathfrak{I}''_{22}$ und $\mathfrak{I}'_{12}$ für Speisung der Maschine 2 berechnet [34]. Damit sind die Voraussetzungen zur Ermittlung der Drehmomente im dynamischen Betrieb gegeben. Man erhält die Drehfeldleistung $P_{\nu D}$ als das skalare Produkt aus dem gesamten Ständerstrom und der vom gesamten Läuferstrom im Ständer induzierten Spannung für Maschine 1 zu:

$$P_{1D} = 3i\omega M(\mathfrak{I}''_{11} + \mathfrak{I}''_{12} \cdot e^{+ip\varphi}) \cdot (\mathfrak{I}'_{11} + \mathfrak{I}'_{12} e^{+ip\varphi}). \tag{93}$$

Es sei nochmals erwähnt, daß der Verdrehungswinkel φ die räumliche Winkelverdrehung zwischen den Läufern 1 und 2 der beiden Wellenmaschinen bedeutet:

$$\varphi = \varphi_1 - \varphi_2. \tag{94}$$

Ferner ist in den Gleichungen zu berücksichtigen, daß φ mechanischen Graden, $p\varphi$ dagegen elektrischen Graden entspricht.
Durch Einsetzen der Ströme und Auswerten der skalaren Produkte erhält man unter Berücksichtigung der Gl. (41) das Drehmoment der Maschine 1 aus Gl. (93) zu:

$$M_1 = \frac{3}{2}\frac{p}{\omega} U_1 I_\mu (1-\sigma) \left\{ s \frac{-s(\alpha^2+\sigma)\sin p\varphi + \beta(1+\alpha^2)(1-\cos p\varphi)}{(1+\alpha^2)[(\alpha\beta - s\sigma)^2 + (\beta + s\alpha)^2]} + \right.$$
$$+\beta \frac{-\beta(1+\alpha^2)[\beta(1+\alpha^2)+s\alpha(1-\sigma)] + s^2(\alpha^2+\sigma)^2 +}{(1+\alpha^2)[(\alpha\beta - s\sigma)^2 + (\beta + s\alpha)^2]^2}$$
$$\frac{+s^2\alpha(1-\sigma)(\alpha^2+\sigma)\sin p\varphi - s\alpha(1-\sigma)[\beta(1+\alpha^2)+s\alpha(1-\sigma)]\cdot\cos p\varphi}{} \cdot \Delta s_1$$
$$+\beta \frac{+s\alpha(1-\sigma)[\beta(1+\alpha^2)+s\alpha(1-\sigma)] + s(\alpha^2+\sigma)[2\beta(1+\alpha^2)+s\alpha(1-\sigma)]\sin p\varphi +}{(1+\alpha^2)[(\alpha\beta - s\sigma)^2 + (\beta + s\alpha)^2]^2}$$
$$\left. \frac{+\{\beta(1+\alpha^2)[\beta(1+\alpha^2)+s\alpha(1-\sigma)] - s^2(\alpha^2+\sigma)^2\}\cos p\varphi}{} \Delta s_2 \right\} \tag{95}$$

In ähnlicher Weise errechnet man das Drehmoment der Maschine 2 zu:

$$M_2 = \frac{3}{2}\frac{p}{\omega} U_1 I_\mu (1-\sigma) \left\{ s \frac{+s(\alpha^2+\sigma)\sin p\varphi + \beta(1+\alpha^2)(1-\cos p\varphi)}{(1+\alpha^2)[(\alpha\beta - s\sigma)^2 + (\beta + s\alpha)^2]} + \right.$$
$$+\beta \frac{+s\alpha(1-\sigma)[\beta(1+\alpha^2)+s\alpha(1-\sigma)] - s(\alpha^2+\sigma)[2\beta(1+\alpha^2)+s\alpha(1-\sigma)]\sin p\varphi +}{(1+\alpha^2)[(\alpha\beta - s\sigma)^2 + (\beta + s\alpha)^2]^2}$$
$$\frac{+\{\beta(1+\alpha^2)[\beta(1+\alpha^2)+s\alpha(1-\sigma)] - s^2(\alpha^2+\sigma)^2\}\cos p\varphi}{} \cdot \Delta s_1$$

$$+\beta\frac{-\beta(1+\alpha^2)[\beta(1+\alpha^2)+s\alpha(1-\sigma)]+s^2(\alpha^2+\sigma)^2-s^2\alpha(1-\sigma)(\alpha^2+\sigma)\sin p\varphi-}{(1+\alpha^2)[(\alpha\beta-s\sigma)^2+(\beta+s\alpha)^2]^2}$$

$$\left.\frac{-s\alpha(1-\sigma)[\beta(1+\alpha^2)+s\alpha(1-\sigma)]\cos p\varphi}{}\,\Delta s_2\right\} \tag{96}$$

Die ersten Summanden in den Drehmomentgleichungen sind die Momente des stationären Betriebes. Sie können anstelle des in Abschnitt 4.1 beschriebenen graphischen Verfahrens zur analytischen Berechnung verwendet werden. Die weiteren Ausdrücke sind proportional den Drehzahl- bzw. Schlupfabweichungen vom stationären Wert. Diese Drehmomentkomponenten stellen daher die in den Bewegungsdifferentialgleichungen zu berücksichtigenden *Dämpfungsfaktoren* dar. Wie die Gln. (95) und (96) zeigen, ist das Drehmoment jeder Maschine sowohl vom eigenen Pendelschlupf Δs als auch vom Pendelschlupf der anderen Maschine abhängig!

Für die Berechnung der dynamischen Stabilität sind folgende Federzahlen anzusetzen:

$$c_{11}=-c_{12}=\frac{3}{2}\cdot\frac{p^2}{\omega}U_1I_\mu(1-\sigma)\cdot s\cdot\frac{s(\alpha^2+\sigma)\cos p\varphi_0-\beta(1+\alpha^2)\sin p\varphi_0}{(1+\alpha^2)[(\alpha\beta-s\sigma)^2+(\beta+s\alpha)^2]} \tag{97}$$

$$c_{22}=-c_{21}=\frac{3}{2}\cdot\frac{p^2}{\omega}U_1I_\mu(1-\sigma)\cdot s\cdot\frac{s(\alpha^2+\sigma)\cdot\cos p\varphi_0+\beta(1+\alpha^2)\sin p\varphi_0}{(1+\alpha^2)[(\alpha\beta-s\sigma)^2+(\beta+s\alpha)^2]} \tag{98}$$

Zur Abkürzung wird im folgenden

$$\frac{3}{2}\cdot\frac{p}{\omega}U_1\cdot I_\mu\cdot(1-\sigma)=const$$

gesetzt.

Für die Dämpfungsfaktoren gilt unter Beachtung von Gl. (88):

$$d_{11}=const\frac{p}{\omega}\beta\cdot\frac{\beta(1+\alpha^2)[\beta(1+\alpha^2)+s\alpha(1-\sigma)]-s^2(\alpha^2+\sigma)^2-}{(1+\alpha^2)[(\alpha\beta-s\sigma)^2+(\beta+s\alpha)^2]^2}$$

$$\frac{-s^2\alpha(1-\sigma)(\alpha^2+\sigma)\sin p\varphi_0+s\alpha(1-\sigma)[\beta(1+\alpha^2)+s\alpha(1-\sigma)]\cos p\varphi_0}{} \tag{99}$$

$$d_{12}=const\frac{p}{\omega}\beta\frac{-s\alpha(1-\sigma)[\beta(1+\alpha^2)+s\alpha(1-\sigma)]-s(\alpha^2+\sigma)[2\beta(1+\alpha^2)+}{(1+\alpha^2)[(\alpha\beta-s\sigma)^2+(\beta+s\alpha)^2]^2}$$

$$\frac{+s\alpha(1-\sigma)]\sin p\varphi_0-\cos p\varphi_0\{\beta(1+\alpha^2)[\beta(1+\alpha^2)+s\alpha(1-\sigma)]+s^2(\alpha^2+\sigma)^2\}}{} \tag{100}$$

$$d_{21}=const\frac{p}{\omega}\beta\frac{-s\alpha\cdot(1-\sigma)[\beta(1+\alpha^2)+s\alpha(1-\sigma)]+s(\alpha^2+\sigma)[2\beta(1+\alpha^2)+}{(1+\alpha^2)[(\alpha\beta-s\sigma)^2+(\beta+s\alpha)^2]^2}$$

$$\frac{+s\alpha(1-\sigma)]\sin p\varphi_0-\cos p\varphi_0\{\beta(1+\alpha^2)[s\alpha(1-\sigma)+\beta(1+\alpha^2)]+s^2(\alpha^2+\sigma)^2\}}{} \tag{101}$$

$$d_{22} = const\,\frac{p}{\omega}\,\beta\,\frac{(1+\alpha^2)\beta[\beta(1+\alpha^2)+s\alpha(1-\sigma)]-s^2(\alpha^2+\sigma)^2+ + s^2\alpha(1-\sigma)(\alpha^2+\sigma)\sin p\varphi_0+s\alpha(1-\sigma)[\beta(1+\alpha^2)+s\alpha(1-\sigma)]\cos p\varphi_0}{(1+\alpha^2)[(\alpha\beta-s\sigma)^2+(\beta+s\alpha)^2]^2}. \tag{102}$$

Die Dämpfungsfaktoren sind ebenso wie die Federzahlen Funktionen der Maschinendaten, also der bezogenen Widerstände α und β in Ständer und Läufer sowie des totalen Streukoeffizienten σ und des Magnetisierungsstromes I_μ. Daneben beeinflußt der Betriebszustand diese Größen über den Schlupf s und den Verdrehungswinkel φ.
Mit der Kenntnis der Feder- und Dämpfungsfaktoren kann man nunmehr die Stabilitätsbetrachtung entsprechend Abschnitt 3 vornehmen. Dabei werden die wichtigsten Sonderfälle besonders herausgestellt.

4.3.1 Die unbelastete elektrische Welle

Dieser Sonderfall besitzt eine große praktische Bedeutung. Für die c- und d-Koeffizienten erhält man mit $\varphi = 0$ die einfacheren Ausdrücke:

$$c_{11} = c_{22} = c = const\, p \cdot s\,\frac{s(\alpha^2+\sigma)}{(1+\alpha^2)[(\alpha\beta-s\sigma)^2+(\beta+s\alpha)^2]} \tag{103}$$

$$d_{11} = -d_{12} = d_{22} = -d_{21} = d =$$

$$= const\,\frac{p}{\omega}\,\beta\,\frac{[\beta(1+\alpha^2)+s\alpha(1-\sigma)]^2-s^2(\alpha^2+\sigma)^2}{(1+\alpha^2)[(\alpha\beta-s\sigma)^2+(\beta+s\alpha)^2]^2}. \tag{104}$$

Die unbelastete elektrische Welle entspricht also dem in Kapitel 3.2.1 behandelten Schwingungssystem. Die Ausgleichbewegungen gehorchen Gl. (15) und verlaufen immer dann gedämpft, wenn die Zeitkonstante T_d bzw. die Dämpfung d nach Gl. (104) positiv ist. Dabei wird die dynamische Stabilität allein durch diese Gleichung bestimmt. Zur Beurteilung der dynamischen Vorgänge ist es daher wichtig, die Abhängigkeit der Dämpfung von den Maschinendaten und von den Betriebsgrößen s und φ zu kennen.
Zunächst wird die Abhängigkeit der Dämpfung vom Betriebsschlupf s für Leerlauf ($\varphi = 0$) untersucht. Diese Kurve verläuft ganz allgemein so, daß im Bereich der synchronen Drehzahl ein Maximum der Dämpfung auftritt. Mit zunehmendem Schlupf wird der Betrag der Dämpfung immer kleiner, schließlich Null und anschließend wird die Dämpfung sogar negativ. Bei noch größeren Schlupfwerten bleibt die Dämpfung nach Durchlaufen eines Minimums weiterhin negativ, ihr absoluter Betrag wird aber immer kleiner und nähert sich dem

Wert Null. In Abb. 56 ist der Verlauf der Dämpfung für zwei Gleichlaufgruppen mit verschiedenen bezogenen Widerständen α und β über dem Schlupf dargestellt. Abb. 57 zeigt Oszillogramme der Winkelbeschleunigung bei Pendelungen, die bei verschiedenen Schlupfwer-

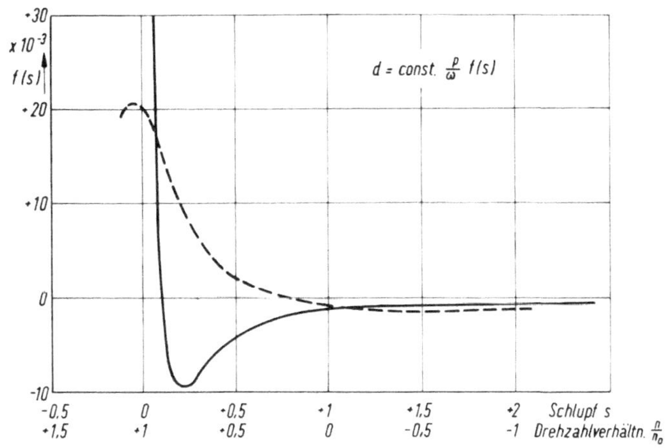

Abb. 56

Abhängigkeit des Dämpfungsfaktors d vom Schlupf s bzw. Drehzahlverhältnis n/n_0 für die unbelastete elektrische Ausgleichwelle

——— $\alpha = \beta = 0{,}01;\ \sigma = 0{,}1;\quad \text{const} = \frac{3}{2}\frac{p}{\omega} U_1 I_\mu (1-\sigma)$

– – – $\alpha = \beta = 0{,}05;\ \sigma = 0{,}1$

ten an einer unbelastet laufenden elektrischen Welle aufgenommen wurden. Die Bilder bestätigen, daß die Schwingungen bei kleinen Schlüpfen nahe der synchronen Drehzahl sehr schnell abklingen, während sie sich bei großem Schlupf bis zum Kippen der Wellenmaschine aufschaukeln.

Es ist nun wichtig zu wissen, über welchen Schlupfbereich die Dämpfung positiv ist. Elektrische Ausgleich- und Ferndreherwellen werden meistens in einem bestimmten von vornherein bekannten Drehzahlbereich betrieben. Es muß daher gewährleistet sein, daß in keinem Punkte dieses Bereichs eine negative Dämpfung und damit eine dynamische Instabilität auftritt. Bei der Projektierung genügt es dann zu wissen, daß der Schlupf s, bei dem die Dämpfung negativ wird, größer als der betriebsmäßig vorgesehene Höchstschlupf ist. Hat man eine Maschinentype für einen bestimmten Zweck nach den Gesichtspunkten für die statische Stabilität ausgewählt, dann kann man sich mit Hilfe der Stabilitätskarte einen schnellen Überblick über das dynamische Verhalten verschaffen.

Die Stabilitätskarte stellt im α-β-Diagramm die *Grenzkurve* des Schlupfes s dar, der die Bereiche positiver und negativer Dämpfung voneinander trennt. Man erhält sie durch Nullsetzen des Zählers in Gl. (104). Der totale Streukoeffizient σ ist dabei als Parameter aufzufassen, so daß man, je nach der Größe von σ eine andere Stabilitätskarte erhält.

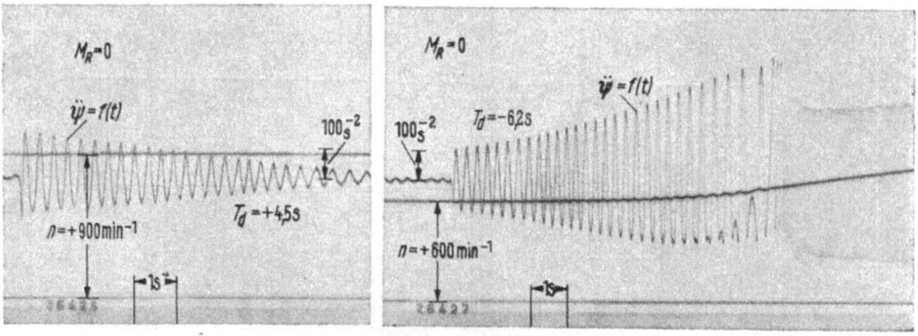

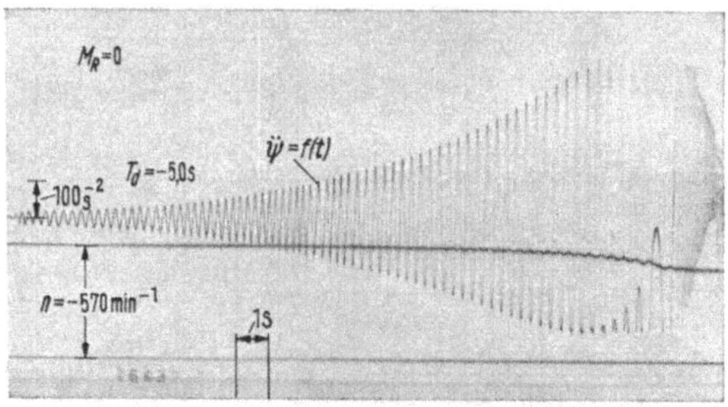

Abb. 57
Oszillogramme der Drehbeschleunigung $\ddot{\psi}$ bei Pendelungen einer elektrischen Welle mit dp-Schaltung, aufgenommen bei verschiedenen Drehzahlen n. (Wertphoto SSW)

Daten der Wellenmaschinen:
$P_N = 5$ kW; $\alpha = 0{,}018$;
$\beta = 0{,}022$; $I_\mu = 1{,}35$ A;
$\sigma = 0{,}07$; $p = 2$
bei $U_{Netz} = 190$ V (halbe Nennspannung)

Ihre Anwendung sei an Hand von Abb. 58 erläutert. Die dort eingezeichnete Grenzkurve gilt für einen bestimmten Motor bei dem größten im Betrieb vorkommenden Schlupf. Wenn die bezogenen Wicklungswiderstände die Werte α_0 und β_0 annehmen, dann ist mit ungedämpften Pendelungen zu rechnen, da der Punkt A im instabilen Bereich links von der Grenzkurve liegt. Zur Erzielung eines stabilen Betriebes muß man entweder im Ständer zusätzliche Dämpfungswiderstände einschalten, bis α mindestens die Größe α_{Grenz} erreicht hat (Punkt C in Abb. 58) oder man muß im Läuferkreis so große Dämpfungswiderstände vorsehen, daß $\beta \geqq \beta_{Grenz}$ ist. Selbstverständlich ist auch eine beliebige Kombination von Dämpfungswiderständen im Ständer und Läufer möglich. Nur muß man diese bezogenen Widerstände so wählen, daß der durch sie bestimmte Punkt im Diagramm in den stabilen Betriebsbereich, also rechts von der Grenzkurve, fällt.

In Abb. 59 ist eine Schar von Grenzkurven für verschiedene Schlupfwerte von Maschinen mit $\sigma = 0{,}07$ dargestellt. Hat man sich solche Stabilitätskarten für serienmäßige Motoren geschaffen, dann kann man von Fall zu Fall beurteilen, ob in einem vorgesehenen Schlupfbe-

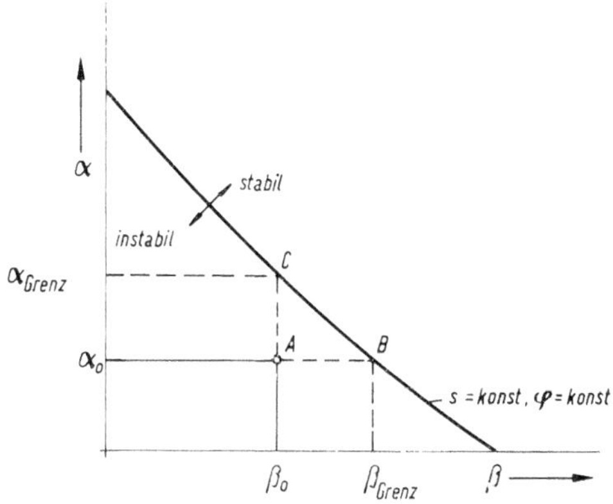

Abb. 58
Stabilitätskarte zur Bestimmung der dynamischen Stabilität

reich dynamische Stabilität gewährleistet ist und welche Maßnahmen andernfalls zur Stabilisierung getroffen werden können.
Durch Vergleich verschiedener Stabilitätskarten erkennt man übrigens leicht, daß bei kleinerer Streuung kleinere Dämpfungswiderstände

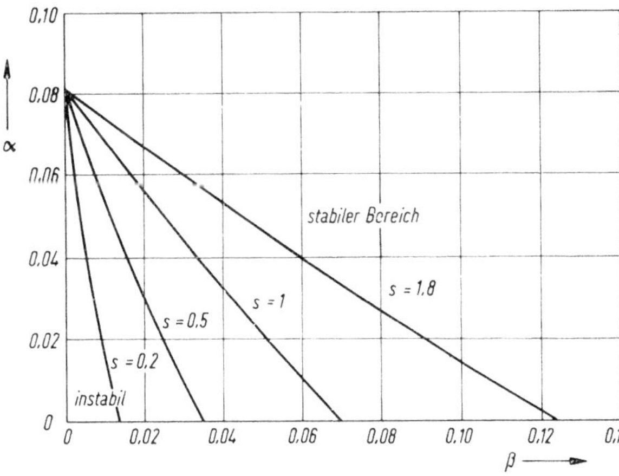

Abb. 59
Stabilitätskarte für eine elektrische Welle im Leerlauf. Totaler Streukoeffizient der Wellenmaschinen $\sigma = 0{,}07$

für einen dynamisch stabilen Betrieb ausreichen als bei Maschinen mit größerer Streuung. Es ist daher falsch, die totale Streuung σ künstlich zu vergrößern und induktive Widerstände zur Dämpfung vorzusehen. Eine Verbesserung der Stabilität durch kapazitive Zusatzelemente ist grundsätzlich denkbar. Sie hat jedoch keine praktische Bedeutung, da verhältnismäßig große Kondensatoren erforderlich sind, und weil sich außerdem Resonanzerscheinungen zwischen den induktiven und kapazitiven Schaltelementen nur schwer vermeiden lassen.

Die Stabilitätsverhältnisse sind noch wesentlich einfacher zu übersehen, wenn man die Ohmschen Widerstände der Ständerwicklung vernachlässigen kann. Diese Vereinfachung ist bei Maschinen mit Leistungen von etwa 10 kW an zulässig. Man erhält dann den Schlupf s, der den Bereich mit positiver Dämpfung begrenzt zu:

$$s_{\text{Grenz}} = s_k = \frac{\beta}{\sigma}. \tag{105}$$

Das Ergebnis $s_{\text{Grenz}} = s_k$ besagt, daß der dynamisch stabile Schlupfbereich der elektrischen Welle sich mit dem statisch stabilen Bertiebsbereich der Wellenmotoren deckt, wenn man diese einzeln mit einem konstanten Gegenmoment belastet.

Ein vereinfachtes Kreisdiagramm für ein Gleichlaufsystem aus größeren Maschinen mit $R' \approx 0$, die im Schlupfbereich $0{,}3 < s < 0{,}9$ betrieben werden sollen, ist in Abb. 60a dargestellt. Da dieser Bereich unter den gezeichneten Verhältnissen oberhalb vom Kippschlupf liegt, arbeitet die elektrische Welle dynamisch nicht stabil. Zur Einstellung stabiler Verhältnisse können in den Läuferkreis nach Art von Abb. 61a Ohmsche Widerstände von solcher Größe eingeschaltet werden, daß der Arbeitsbereich zwischen $s = 0$ und $s = s_k$ zu liegen kommt. Wie aus Abb. 60b ersichtlich ist, hat diese Maßnahme aber einen sehr großen Einfluß auf die Drehmomente der elektrischen Welle. Die Nachteile sind für *Ferndreher*wellen bei Betrieb *mit* dem Drehfeld relativ gering, da in diesem Fall das größere in Abb. 60 mit M_{K1} bezeichnete Kippmoment am Empfänger wirksam ist. Bei elektrischen *Ausgleich*wellen ist das maximal übertragbare Drehmoment näherungsweise proportional dem Durchmesser des Wellenkreises. Es nimmt bei großen Dämpfungswiderständen stark ab.

Sehr nachteilig wirken sich jedoch Ohmsche Dämpfungswiderstände auf die Ausnutzung einer *gegen* das Drehfeld laufenden Ferndreherwelle aus. Das Kippmoment der Empfängermaschine kann dann auf einen Bruchteil des Ausgangswertes sinken (M_{k2} in Abb. 60).

Nach dem Obigen ist die dynamische Stabilität für Schlupfwerte unterhalb des Kippschlupfes gewährleistet, d.h. so lange, wie das Drehmoment des Wellenmotors als normaler Asynchronmotor mit zunehmendem Schlupf bzw. fallender Drehzahl ansteigt. Interessant ist nun die Frage, ob bei einem Motor mit einer Drehmomentkennlinie ent-

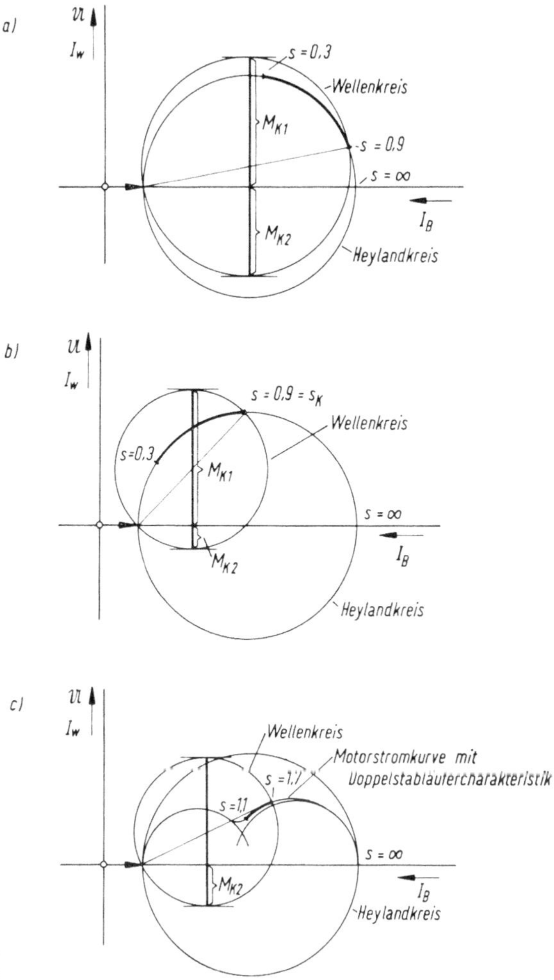

Abb. 60
Vereinfachte Kreisdiagramme der elektrischen Welle
a) ohne zusätzliche Dämpfungswiderstände
b) mit ohmschen Dämpfungswiderständen im Läuferkreis
c) mit komplexen Dämpfungswiderständen im Läuferkreis

sprechend der eines Doppelkäfigläufermotors, bei dem diese Bedingung unter Umständen auch noch oberhalb des Kippschlupfes in einem bestimmten Bereich mit relativ großem Schlupf erfüllt ist, noch dynamische stabile Verhältnisse vorliegen. Theoretische Untersuchungen

[28] haben diese Annahme bestätigt. Wie dort nachgewiesen wurde, kann eine elektrische Welle — namentlich bei großen Schlupfwerten — dadurch stabilisiert werden, daß man der Drehmomentkennlinie der Wellenmaschinen im Arbeitsbereich eine mit dem Schlupf ansteigende Tendenz verleiht. Man schaltet zu diesem Zweck in den Läuferkreis eine Kombination von ohmschen und induktiven Widerständen ein

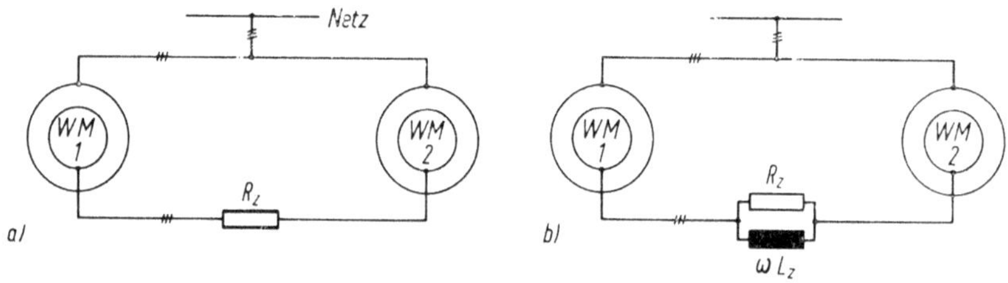

Abb. 61
Elektrische Welle mit Dämfungswiderständen im Läuferkreis
a) mit ohmschen Zusatzwiderständen
b) mit komplexen Zusatzwiderständen

(Abb. 61b), wodurch die Stromortskurve der Wellenmaschinen den in Abb. 60c gezeichneten Verlauf nach Art eines Doppelkäfigläufers annimmt. Dadurch ergeben sich bei der elektrischen Ausgleichwelle, vor allem bei Betrieb gegen das Drehfeld, größere Wellenkreisdurchmesser und damit höhere Ausgleichmomente. Ferner ist auch bei Ferndreherwellen im Lauf gegen das Drehfeld die Abnahme der Empfängermomente sehr viel geringer als bei Verwendung rein Ohmscher Dämpfungswiderstände. (vergl. M_{K2} in Abb. 60b und c).

Die hier gemachten Ausführungen beschränken sich auf Maschinen größerer Leistung mit vernachlässigbarem Ständerwiderstand. Für diesen Leistungsbereich sind die Vorteile komplexer Dämpfungswiderstände eindeutig. Bei Maschinen kleiner Leistung sind jedoch die Wicklungswiderstände des Läufers oft schon so groß, daß mit komplexen Außenwiderständen keine ansteigende Tendenz der Momentenkennlinie mehr erzielt werden kann, so daß man sich hier besser auf rein Ohmsche Dämpfungswiderstände beschränkt. Bei elektrischen Ferndreherwellen, die aus irgend welchen Gründen — etwa wegen eines sehr großen Drehzahlbereiches — im Lauf gegen das Drehfeld betrieben werden, vermeidet man die Dämpfungswiderstände im Läuferkreis und verlegt sie in die Ständerzuleitungen, da dann die Verminderung des Empfängermomentes weit geringer ist. Die für einen dynamisch stabilen Betrieb erforderlichen Werte von α lassen sich dann wieder aus einer Stabilitätskarte ermitteln.

4.3.2 Belastete elektrische Welle mit großen Drehmassen

Sind die Drehmassen beider Wellengruppen relativ groß, dann kann man in der charakteristischen Gl. (4) — nachdem man sie durch $\Theta_1 \cdot \Theta_2$ dividiert hat — alle Glieder mit $\Theta_1 \cdot \Theta_2$ im Nenner vernachlässigen, so daß als Bedingung für dynamische Stabilität lediglich:

$$\frac{d_{11}}{\Theta_1} + \frac{d_{22}}{\Theta_2} > 0 \tag{106}$$

übrig bleibt. Sind die Drehmassen auf beiden Seiten gleich groß $\Theta_1 = \Theta_2$, dann muß:

$$d_{11} + d_{22} > 0 \tag{107}$$

sein, und aus Gln. (99) und (102) folgt:

$$d_{11} + d_{22} = 2\,const\,\frac{p}{\omega}\,\beta\,\frac{\beta(1+\alpha^2)[\beta(1+\alpha^2)+s\alpha(1-\sigma)]+ +s\alpha(1-\sigma)[\beta(1+\alpha^2)+s\alpha(1-\sigma)]\cos p\varphi - s^2(\alpha^2+\sigma)^2}{(1+\alpha^2)[(\alpha\beta - s\sigma)^2+(\beta+s\alpha)^2]^2} > 0 \tag{108}$$

Die Ungleichung (107) ist erfüllt, solange der Zähler positiv ist, also für:

$$\beta(1+\alpha^2)[\beta(1+\alpha^2)+s\alpha(1-\sigma)]+s\alpha(1-\sigma)[\beta(1+\alpha^2)+ +s\alpha(1-\sigma)]\cos p\varphi - s^2(\alpha^2+\sigma)^2 > 0. \tag{109}$$

Die Auswertung erfolgt zweckmäßig wiederum in einer Stabilitätskarte, die man z.B. für den größten betriebsmäßg vorkommenden Schlupf aufstellen kann. Für alle anderen Schlupfwerte ist die Dämpfung größer. In Abb. 62a ist eine Stabilitätskarte für Maschinen mit einer Gesamtstreuung $\sigma = 0{,}07$ beim Schlupf $s = 1$ aufgestellt. Der stabile Betriebsbereich wird bei Belastung offenbar kleiner, so daß größere Dämpfungswiderstände erforderlich werden. Dies gilt besonders dann, wenn die Dämpfungswiderstände im Ständerkreis vorgesehen sind. Allerdings ist die Verminderung der Stabilität im normalen Betriebsbereich bis zu Verdrehungswinkeln von etwa $p \cdot \varphi = 30^\circ$ el. sehr gering. Weiterhin ist zu berücksichtigen, daß durch die Belastung meistens zusätzliche Dämpfungen wirksam werden. Infolgedessen genügt es im allgemeinen, die Stabilitätsverhältnisse für den einfacheren Fall des Leerlaufs allein zu überprüfen.

Ist nur *eine* der beiden Drehmassen relativ groß, dann kann in Gl. (106) das Glied vernachlässigt werden, bei dem im Nenner die große Drehmasse erscheint. Für die Stabilität ist jetzt nur die Dämpfung an der Maschinengruppe mit der kleineren Drehmasse maßgebend. Es liegen also die in Abschnitt 3.1.3 betrachteten Schwingungsverhältnisse vor.

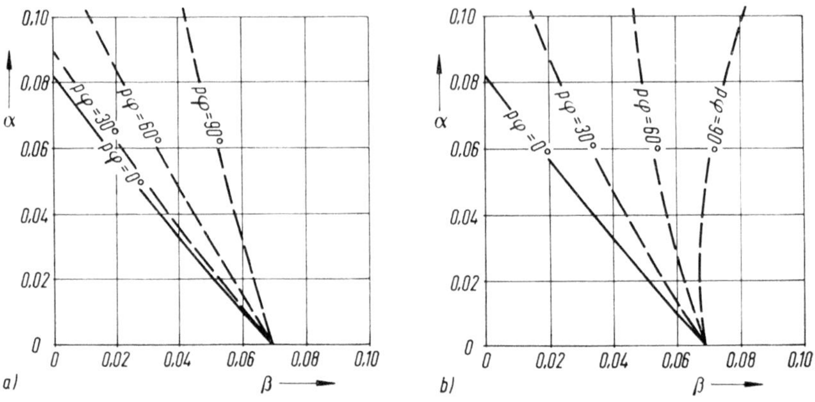

Abb. 62
Stabilitätskarten für elektrische Wellen mit großen Schwungmassen
Streuung $\sigma = 0{,}07$; Schlupf $s = 1$
a) beide Schwungmassen gleich groß
b) nur eine der Schwungmassen relativ groß

Die Dämpfungsfaktoren d_{11} und d_{22} unterscheiden sich nur im Vorzeichen von φ. Für die Stabilitätsbetrachtung muß man beide Vorzeichen beachten. Die wirksame Dämpfung ist dann im ungünstigeren Fall:

$$d_{11} = const\,\frac{p}{\omega}\,\beta\,\frac{\beta(1+\alpha^2)[\beta(1+\alpha^2)+s\alpha(1-\sigma)]-s^2(\alpha^2+\sigma)^2-s^2\alpha(1-\sigma)(\alpha^2+\sigma)\sin p\varphi+s\alpha(1-\sigma)[\beta(1+\alpha^2)+s\alpha(1-\sigma)]\cos p\varphi}{(1+\alpha^2)[(\alpha\beta-s\sigma)^2+(\beta+s\alpha)^2]^2} \quad (110)$$

und die Stabilitätsbedingung lautet:

$$\beta(1+\alpha^2)[\beta(1+\alpha^2)+s\alpha(1-\sigma)]-s^2(\alpha^2+\sigma)^2-s^2\alpha(1-\sigma)(\alpha^2+\sigma)\sin p\varphi+$$
$$+s\alpha(1-\sigma)[\beta(1+\alpha^2)+s\alpha(1-\sigma)]\cos p\varphi > 0. \quad (111)$$

In Abb. 62b ist eine aus Gl. (111) hergeleitete Stabilitätskarte für $\sigma = 0{,}07$ und $s = 1$ gezeichnet. Die Verminderung der Stabilität bei Belastung ist in dem hier betrachteten Falle ungleicher Drehmassen größer als bei einer symmetrischen elektrischen Welle. Allerdings ist die Verschlechterung der Dämpfung auch hier im normalen Belastungsbereich bis etwa 30° el. noch nicht sehr groß.

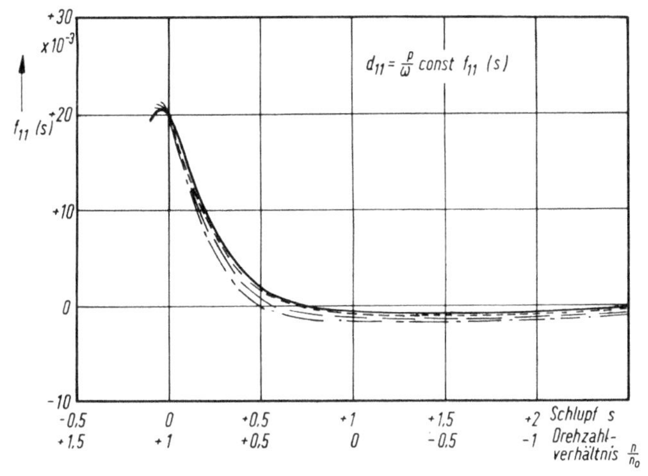

Abb. 63. Änderung des Dämpfungsfaktors d_{11} bei Belastung
$\alpha = \beta = 0{,}05$; $\sigma = 0{,}1$; *const* nach Gl. 98a
———— Leerlauf, Verdrehungswinkel $\varphi = 0$
— — — — Verdrehungswinkel $p\varphi = 30°$
—— —— —— Verdrehungswinkel $p\varphi = 60°$
—— · —— Verdrehungswinkel $p\varphi = 90°$

Um die Abhängigkeit der Dämpfung von der Belastung zu veranschaulichen, ist in Abb. 63 der Dämpfungsfaktor d_{11} nach Gl. (110) für einige Belastungsfälle über dem Schlupf dargestellt. Das Bild zeigt deutlich, daß die Dämpfung von der Belastung nahezu unabhängig ist. In den Stabilitätskarten macht sich der Belastungseinfluß stärker bemerkbar, da im Bereich des Nulldurchgangs der Dämpfung die Verschiebung der Dämpfungskurven am größten ist.

4.4 Stationäre Pendelungen durch äußere Momentschwankungen

Wie bei jedem Antrieb stellt auch die Annahme eines über längere Zeit konstanten Lastmoments eine Idealisierung dar. In Wirklichkeit treten meistens Schwankungen des Lastmomentes auf, die zuweilen sogar einen periodischen Verlauf nehmen, oder sich in regelmäßiger Folge wiederholen. Selbst bei absoluter Konstanz der eigentlichen Last wirkt auf die Antriebsmaschine doch ein zeitlich nicht konstantes Moment, wenn z.B. zwischengeschaltete Getriebe- oder Kupplungselemente Unregelmäßigkeiten aufweisen. Man muß daher in der Praxis immer mit mehr oder minder starken *Schwingungsanregungen* rechnen.
Ist die Anregung durch eine *technologisch* bedingte Lastschwankung von bekannter Größe und Frequenz gegeben, dann kann der Schwingungs-

verlauf und die zugehörige Amplitude nach dem in Abschn. 2.3 angegebenem Verfahren berechnet werden. Oft muß der Antrieb in einem gewissen Drehzahlbereich betrieben werden, so daß dann die *Resonanzverhältnisse* für einen entsprechenden Frequenzbereich überprüft werden müssen. Dies geschieht durch Vergleich der vorkommenden Erregerfrequenzen mit der Eigenfrequenz des Gleichlaufsystems und Bestimmung der Ausschlagsamplitude aus der Resonanzkurve (vgl. Abb. 40). Bei bekannten, vom Arbeitsablauf vorgegebenen Erregerfrequenzen sollte man in jedem Falle ein Arbeiten in der Nähe der Resonanz ($\Omega_p = \Omega_0$) vermeiden, da andernfalls die Ausschläge nur noch durch die *Dämpfung* begrenzt würden. Die Einhaltung dieser Forderung bereitet jedoch oft — wie weiter unten noch näher ausgeführt werden soll — sehr große Schwierigkeiten.
Resonanzerscheinungen können durch Verlagerung der Anregungs- oder der Eigenfrequenz des Systems vermieden werden. Wird dies bei der Projektierung rechtzeitig berücksichtigt, dann können Schwierigkeiten sehr oft ohne Mehraufwand allein durch *konstruktive* Maßnahmen vermieden werden. An fertigen Anlagen ist eine Abhilfe zuweilen dadurch möglich, daß die Eigenfrequenz durch Anbringung von *Zusatzschwungmassen* in einen weniger kritischen Drehzahlbereich verlagert wird. Der Wirksamkeit einer solchen Maßnahme sind jedoch mit Rücksicht auf die Größe der Zusatzdrehmassen Grenzen gesetzt. Verläuft die Momentenschwankung zwar zeitlich periodisch aber nicht mehr sinusförmig, dann muß der Resonanzabstand der vorkommenden Frequenzen an Hand einer harmonischen Analyse des zeitlichen Momentenverlaufs festgestellt werden.
Die von Getriebe- und Kupplungsfehlern herrührenden Störungen sind im voraus nicht bekannt und treten daher erst an der fertigen Anlage in Erscheinung. Wenn keine groben Montage oder Fertigungsfehler vorliegen, sind die Störmomente jedoch im allgemeinen unbedeutend. Sie können aber trotzdem u.U. einmal sehr unangenehme Folgen haben und das Gleichlaufsystem bis zum Kippen aufschaukeln, wenn zufällig eine Resonanz auftritt und die wirksame Dämpfung sehr schwach ist. Da oft ein ganzes Frequenzspektrum vorliegt, ist das Anbringen von Zusatzdrehmassen zur Verlagerung der Eigenfrequenz in diesen Fällen meist wenig wirksam. Als einzige Gegenmaßnahme bleibt dann die Vergrößerung der Dämpfung. Die Dämpfung kann auf *elektrischem* Wege durch Einschalten von Widerständen oder *mechanisch* durch Anbringen eines *Schwingungsdämpfers* vergrößert werden.

In Resonanznähe sind selbst bei verhältnismäßig kleinen Störmomenten schon große Dämpfungswiderstände erforderlich, um die Schwingungsamplitude in erträglichen Grenzen zu halten. Durch große Vor-

schaltwiderstände wird aber andererseits die Federsteife c und das maximal übertragbare Drehmoment stark herabgesetzt, wie schon in Abb. 60a und b gezeigt wurde. Die kleinere Federsteife vergrößert die Winkelausschläge und macht die Vorteile der besseren Dämpfung teilweise wieder zunichte. Es gibt also eine Grenze, von der ab eine Vergrößerung der Dämpfungswiderstände sich ungünstig auswirkt.
Die Zusammenhänge sollen nun an einem Beispiel erläutert werden. Eine elektrische Ferndreherwelle für ein Nennmoment $M_N = 7{,}5$ kpm (vierpolige Wellenmaschinen mit Motornennleistungen von etwa 20 kW) kommt bei ihrer niedrigsten Drehzahl ($n = 165$ U/min, $s = 0{,}89$) im Leerlauf in Drillresonanz mit der Frequenz eines äußeren Pendelmoments. Die Daten der Wellenmaschinen ohne Zusatzwiderstände sind $\alpha_0 = 0{,}00775$; $\beta_0 = 0{,}0096$; $\sigma = 0{,}032$; $I_\mu = 3{,}7$ A bei $U_{ph} = 289$ V. Die gesamten Drehmassen der beiden Wellenstränge sind $\Theta_1 \Rightarrow \infty$ und $\Theta_2 = 0{,}035$ kpms². Die zugehörige Stabilitätskarte zeigt Abb. 64.

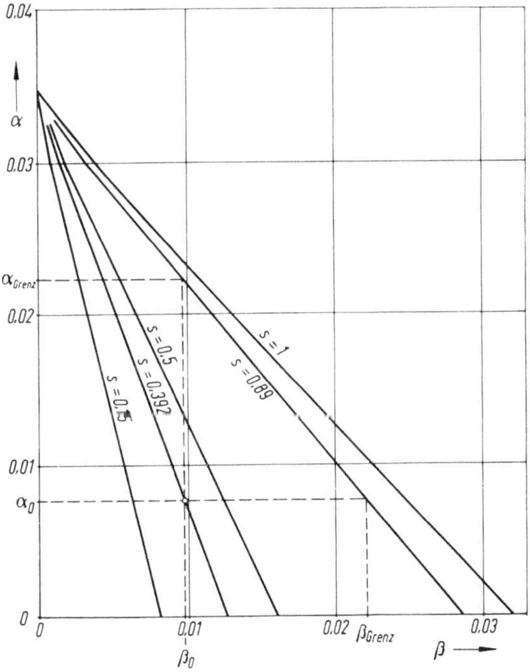

Abb. 64
Stabilitätskarte für eine unbelastete elektrische Welle in dp-Schaltung, (mit Gesamtstreuung $\sigma = 0{,}032$)

Die Widerstände der Maschinen gewährleisten danach die dynamische Stabilität nur für Schlüpfe $s \leqq 0{,}392$. Ein Betrieb beim Schlupf $s = 0{,}89$

wird erst dann dynamisch stabil, wenn der Läuferwiderstand so weit vergrößert wird, daß $\beta \geq 0{,}0218$ ist. Statt dessen könnte natürlich auch der bezogene Ständerwiderstand auf $\alpha \geqslant 0{,}0226$ erhöht werden. Im Hinblick auf das äußere Pendelmoment ist mit einer schwachen positiven Dämpfung ein störungsfreier Betrieb noch nicht gewährleistet, weil die Schwingungsamplitude zu groß werden könnte. In Abb. 65

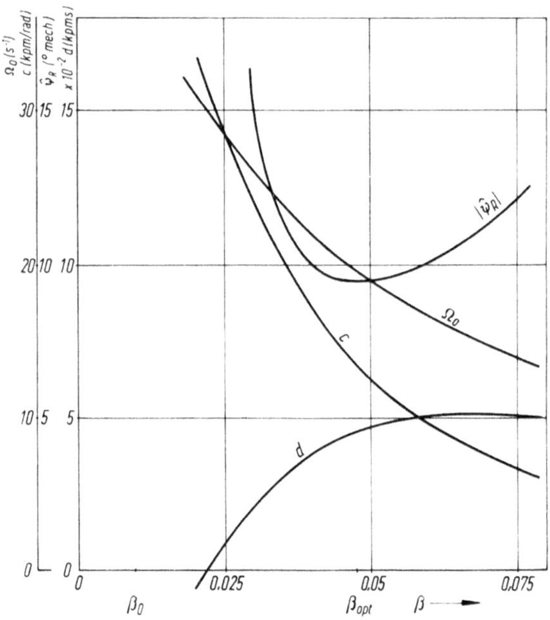

Abb. 65
Dämpfungsfaktor d, Federsteife c, ungedämpfte Eigenfrequenz Ω_0 und Pendelamplitude bei Resonanz $\hat{\psi}_R$ bei einem äußeren Pendelmoment $M_p = 0{,}15$ kpm und Schlupf $s = 0{,}89$
Daten der Wellenmaschinen: $\alpha_0 = 0{,}00775$; $\beta = 0{,}0096$; $\sigma = 0{,}032$ $I\mu = 3{,}7$A; $U =$ 289 V/Phase und $p = 2$

ist gezeigt, wie sich die Ausschlagsamplitude $\hat{\psi}_R$ bei Resonanz und Vergrößerung des bezogenen Läuferwiderstandes β ändert. Der Dämpfungsfaktor d nach Gl. (104) wird in Übereinstimmung mit der Stabilitätskarte bei $\beta = 0{,}0218$ positiv und erreicht ein Maximum bei $\beta \approx \approx 0{,}065$. Gleichzeitig wird jedoch mit wachsendem β die Federsteife c gemäß Gl. (103) und auch die ungedämpfte Eigenkreisfrequenz $\Omega_0 = = \sqrt{\frac{c}{\Theta_{res}}}$ kleiner, wie ihr Verlauf für den in Abb. 65 dargestellten Sonderfall zeigt. Es ändert sich also mit dem Dämpfungswiderstand nicht nur die Amplitude des Schwingungsausschlags, sondern gleichzeitig auch die Abstimmung. Die Pendelamplitude $\hat{\psi}_R$ ergibt sich durch sinngemäße Anwendung von Gl. (30) wegen $\Theta_1 \Rightarrow \infty$ zu:

$$|\hat{\psi}_\mathrm{R}| = \frac{M_\mathrm{p}\Theta_\mathrm{res}}{d\Omega_0\Theta_2}\,\frac{1}{\sqrt{1-\frac{1}{4}\left(\frac{d\Omega_0}{c}\right)^2}} \underset{\text{für } \Theta_1 \to \infty}{\Rightarrow} |\hat{\psi}_\mathrm{R}| = \frac{M_\mathrm{p}}{d\Omega_0}\,\frac{1}{\sqrt{1-\frac{1}{4}\left(\frac{d}{\sqrt{c\cdot\Theta_2}}\right)^2}}. \tag{112}$$

Wenn das Pendelmoment M_p und die Empfängerdrehmasse Θ_2 als konstant angesehen werden, ist die Amplitude der Schwingung umgekehrt proportional dem Produkt aus Dämpfungsfaktor d und der Wurzel aus der Federsteife c. Die kleinste Pendelamplitude, die durch Vergrößerung des Läuferwiderstands erreicht werden kann, tritt bei $\beta = 0{,}048$ auf (Abb. 65) und beträgt $\hat{\psi}_\mathrm{R} = 9{,}5$ °mech. $\hat{=}$ 19 °el. Die Größe des Vorschaltwiderstandes R_v'' im Läuferkreis muß also in diesem Falle zu:

$$R_v'' = \left(\frac{\beta}{\beta_0} - 1\right) R'' = 4R'' \tag{113}$$

je Wicklungsstrang und Wellenmaschine gewählt werden. Der gesamte Zusatzwiderstand in jedem Strang des Läuferkreises beträgt 8 R''.

Wie dieses Beispiel zeigt, sind bei Resonanz die Möglichkeiten zur Beherrschung fremderregter Schwingungen durch Zusatzwiderstände allein sehr begrenzt. Selbst wenn man einen Schwingungsausschlag von ca. $\pm$ 10 °mech. als zulässig ansieht, ist noch zu bedenken, daß auch der Verdrehungswinkel bei Last infolge der Läuferzusatzwider-

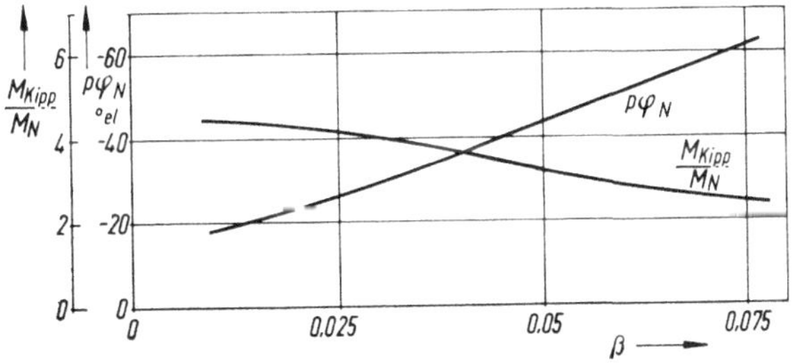

Abb. 66. Verdrehungswinkel $p\varphi_\mathrm{N}$ beim Nennmoment des Empfängers ($M_\mathrm{N} = 7{,}5$ kpm) und die Überlastbarkeit $M_\mathrm{Kipp}/M_\mathrm{N}$ in Abhängigkeit vom bezogenen Läuferwiderstand β
Daten der Wellenmaschinen wie in Abb. 65

stände erheblich zunimmt. Abb. 66 zeigt den Lastwinkel $p\varphi_\mathrm{N}$ beim Nennmoment $M_\mathrm{N} = 7{,}5$ kpm in Abhängigkeit vom bezogenen Läuferwiderstand β. Bei dem nach dynamischen Gesichtspunkten als optimal erkannten Widerstand $\beta_\mathrm{opt} = 0{,}048$ beträgt der Verdrehungs-

winkel im stationären Betrieb bei Nennlast immerhin schon 42° el. gegenüber nur 18° el. bei Fortfall der Zusatzwiderstände. Aus thermischen Gründen oder mit Rücksicht auf die erforderliche Überlastbarkeit kann daher der Übergang auf eine größere Motortype allein wegen der Dämpfungswiderstände gelegentlich nötig sein.
Als weitere Maßnahme zur Verbesserung der elektrischen Dämpfung kommt die Gleichstromspeisung infrage (siehe Kapitel 8).

4.5 Schwingungsdämpfer zur Unterdrückung von Pendelungen

Alle Maßnahmen zur Verbesserung der Dämpfung auf elektrischem Wege im elektrischen Kreis der Wellen haben den großen Nachteil, daß sie nicht nur die Dämpfung verändern, sondern auch das stationäre Verhalten der elektrischen Welle stark beeinflussen und meistens die übertragbaren Drehmomente erheblich vermindern. Man muß sich daher schon beim Projektieren über die notwendigen Dämpfungsmaßnahmen klar werden, was oft sehr schwer ist, da die äußeren Dämpfungen, störende Pendelmomente und deren Frequenzen häufig unbekannt sind. Andernfalls müssen die Wellenmaschinen stark überdimensioniert werden, damit die geforderten Lastmomente auch dann noch übertragen werden können, wenn sich später eine Verbesserung der elektromagnetischen Dämpfung als notwendig herausstellen sollte. Erwünscht ist daher oft eine Dämpfungseinrichtung, die die stationären Eigenschaften nicht beeinflußt und die nur bei Bedarf — falls nämlich an der fertigen Anlage Pendelungen auftreten — vorgesehen wird. Für diesen Zweck ist sowohl ein mechanischer Schwingungsdämpfer [39] als auch eine starr gekuppelte Dämpfermaschine [110] geeignet, die auf einem freien Wellenende der Gleichlaufmaschinen montiert werden können.
Es kommt im Prinzip darauf an, eine definierte Dämpfung außerhalb der elektrischen Welle bereitzustellen, deren Dämpfungskoeffizient größer ist als die von der Welle bewirkte Anfachung. Das gelingt z.B. mit einem mechanischen Schwingungsdämpfer oder mit Hilfe einer normalen Drehstromasynchronmaschine, die starr mit dem Wellenmotor auf der Empfängerseite verbunden ist und die im Betriebsschlupfbereich $2 > s > 1$ mit dem Drehfeld arbeitet (vgl. Abb. 120, S. 206). Der Läuferwiderstand dieser Dämpfungsmaschine muß dabei gerade so groß gewählt werden, daß die Bedingung:

$$|d_{el}| < \frac{30 M_{dN}}{\pi n_{od}}$$

(n_{od} = synchrone Drehzahl, U/min; M_{dN} = Nennmoment der Dämpfermaschine, kpm) für alle vorkommenden Werte von s erfüllt ist.

Da die Momentkennlinie einer Drehstromasynchronmaschine im Schlupfbereich $O < s < s_N$ sich bekanntlich durch eine Gerade ersetzen läßt (s_N = Nennschlupf), liegt es nahe, den Läuferwiderstand so zu wählen, daß das Anzugmoment gleich dem Nennmoment wird ($s_N = 1$). Es handelt sich also um einen im Vergleich zu den Wellenmaschinen relativ schwachen Drehstromasynchronmotor, den man aus wirtschaftlichen Gründen u.U. sogar mit einem Massivläufer (ohne Wicklung) versehen könnte.
Durch Einsetzen von d_{el} aus Gl. (104) in die obige Gleichung erhält man das Nennmoment und damit die Typenleistung der Dämpfungsmaschine, deren Polzahl man beispielsweise gleich der der Wellenmaschine macht.
Würde man die synchrone Drehzahl der Dämpfermaschine in die Mitte des Betriebsbereiches legen, so würde sich ihr Drehmoment zwar etwa halbieren, aber gleichzeitig ihre Polzahl doppelt so groß werden.

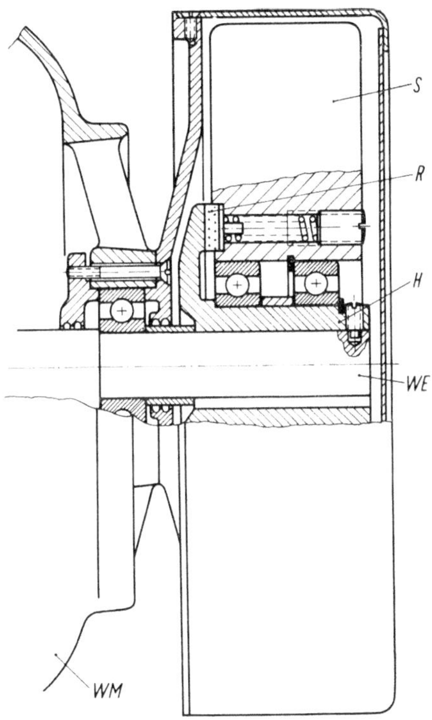

Abb. 67
Schwingungsdämpfer zur Unterbrückung von Pendelungen an einer Wellenmaschine
WM Wellenmaschine
S Schwungscheibe
R Reibungskupplung
WE Wellenende der *WM*
H Hülse

Der mechanische Schwingungsdämpfer (Abb. 67) besteht im wesentlichen aus einer Schwungscheibe *S*, die auf einer mit dem freien

Wellenende *WE* der Gleichlaufmaschine *WM* fest verbundenen Hülse *H* drehbar gelagert ist. Die Schwungscheibe *S* und die Hülse *H* stehen über eine Reibungskupplung *R* mit einstellbarem Reibungsmoment M_R miteinander in Verbindung. Dadurch können der Läufer der Wellenmaschine und die Schwungscheibe *S* mit einem beliebig zwischen Null und einem maximalen Wert einstellbaren Reibungsmoment gekuppelt werden.
Die Wirkungsweise des Schwingungsdämpfers beruht auf folgenden Gedanken: Eine negative Dämpfung bedeutet, daß dem schwingenden System in jeder Periode einer Pendelung Energie zugeführt wird. Man muß also dafür sorgen, daß dem System mindestens die ständig zugeführte Energie, möglichst aber noch mehr, im Verlauf der Schwingung wieder entzogen wird. Dies geschieht im Schwingungsdämpfer. Die Schwungmasse des Dämpfers rotiert im stationären Betrieb mit gleicher Geschwindigkeit wie der Läufer. Bei Pendelungen führt der Läufer Schwingungen mit einer Frequenz von einigen Hertz aus, denen die Schwungmasse des Dämpfers wegen ihrer großen Trägheit nicht zu folgen vermag. Sie rotiert daher auch bei Pendelungen mit praktisch konstanter Winkelgeschwindigkeit, während sich der Läufer gegenüber der Dämpferschwungscheibe vor und zurückdreht. Dabei wird, entsprechend dem eingestellten Reibungsmoment, in der Kupplung Energie in Wärme umgesetzt, die dem schwingenden System entzogen wird. Das Verhältnis dieses Energieverlustes zum gesamten Energieinhalt des Schwingungssystems ist ein Maß für die Dämpfung.
Die Größe der mit einem Schwingungsdämpfer erreichbaren Dämpfung ist proportional dem Reibungsmoment der Kupplung. Das *optimale* Reibungsmoment hängt vom Verhältnis der Drehmasse der Dämpferschwungscheibe zu der des Läufers ab. Dabei ist jedoch zu bedenken, daß bei zu großem Reibungsmoment die Schwungscheibe schließlich doch den Pendelbewegungen folgt und wie ein starr gekuppeltes Schwungmoment wirkt, d.h. lediglich eine Verlagerung der Eigenfrequenz, aber keine Verbesserung der Dämpfung mehr bewirkt. Die erforderliche Dämpferdrehmasse und das benötigte Reibungsmoment hängen vom Grad der Schwingungsanfachung ab.
Bei der Berechnung des Schwingungsdämpfers ist zu unterscheiden, ob *selbsterregte* Schwingungen der elektrischen Welle vermieden werden sollen, oder ob ein in *Resonanz* mit dem Gleichlaufsystem befindliches äußeres Pendelmoment vorliegt. Zunächst wird der Fall selbsterregter Schwingungen betrachtet. Für die Bemessung des Schwingungsdämpfers interessiert der niedrigste vorkommende Wert der Dämpfung, es ist also das Minimum des Dämpfungsfaktors (dargestellt in Abb. 56) aufzusuchen. Da man den Schwingungsdämpfer immer mit einer gewissen Sicherheit auslegen muß, kann wegen der damit

verbundenen Vereinfachung von der Gleichung des Dämpfungsfaktors für $\alpha = 0$ ausgegangen werden. Sie ergibt sich für die leerlaufende elektrische Welle (kritischer Fall!) aus Gl. (104) zu:

$$d = const \frac{p}{\omega} \beta \frac{\beta^2 - s^2\sigma^2}{[\beta^2 + s^2\sigma^2]^2}. \tag{114}$$

Setzt man die partielle Ableitung nach dem Schlupf $\frac{\partial d}{\partial s} = 0$, so erhält man den Schlupf $\bar{s}$, bei dem das Minimum des Dämpfungsfaktors der elektrischen Welle auftritt zu:

$$\bar{s} = \sqrt{3} \frac{\beta}{\sigma} = \sqrt{3}\, s_k \tag{115}$$

und durch Einsetzen in Gl. (114) den Betrag des Dämpfungsfaktors $\bar{d}$:

$$\bar{d} = -\, const \frac{p}{\omega} \cdot \frac{1}{8\beta}. \tag{116}$$

Das Kippmoment des Asynchronmotors hat bekanntlich die Größe:

$$M_k = const \cdot \frac{1}{\sqrt{(1+\alpha^2)(\sigma^2+\alpha^2)} + \alpha(1-\sigma)} =$$

$$= \frac{3}{2} \frac{p}{\omega} U I_\mu \frac{1-\sigma}{\sqrt{(1+\alpha^2)(\sigma^2+\alpha^2)} + \alpha(1-\sigma)} \tag{117}$$

bzw. bei $\alpha = 0$:

$$M_k = const \cdot \frac{1}{\sigma} = \frac{3}{2} \frac{p}{\omega} U I_\mu \cdot \frac{1-\sigma}{\sigma}. \tag{117a}$$

Der hierzu in Beziehung gesetzte Minimalwert der Dämpfung ist:

$$\bar{d} = -\frac{p}{\omega} \frac{1}{8 s_k} M_k. \tag{116a}$$

Mit Gl. (116a) kann die maximal auftretende elektromagnetische Schwingungsanfachung leicht aus dem Motorkippmoment und dem Motorkippschlupf der Wellenmaschinen ermittelt werden. Man liegt mit diesem Wert auf der sicheren Seite, da sich unter Berücksichtigung von α etwas kleinere Beträge für $\bar{d}$ ergeben.

Zunächst muß noch auf einen wesentlichen physikalischen Zusammenhang hingewiesen werden. Das auf die Wellenmaschine wirkende elektromagnetische Dämpfungsmoment D_{el} ist in erster Näherung proportional der Winkelgeschwindigkeit der Pendelbewegung:

$$D_{el} = -d \cdot \dot{\psi}. \tag{118}$$

Es hat also bei sinusförmigem Verlauf der Pendelbewegung ebenfalls Sinusform (Abb. 68a für $d > 0$). Das Reibungsmoment hingegen ist

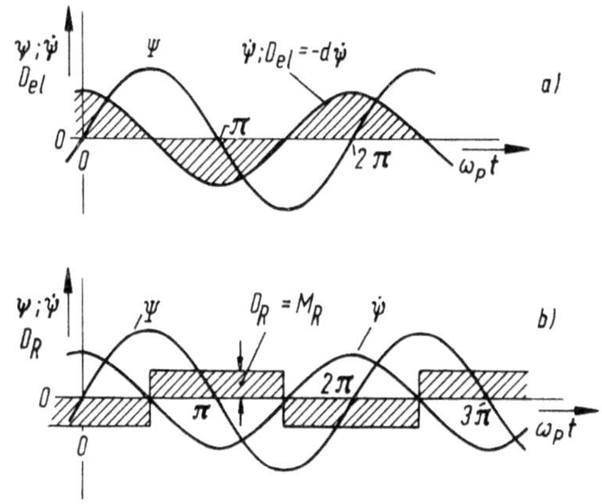

Abb. 68
Dämpfungsmomente D bei sinusförmigem Schwingungsverlauf
a) Elektromagnetisches Dämpfungsmoment (für $d < 0$)
b) Dämpfungsmoment durch trockene Reibung

bei trockener Reibung nahezu unabhängig von der Relativgeschwindigkeit zwischen den Gleitflächen. Das Dämpfungsmoment D_R durch Reibung hat die Größe:

$$D_R = \pm M_R. \tag{119}$$

Es liegt stets in Gegenphase zur Winkelgeschwindigkeit der Pendelbewegung. Abb. 68b zeigt den Verlauf des Dämpfungsmomentes D_R infolge der Reibung im Schwingungsdämpfer. Wegen der Verschiedenartigkeit des Verlaufs beider Dämpfungsmomente — sinusförmig bei elektromagnetischer Dämpfung, zeitlich konstant bei Reibungsdämpfung — ist es nicht möglich, die entsprechenden Dämpfungsfaktoren miteinander zu vergleichen. Man muß vielmehr die Energiebeträge gegenüberstellen, die in jeder Periode dem Schwingungssystem zugeführt oder ihm entzogen werden. Die Dämpfungsarbeit ist das Produkt aus Drehmoment und Winkelweg.
Die elektrische Dämpfungsarbeit je Periode ergibt sich zu:

$$A_{el} = \int_0^{2\pi} D_{el} d\psi = \int_0^{\tau} D_{el} \dot{\psi} dt = -\int_0^{\tau} d \cdot \dot{\psi}^2 dt, \tag{120}$$

wobei τ die Periodendauer der Schwingung ist.

Bei *harmonischen* Schwingungen ist insbesondere:

$$\begin{aligned} \psi &= \hat{\psi} \sin \Omega_e t, \\ \dot{\psi} &= \Omega_e \hat{\psi} \cos \Omega_e t, \\ \ddot{\psi} &= -\Omega_e^2 \hat{\psi} \sin \Omega_e t \end{aligned} \tag{121}$$

Damit liefert die Auswertung des Integrals in Gl. (120):

$$A_{el} = -\pi d \Omega_e \hat{\psi}^2. \tag{122}$$

Wenn das Reibungsmoment M_R an der Empfängermaschine zeitlich konstant vorausgesetzt wird, ergibt sich die Reibungsarbeit A_R einfach zu:

$$A_R = -4 \int_0^{\tau/4} M_R d\psi = -4 \hat{\psi} M_R, \tag{123}$$

wenn man voraussetzt, daß $\Theta_1 \gg \Theta_2$, wodurch dann $|\psi| \approx |\psi_2|$ wird. Eine negative elektrische Dämpfung d macht sich nicht mehr störend bemerkbar, wenn die Summe von allen am Läufer der Wellenmaschine verrichteten Dämpfungsarbeiten negativ wird,

wenn also:

$$A_{el} + A_R \leqq 0$$

oder:

$$M_R \geqq -\frac{\pi d \Omega_e \hat{\psi}}{4} \tag{124}$$

wird. Hält man diese Bedingung ein, dann werden selbsterregte Pendelungen vermieden.

In den bisherigen Überlegungen wurde außer Acht gelassen, daß der Reibungsvorgang bei endlicher Drehmasse des Schwingungsdämpfers zeitweise aussetzt. Die *Rutschgrenze* ist durch:

$$\ddot{\psi}_r = \frac{M_R}{\Theta_D} \tag{125}$$

bestimmt, wenn man unter Θ_D die Drehmasse des Schwingungsdämpfers versteht. Mit $\ddot{\psi}_r = -\Omega_e^2 \cdot \psi_r$ erhält man den entsprechenden Winkelbereich:

$$\psi_r = \pm \frac{M_R}{\Omega_e^2 \cdot \Theta_D}. \tag{126}$$

Schwingungen, deren Amplituden kleiner als ψ_r sind, können vom Schwingungsdämpfer nicht mehr unterdrückt werden. Gehen jedoch die Auschläge über ψ_r hinaus, so tritt der Dämpfer in Erscheinung. Die Dämpfungsarbeit A_R unter Berücksichtigung der zeitweiligen Mitnahme erhält man aus der nach Gl. (123) für $\Theta_D = \infty$ berechneten Reibungsarbeit zu:

$$A'_R = A_R \left(1 - \frac{\psi'_R}{\hat{\psi}}\right), \tag{127}$$

$$A'_R = A_R \left(1 - \frac{M_R}{\Omega_e^2 \cdot \Theta_D \cdot \hat{\psi}}\right). \tag{127a}$$

Die konstruktive Auslegung des Schwingungsdämpfers wird durch das Reibungsmoment M_R der Kupplung und die Drehmasse Θ_D der Schwungscheibe bestimmt. Das Reibungsmoment ergibt sich aus Gl. (124), d und Ω_e erhält man aus den Maschinendaten. Die höchste vorkommende Schwingungsamplitude $\hat{\psi}$ muß nach den jeweils vorliegenden Betriebsverhältnissen geschätzt werden. Als Höchstwert ist z.B. der größte Lastwinkel anzusehen, der als Anfangswert einer freien Schwingung auftritt, wenn ein plötzliches Abschalten der vollen Last erfolgt. Die erforderliche Größe des Trägheitsmomentes Θ_D ist nach Gl. (126) gegeben:

$$\Theta_D = \frac{M_R}{\Omega_e^2 \psi_r}. \tag{128}$$

Ein wesentliches Bestimmungsstück ist darin der zulässige Wert von ψ_r, der durch die Genauigkeitsforderung vorgegeben sein kann. Wird eine hohe Winkelgenauigkeit verlangt — wie z.B. bei Supportantrieben bei Werkzeugmaschinen — so können Werte von ψ_r zwischen 0,5° und 1,0° notwendig sein. Bei normalen Antrieben kann man sich jedoch zu Gunsten einer kleineren Bauweise des Dämpfers mit geringeren Anforderungen begnügen. Günstige Erfahrungen wurden mit Dämpferdrehmassen von etwa zwei- bis dreifachem Wert der Gesamtdrehmasse auf der betreffenden Wellenseite erzielt.

In Abb. 69 ist an einigen Oszillogrammen die Wirksamkeit eines Schwingungsdämpfers als Schutz gegen selbsterregte Pendelungen gezeigt. Die Aufnahmen wurden an der schon in Abb. 57 erwähnten elektrischen Welle gemacht, wobei jedoch an der Empfängermaschine ein Schwingungsdämpfer mit einer Drehmasse $\Theta_D = 0{,}033$ kpms² angebaut war. Wie die Meßergebnisse zeigen, genügen schon recht kleine Reibungsmomente zum Ausgleich der negativen elektrischen Dämpfung.

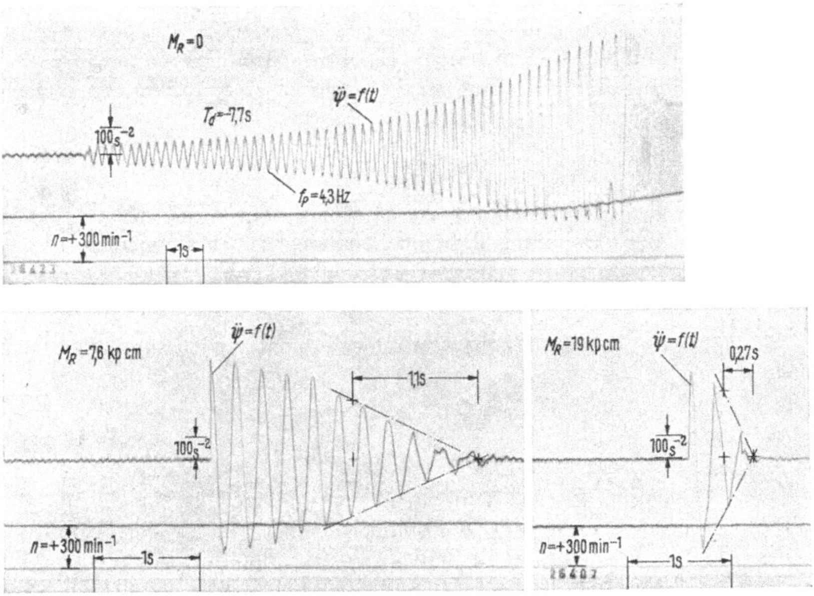

Abb. 69. Oszillogramme der Drehbeschleunigung bei Pendelungen einer elektrischen Welle für verschiedene Reibungsmomente M_R des Schwingungsdämpfers (Werkphoto SSW)

Bei der Untersuchung fremderregter Pendelungen im vorigen Kapitel ergaben sich große Schwierigkeiten bei der Unterdrückung größerer Schwingungen, wenn die Störfrequenz mit der Eigenfrequenz des Gleichlaufsystems in Resonanz tritt. Besonders in diesem Falle ist eine Entstörung mit Hilfe eines mechanischen Schwingungsdämpfers meistens viel einfacher und wirtschaftlicher, als die Schwingungsbegrenzung durch elektrische Mittel. Es wurde schon darauf hingewiesen, daß Zusatzwiderstände zwar die elektromagnetische Dämpfung verbessern, aber gleichzeitig auch mit erheblichen Einbußen im übertragbaren Drehmoment verbunden sind. Der Schwingungsdämpfer hat dagegen keinen Einfluß auf die Drehmomenteigenschaften der elektrischen Welle. Bei richtiger Dimensionierung können mit ihm praktisch alle vorkommenden Schwingungsprobleme beherrscht werden.

Ein zeitlich harmonisch verlaufendes Störmoment mit der Amplitude $\hat{M}_p$ liefert bei Resonanz ($\Omega_e = \Omega_p$) in jeder Schwingungsperiode den Energiebetrag:

$$A_p = \int_0^{2\pi} \hat{M}_p \cos \Omega_e t d\psi = +\pi \hat{M}_p \hat{\psi} \qquad (129)$$

— wenn man wieder annimmt, daß $\Theta_1 \gg \Theta_2$, sodaß $\psi_2 \approx \psi$ wird — in das Schwingungssystem hinein. Ein stationärer Schwingungszustand stellt sich nur dann ein, wenn die Summe aller Arbeiten an der Wellenmaschine negativ ist:

$$A_{el} + A_R + A_p \leqq 0. \tag{130}$$

Nach Einsetzen der Werte für die einzelnen Dämpfungsarbeiten erhält man unter der Annahme, daß die Schwungscheibe nicht mitschwingt,

$$-\pi d\Omega_e \hat{\psi}^2 - 4\hat{\psi} M_R + \pi \hat{M}_p \hat{\psi} \leqq 0 \tag{130a}$$

und daraus das erforderliche Reibungsmoment des Dämpfers zu:

$$M_R \geqq \frac{\pi}{4}(\hat{M}_p - d\Omega_e \hat{\psi}). \tag{131}$$

Diese Gleichung kann als Bemessungsgrundlage für die Größe des Reibungsmomentes in der Kupplung dienen. $\hat{M}_p$ ist die Amplitude des äußeren Pendelmoments und $\Omega_p = \Omega_e$ seine Kreisfrequenz. d ist der elektrische Dämpfungsfaktor für die betrachtete Drehzahl. Man kann hier der Einfachheit halber und zur Sicherheit auch den niedrigsten überhaupt vorkommenden Dämpfungsfaktor $\bar{d}$ nach Gl. (116a) einsetzen. $\hat{\psi}$ ist der größte Anfangswert einer Störung. Sicherheitshalber kann hierfür der größte Lastwinkel φ_N (in mechanischen Winkelgraden!) eingesetzt werden. Im übrigen behalten die bei der Unterdrückung selbsterregter Pendelungen dargelegten Gesichtspunkte, insbesondere im Hinblick auf die Bemessung der Schwungmasse des Dämpfers, ihre volle Gültigkeit. Bei fremderregten Pendelungen braucht lediglich das Reibungsmoment der Rutschkupplung um den Betrag $\hat{M}_p \cdot \frac{\pi}{4}$ vergrößert zu werden. Man erkennt daraus, wie leicht auch unvorhergesehene Störmomente von einem Schwingungsdämpfer mit einstellbarem Kupplungsmoment beherrscht werden können.

Als Beispiel wollen wir die im vorigen Abschnitt betrachtete Ferndreherwelle heranziehen, wobei aber für die überschlägliche Rechnung der Ständerwiderstand vernachlässigt werden soll ($\alpha = 0$).

Das Motorkippmoment der Wellenmaschinen ergibt sich aus den gegebenen Maschinendaten nach Gl. (117a) zu $M_k = 31{,}5$ kpm und der Kippschlupf mit $s_k = \frac{\beta}{\sigma}$ zu $s_k = 0{,}30$. Das Minimum der Dämpfung liegt dann bei $d = -0{,}084$ kpms. Gl. (103) für die Drehfedersteife vereinfacht sich mit $\alpha = 0$ und unter Berücksichtigung von Gl. (117a) zu:

$$c = M_k \cdot p \frac{(s/s_k)^2}{1+(s/s_k)^2}. \tag{132}$$

Bei einem Verdrehungswinkel von etwa 18° el, darf man unbedenklich mit $c_1 = c_2 = c$ nach Gl. (103) rechnen.

Damit erhält man bei $s = 0{,}89$ die Drehfedersteife zu $c = 56{,}5$ kpm/rad. Wegen $\Theta_1 = \infty$ ist $\Theta_{res} = \Theta_2 = 0{,}035$ kpms², und somit $\Omega_p = \Omega_e = \sqrt{\frac{c}{\Theta_{res}}} = 40{,}2\,s^{-1}$. Der Lastwinkel der mit Nennlast von $M_N = 7{,}5$kpm beanspruchten elektrischen Welle betrug $(p\,\varphi)_N \approx 18°$ el, das entspricht $\hat{\psi} = 9°$ mech bei $p = 2$.

Mit diesen Daten und dem gegebenen Pendelmoment $\hat{M}_p = 0{,}15$ kpm kann das erforderliche Reibungsmoment des Schwingungsdämpfers nach Gl. (131) berechnet werden. Es ergibt sich zu $\hat{M}_R \geqq 0{,}535$ kpm. Zweckmäßig bemißt man das Reibungsmoment etwas größer (z.B. 1,5 bis 2 mal so groß) als mindestens erforderlich, damit die Ausgleichschwingungen rascher abklingen. Wir nehmen $\hat{M}_R = 1{,}07$ kpm an. Wählt man die Drehmasse der Dämpfungsscheibe zu ca. 3fachem Empfängerschwungmoment, also $\Theta_D = 0{,}1$ kpms², dann umfaßt die Restschwingung ψ_r des Schwingungsdämpfers nach Gl. (126) einen Winkelbereich von $\psi_r = \pm 0{,}0066$ rad $\hat{=} \pm 0{,}378°$ mech. Die Pendelungen werden also bis auf sehr kleine Ausschläge wirksam unterdrückt.

4.6 Auslegung und Bemessung der Wellenmaschinen

Für die richtige Projektierung einer elektrischen Gleichlaufeinrichtung ist eine möglichst genaue Kenntnis der gesamten Anlage und vor allem der mit der elektrischen Welle zusammenwirkenden Elemente des Antriebs erforderlich. Dieser Gesamtüberblick ist für die Beurteilung der *dynamischen Stabilität* unerläßlich. Aber auch für die stationären Betriebszustände ist sorgfältig zu prüfen, unter welchen Bedingungen die ungünstigste Belastung auftritt. Hier ist besonders auf die Beanspruchung der elektrischen Welle beim Hochlauf der Gleichlaufgruppe und bei schnellen Drehzahländerungen hinzuweisen. Als Unterlage für die Projektierung der elektrischen Welle benötigt man die folgenden Angaben bzw. die Beantwortung nachstehender Fragen:

1. Beschreibung der gesamten Anlage nach Art, Aufbau, Wirkungsweise und Betriebsbedingungen, soweit die elektrische Welle damit in Beziehung steht.

2. Beschreibung des Arbeitsspiels mit Angabe der maximalen kurzzeitig oder dauernd von der elektrischen Welle zu übertragenden Drehmomente mit den zugehörigen Drehzahlen.
3. Wird die elektrische Welle über Getriebe mit dem Antrieb gekuppelt und hat man noch eine freie Wahl bezüglich des Übersetzungsverhältnisses?
4. Angaben über die Art des Hauptantriebsmotors, insbesondere über dessen Hochlaufeigenschaften und die Geschwindigkeit der Drehzahlregelung.
5. Wie groß darf der maximal zulässige Verdrehungswinkel zwischen Geber und Empfänger bei den in 2) bzw. 3) genannten Drehzahlen sein?
6. Wird eine Drehrichtungsänderung gewünscht?
   a) für die Empfängermaschine allein
   b) für den Hauptantriebsmotor bei unveränderter Empfängerdrehrichtung
   c) für Hauptantriebsmotor und Empfänger gemeinsam
   d) Kombination von a) und b).
7. Soll eine der Wellenmaschinen wahlweise als Motor (z.B. als Eilgangmotor) verwendet werden?
8. Kann die Synchronisierung der Gleichlaufeinrichtung stets bei Stillstand des Antriebes erfolgen oder ist ein Synchronisieren im Lauf erforderlich?
9. Wird der Gleichlauf zwischen bestimmten Maschinenelementen auch während des An- und Auslaufs gefordert?
10. Wie groß sind die mit den Wellenmaschinen bei den verschiedenen Betriebszuständen gekuppelten Drehmassen?
11. Sind die beiden durch die elektrische Welle gekuppelten Maschinengruppen außerdem zusätzlich über Getriebe und Kupplungen miteinander verbunden?
12. Sind die unter 2) genannten Drehmomente zeitlich konstant oder treten Pulsationen auf? Wie ist deren Amplitude und Frequenz? Ist die Pulsationsfrequenz drehzahlabhängig?
13. Übliche Angaben für Elektromotoren über Bauform, Schutzart, Betriebsspannung und Netzfrequenz.

Wenn diese Unterlagen vorliegen, können aus dem vorhandenen Typenprogramm für Schleifringläufermotoren geeignete Wellenmaschinen ausgewählt werden. Die wichtigsten Gesichtspunkte sollen im folgenden diskutiert werden.

Die Polzahl der Wellenmaschinen ist so zu wählen, daß bei allen Betriebsdrehzahlen ein genügender Abstand zur synchronen Drehzahl des Drehfeldes übrig bleibt. Die synchrone Drehzahl darf nur bei Lauf gegen das Drehfeld überschritten werden. Vor allem bei Ferndreherwellen mit kleinen Typenleistungen ist diese Betriebsart jedoch wegen der relativ kleinen Empfängermomente möglichst zu vermeiden (vgl. Abschn. 4.1). Kann der Drehzahlbereich der elektrischen Welle durch Anpassung der Getriebeübersetzungen frei gewählt werden, dann empfiehlt sich die Verwendung niederpoliger Maschinen wegen der besseren Ausnutzung gegenüber höherpoligen. Ferner sollte die niedrigste Betriebsdrehzahl der elektrischen Welle wegen des störenden Einflusses der Oberfeldmomente infolge der Wicklungsverteilung und Nutung nicht zu klein gewählt werden.

Für die Drehrichtung sieht man bei Ausgleichwellen vorzugsweise den Lauf gegen das Drehfeld vor, da sich hierbei die beste Typenausnutzung ergibt (vgl. Abb. 28). Voraussetzung hierfür ist jedoch, daß die dynamische Stabilität der Anlage gewährleistet bleibt. Aus diesem Grunde wird u.U. der Betrieb mit dem Drehfeld vorgezogen, wenn die äußere Dämpfung sehr klein ist und keine andere Stabilisierungsmöglichkeit als die Verwendung Ohmscher Dämpfungswiderstände möglich ist. Diese Frage ist von Fall zu Fall zu untersuchen und zu entscheiden. Für elektrische Ferndreherwellen ist, wie schon erwähnt, wenn irgend möglich der Lauf im Sinne des Drehfeldes vorzusehen. Nur in Sonderfällen, wenn sehr hohe Drehzahlen bis zur synchronen und darüber hinaus vorkommen, oder bei Reversierbetrieb, wo eine Drehfeldumkehr im Stillstand nicht möglich ist, werden auch Ferndreherwellen bei Lauf entgegen der Drehfeldrichtung betrieben.

Wenn die elektrische Welle gegen das Drehfeld betrieben wird, erreichen die Läuferfrequenz und die Läuferspannung Werte, die sonst im Normalbetrieb nicht vorkommen (Abb. 70). Dadurch entstehen im Läufer höhere

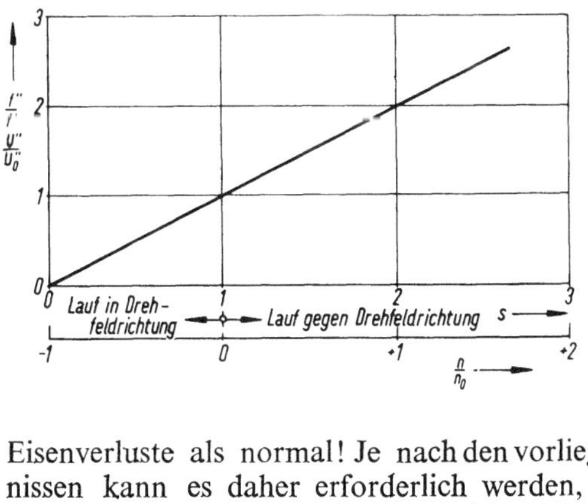

Abb. 70
Läuferspannung U'' und -frequenz f'' in Abhängigkeit vom Schlupf s bzw. vom Drehzahlverhältnis n/n_0

Bezugsgrößen: U''_0 = Läuferstillstandsspannung, f' = Netzfrequenz, n_0 = Drehzahl des Drehfeldes

Eisenverluste als normal! Je nach den vorliegenden thermischen Verhältnissen kann es daher erforderlich werden, für das Läufer-Blechpaket eine Blechsorte mit besonders niedrigen Eisenverlusten zu verwenden.

Diese Maßnahme ist vor allem dann empfehlenswert, wenn höhere Drehzahlen im Lauf gegen das Drehfeld über längere Zeit gefahren werden sollen. Mit Rücksicht auf die dann relativ hohen Läuferspannungen empfiehlt es sich, die Läufer-Stillstandsspannung kleiner als normal vorzusehen, damit eine Gefährdung für die Läuferwicklung und die Schleifringe vermieden wird.

Besondere Beachtung erfordern in jedem Falle die Erwärmungsverhältnisse der Wellenmaschinen. Normale Schleifringläufermotoren haben üblicherweise Eigenlüftung, deren Intensität natürlich mit sinkender Drehzahl stark abnimmt. Bei niedrigen Drehzahlen sind die abführbaren Verluste wesentlich kleiner als im Normalbetrieb. Die zulässige Belastung muß aus diesem Grunde oft stark eingeschränkt werden. Die beiden wichtigsten Größen für die Auswahl der Motortype sind daher einerseits das kurzzeitig auftretende maximale Lastmoment, durch das das erforderliche Motorkippmoment bestimmt wird, und andererseits das größte, über einen längeren Zeitraum bestehende Lastmoment, von dem die Erwärmung abhängt.

Bei Ausgleich- und Ferndreherwellen nimmt das maximal übertragbare Drehmoment mit der Annäherung an die synchrone Drehzahl ab. Die Wellenmaschinen müssen daher von diesem Standpunkt aus nach dem maximalen Drehmoment bei dem kleinsten vorkommenden Schlupf entsprechend Abb. 53 bemessen werden, wobei natürlich auch hier noch eine bestimmte Überlastbarkeit gewährleistet sein muß. Für Ferndreherwellen gilt die entsprechende Kurve nach Abb. 51. Allerdings kann hier bei Lauf gegen das Drehfeld auch der größte Schlupfwert maßgebend sein.

Der zweite — und häufig der entscheidendere — Faktor für die Bemessung der Wellenmaschinen ist die *Erwärmung*. Die thermischen Verhältnisse erfordern bei niedrigen Drehzahlen auch bei normalen Netzspannungen eine anomale Wicklungsauslegung zur Verminderung der Eisenverluste. Wegen des fast vollständigen Fortfalls der Belüftung im unteren Drehzahlbereich werden die abführbaren Wärmemengen so klein, daß schon die normalen Eisenverluste die Wicklungen bis zur zulässigen Grenze erwärmen würden, so daß kaum noch Lastverluste zugestanden werden könnten. Man sieht daher einen geringeren Fluß mit kleineren Eisenverlusten vor, damit größere Lastverluste bei entsprechend höheren Lastmomenten im Dauerbetrieb thermisch tragbar werden. Die richtige Wahl des Flusses ist ein wichtiger Punkt bei der Wicklungsauslegung der Wellenmaschinen.

Für manche Anwendungsfälle ist aus technologischen Gründen ein maximal zulässiger Verdrehungswinkel — meistens in mechanischen Winkelgraden bei bestimmten Betriebsdrehzahlen — vorgeschrieben. Hierbei ist die Summe aus dem statischen Winkelfehler infolge der

Belastung und aus dem durch eventuelle Pendelungen entstehenden dynamischen Fehler zu berücksichtigen. Der mechanische Winkelfehler ist der p-te Teil des elektrischen Winkelfehlers.

Bei hohen Anforderungen wählt man daher zur Verminderung des mechanischen Winkelfehlers zweckmäßig Maschinen mit möglichst hoher Polzahl, soweit es der geforderte Drehzalbereich erlaubt. Andererseits muß natürlich der Drehmomentanstieg zum Erzielen kleiner Winkelfehler genügend groß sein, was durch Wahl verhältnismäßig großer Typen der Wellenmaschinen erreicht wird. Eine strenge Vorschrift für den maximal zulässigen Winkelfehler kann daher die Auswahl der Motortype maßgeblich bestimmen.

Der dynamische Winkelfehler ist nur schwer im voraus zu sagen. Auch bei genügend großer Dämpfung treten durch äußere Störungen und besonders bei sehr niedrigen Drehzahlen durch Oberfeldmomente immer gewisse Schwingungen auf, die auch bei sorgfältiger Ausführung der Anlage durchaus $\pm$ 5 Grad elektrisch ausmachen können und nur mit besonderen Maßnahmen kleiner als $\pm$ 3 Grad elektrisch gehalten werden können.

Nach den vorstehenden Gesichtspunkten wird zunächst aus dem verfügbaren Typenprogramm für den Gleichlaufantrieb eine bestimmte Baugröße ausgewählt und damit eine Überprüfung der dynamischen Stabilität durchgeführt.

Der erste Schritt dient der Feststellung der vorliegenden Situation. Die Beurteilung der äußeren, von der Belastung herrührenden Dämpfung ist häufig nur auf Grund von Messungen oder Erfahrungswerten möglich und daher meistens unsicher. Von großem Nutzen ist aber stets eine klare Trennung zwischen den fremderregten Schwingungen und den Pendelungen infolge einer negativen Dämpfung der elektrischen Welle.

Äußere Pendelmomente wird man natürlich zunächst einmal durch konstruktive Maßnahmen, wie z.B. durch Vergrößerung der Drehmassen, von der elektrischen Welle fernzuhalten suchen. Vor allem darf möglichst keine Anregungsfrequenz in Resonanz mit der Eigenfrequenz der elektrischen Welle treten. Lassen sich die Resonanzerscheinungen aber nicht vermeiden — etwa wegen konstruktiver Schwierigkeiten oder weil sich die Pulsationsfrequenz in großen Bereichen oder unregelmäßig ändert — so bleibt nur eine Begrenzung der Schwingungsamplituden auf erträgliche Werte durch entsprechende Vergrößerung der Dämpfung. Hierfür stehen von der elektrischen Seite her als Mittel die Anwendung einer besonders günstigen Schaltung (z.B. Gleichstromspeisung), die Einschaltung von Dämpfungswiderständen (Ohmsche Zusatzwiderstände im Ständer- oder Läuferkreis, komplexe Widerstände im Läufer) zur Verfügung, oder von der mechanischen Seite her der Anbau eines Schwingungsdämpfers. Bei Lauf mit dem Drehfeld werden die Dämpfungswiderstände am besten als reine Wirkwiderstände im Läuferkreis angeordnet. Dagegen sind bei Betrieb gegen das Drehfeld komplexe Läuferwiderstände (bei größeren Maschinentypen) oder Ohmsche Widerstände in den Ständerzuleitungen meist vorteilhafter.

Zur Sicherheit sollte man stets — vor allem bei der Projektierung neuartiger Anlagen, deren Betriebseigenschaften noch unbekannt sind — die Wellenmaschinen mit einem zweiten freien Wellenende ausstatten, damit im Bedarfsfalle der Anbau zusätzlicher Schwungmassen oder eines mechanischen Schwingungsdämpfers ohne großen Aufwand möglich ist. Für den Anbau eines Dämpfers sollte bevorzugt die mit der kleineren Drehmasse behaftete Wellenmaschine ausgewählt werden, da an dieser bei Pendelungen die größeren Schwingungsamplituden auftreten, so daß der Schwingungsdämpfer hier stärker wirksam wird. Besteht das Gleichlaufsystem aus mehr als zwei Wellenmaschinen unter Umständen verschiedener Größe, dann können auch mehrere Dämpfer — vor allem an den kleineren Maschinen — gleichzeitig vorgesehen werden.

Neben den stationären Drehzahlen sind beim Entwurf auch das Hochfahren und schnelle Drehzahländerungen zu berücksichtigen. Die elektrische Welle wird gewöhnlich im Stillstand synchronisiert, und erst dann werden die Antriebsmotoren eingeschaltet. Während des Hochfahrens müssen oft sehr erhebliche, weit über die Nennbelastung der elektrischen Welle hinausgehende Drehmomente zur Beschleunigung der Drehmassen übertragen werden. Es ist also darauf zu achten, daß während des Anfahrens die an den Wellenmotoren angreifenden Momente unterhalb der vom Kippmoment der elektrischen Welle gesetzten Grenze bleiben.

Bei Anbau starr gekuppelter zusätzlicher Drehmassen ist dieser Gesichtspunkt natürlich besonders zu beachten. Eine Ausnahme bildet die Drehmasse des Schwingungsdämpfers, die hierfür nicht zu berücksichtigen ist, weil sie dynamisch kaum in Erscheinung tritt. Sie kann auf die Gleichlaufgruppen mit keinem größeren als dem eingestellten Moment der Reibungskupplung einwirken. Bei schnellen Geschwindigkeitsänderungen wird sie nur allmählich bis zur endgültigen Drehzahl beschleunigt.

Gelegentlich kommt es vor, daß während des Hochfahrens einer Gleichlaufgruppe dynamisch instabile Drehzahlbereiche oder Resonanzen durchfahren werden müssen. Erfahrungsgemäß ist das nicht weiter gefährlich, wenn diese Bereiche möglichst rasch durchfahren werden, so daß sich größere Schwingungen aus Mangel an Zeit nicht ausbilden können. Die Hochfahrzeit sollte also so kurz gewählt werden, wie

mit Rücksicht auf die maximal übertragbaren Drehmomente der elektrischen Welle gerade noch zulässig ist.
Damit sind die Berechnungs- und Projektierungsunterlagen für die elektrische Ausgleichwelle mit parallel geschalteten Ständerwicklungen gegeben. Diese Schaltung wird zwar in der Praxis am häufigsten angewendet, doch hat auch die elektrische Ausgleichwelle mit hintereinander geschalteten Ständerwicklungen ihre Vorteile und ist daher von technischem Interesse.

5. Ausgleichs- und Ferndreherwelle in Reihenschaltung am Drehstromnetz

Will man zwei Schleifringläufermotoren als elektrische Welle betreiben, dann müssen ihre Ständerwicklungen an das gleiche Netz angeschlossen werden. Dabei ist es nicht nötig, daß die Ständerwicklungen parallel geschaltet sind. Ebenso gut kann man die Ständerwicklungen der Wellenmaschinen auch in Reihenschaltung ans Netz legen (Abb. 71). Die Reihenschaltung bei elektrischen Wellen wurde zuerst von

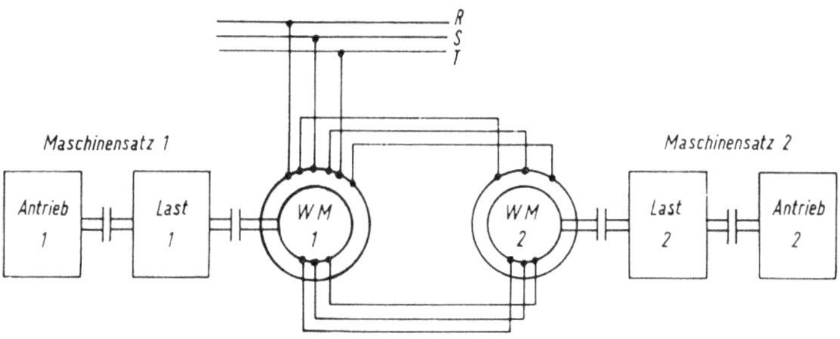

Abb. 71.
Elektrische Welle mit Reihenschaltung der Ständerwicklungen

Kovacs [43] vorgeschlagen und theoretisch untersucht. Es zeigt sich, daß mit dieser Anordnung günstige Eigenschaften erzielt werden, die für bestimmte Anwendungsfälle die Reihenschaltung vorteilhafter erscheinen lassen als die häufiger angewendete Parallelschaltung der Ständerwicklungen.

5.1 Ströme, Drehmomente und Leistungsfluß im stationären Betrieb

Eine Ermittlung des Strom- und Drehmomentverhaltens aus dem Kreisdiagramm des Asynchronmotors ist bei der Reihenschaltung auf einfache Weise nicht möglich, da die Ständerspannungen und damit der Fluß der Wellenmaschinen jetzt nicht mehr konstant sind,

sondern von der Belastung abhängen. Die Berechnung dieser Schaltung auf analytischem Wege [44] führt am schnellsten zum Ziel.
Die Spannungsgleichungen für den Ständer- und Läuferkreis lauten dann mit den Bezeichnungen nach Abb. 72 und unter der Voraus-

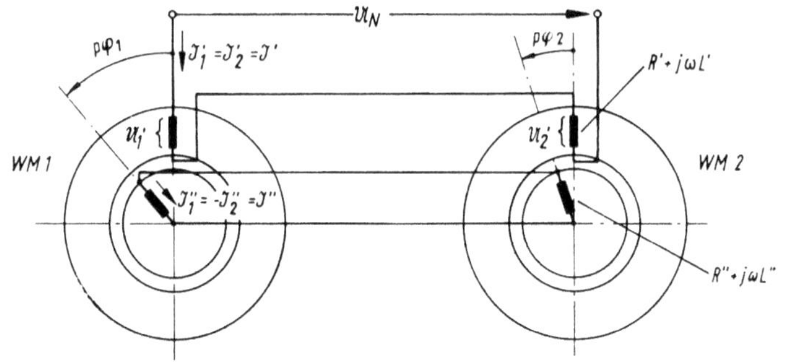

Abb. 72
Einphasiges Ersatzbild der dreiphasigen elektrischen Welle bei Reihenschaltung der Ständerwicklungen
$\mathfrak{U}_N$ = Klemmenspannung an den in Reihe geschalteten Strängen

setzung, daß zwei Maschinen gleicher Type zusammengeschaltet werden:

$$\mathfrak{J}' \cdot 2(R' + i\omega L') + \mathfrak{J}'' i\omega M(e^{+ip\varphi_1} - e^{+ip\varphi_2}) = \mathfrak{U}_N, \qquad (133)$$

$$\mathfrak{J}' is\omega M(e^{-ip\varphi_1} - e^{-ip\varphi_2}) + \mathfrak{J}'' 2(R'' + is\omega L'') = 0. \qquad (134)$$

Mit $\varphi = \varphi_1 - \varphi_2$ und den Abkürzungen α, β, σ nach Gl. (92) und mit $I_\mu = \dfrac{U_N}{2\omega L'}$ erhält man hieraus den Ständer- und Läuferstrom zu:

$$\mathfrak{J}' = I_\mu \frac{2(\beta + is)}{2(\alpha + i)(\beta + is) + s(1 - \sigma)(1 - \cos p\varphi)} \qquad (135)$$

und

$$\mathfrak{J}'' = I_\mu \frac{-is \dfrac{M}{L''}(e^{-ip\varphi_1} - e^{-ip\varphi_2})}{2(\alpha + i)(\beta + is) + s(1 - \sigma)(1 - \cos p\varphi)}. \qquad (136)$$

Die Stromortskurve des Ständerstromes nach Gl. (135) ist in Abhängigkeit vom elektrischen Verdrehungswinkel $p\varphi$ ein Kreis durch den Koordinatenanfangspunkt. Dieser Kreis ist ferner durch zwei ausgezeichnete Punkte festgelegt. Im Leerlauf der elektrischen Welle ($\varphi = 0$) ist der Primärstrom gleich dem Leerlaufstrom des Wellenmotors als Asynchronmotor bei Schlupf $s = 0$:

$$\mathfrak{J}'(\varphi=0) = \frac{I_\mu}{\alpha + i}\,. \tag{137}$$

Die Wellenmotoren werden dann natürlich für die halbe Netzspannung ausgelegt.

Bei Läuferverdrehung um $p\varphi = 180°$ elektrisch nehmen die Wellenmaschinen einen Strom auf, der dem Motorstrom bei dem Schlupf s entspricht:

$$\mathfrak{J}'(p\varphi=180°) = I_\mu \frac{\beta + is}{(\alpha\beta - s\sigma) + i(\beta + s\alpha)}\,. \tag{138}$$

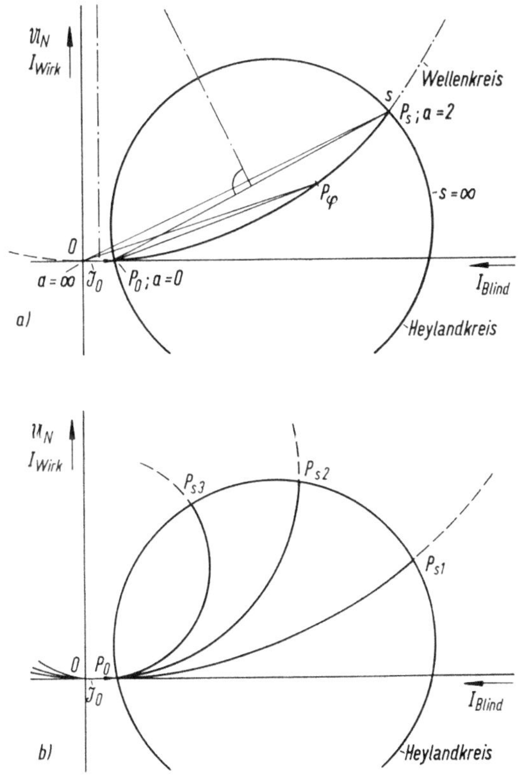

Abb. 73.
Stromortskurven der elektrischen Welle bei dr–Schaltung.
(dr–Schaltung = Ständerwicklungen *d*reiphasig in *R*eihe am Netz)
a) Zur Bezifferung des Wellenkreises
b) Ortskurven der Ständerströme bei verschiedenen Schlupfwerten

Der Wellenkreis bei Reihenschaltung (Abb. 73) ist also durch die beiden Punkte des Heylandkreises für Leerlauf ($s = 0$) und den Betriebsschlupf s bestimmt und ferner durch den Koordinatenanfangspunkt, da die Ortskurve des Nenners eine Gerade ist. Für alle reellen Werte von φ liegen die Ströme auf dem Kreisabschnitt des Wellenkreises, der im Innern des Heylandkreises liegt. Den außerhalb des Heylandkreises liegenden Abschnitten des Wellenkreises sind komplexe Werte von φ zugeordnet, die keine physikalische Bedeutung haben.

Die Bezifferung des Wellenkreises in $p\varphi$ erhält man am schnellsten mit Hilfe des aus der Theorie der Ortskurven [99] bekannten Doppelverhältnisses von je zwei Strecken. Dieses gestattet für jeden gewünschten Punkt der Ortskurve die Größe der Veränderlichen zu berechnen, wenn die Bezifferung für drei Punkte des Kreises vorliegt. Bekannt sind in diesem Falle die Punkte für $p\varphi = 0°$, $p\varphi = 180°$ und der Koordinatenursprung.

Da φ implizit in der Winkelfunktion vorkommt, führt man der besseren Übersichtlichkeit halber als Abkürzung ein:

$$1 - \cos p\varphi = a_\varphi, \tag{139}$$

Der Koordinatenursprung hat gemäß Gl. (135) den Wert $a = \infty$ so daß $p\varphi = 180°$ einem Wert $a = 2$, $\varphi = 0°$ dem Wert $a_\varphi = 0$ entspricht. Für einen beliebigen Punkt P_φ auf dem Wellenkreis ist das Doppelverhältnis zur Berechnung von a_φ nach Abb. 73a der Quotient aus den Strecken $\overline{P_\varphi P_0}$ und $\overline{P_\varphi 0}$, dividiert durch das Streckenverhältnis $\overline{P_s P_0}$ zu $\overline{P_s 0}$. Man kann also schreiben:

$$a_\varphi = K \frac{\overline{P_\varphi P_0}}{\overline{P_\varphi 0}} \tag{140}$$

mit

$$K = \frac{\overline{P_s 0}}{\overline{P_s P_0}} \tag{141}$$

und erhält aus a den gesuchten Winkel $p\varphi$ zu:

$$p\varphi = \arccos\,(1 - a_\varphi). \tag{142}$$

Wenn für die vorgesehenen Wellenmaschinen die Stromortskurve für Motorbetrieb, der Heylandkreis, mit seiner Bezifferung in s bekannt ist, kann der jedem Schlupfwert s zugehörige Wellenkreis leicht konstruiert werden. Der erste geometrische Ort für die Kreismittelpunkte aller Wellenkreise ist die Mittelsenkrechte auf der Strecke $\overline{OP_0}$, die dem Leerlaufstrom des Asynchronmotors entspricht. Die endgültige

Lage des Wellenkreismittelpunktes für jeden Schlupf s wird durch die Mittelsenkrechte der Strecke $\overline{P_s P_0}$ festgelegt (Abb. 73). Für eine Reihe von Schlupfwerten sind die Stromortskurven der Wellenmaschinen also eine Schar von Kreisen, deren Mittelpunkte auf einer Geraden — der Mittelsenkrechten von OP_0 — liegen.
Eine Bestimmung der Luftspaltleistungen und Drehmomente der elektrischen Welle aus Strecken des Kreisdiagrammes ist im vorliegenden Falle der Reihenschaltung nicht mehr möglich. Die hierzu notwendige Voraussetzung, daß die Spannung an den Ständerwicklungen konstant und damit die Leistungen proportional den entsprechenden Wirkstromkomponenten sind, wird von der Reihenschaltung nicht mehr erfüllt. Bei der elektrischen Welle mit parallelem Netzanschluß der Ständerwicklungen (dp-Schaltung) ändern sich die Leistungen und Drehmomente an jeder Wellenmaschine mit dem Betrag des Ständerstromes und mit seinem Phasenwinkel gegenüber der Netzspannung. Eine Drehmomentübertragung an der elektrischen Welle ist dort stets mit einer Phasendifferenz der Ständerströme verbunden.
Bei Reihenschaltung der Ständerwicklungen (dr-Schaltung) fließt in beiden Wellenmaschinen der gleiche Strom mit demgemäß unveränderter Phasenlage in Bezug auf die Netzspannung. Die Drehmomentübertragung von einer Maschine zur anderen kommt dadurch zustande, daß die Teilspannungen $\mathfrak{U}_1'$ und $\mathfrak{U}_2'$ an den beiden Wellenmaschinen verschiedene beträge und Phasenlagen haben. Ihre vektorielle Summe bleibt allerdings stets gleich der Netzspannung $\mathfrak{U}_N$. In Abb. 74

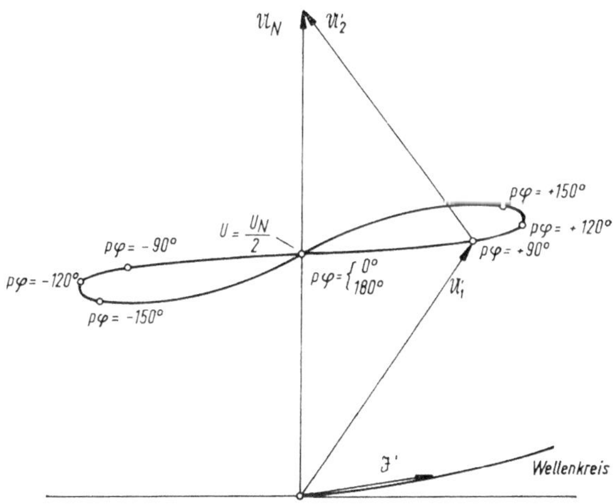

Abb. 74.
Abhängigkeit der Ständerspannungen $\mathfrak{U}_1$ und $\mathfrak{U}_2$ vom Verdrehungswinkel $p\varphi$ für Schlupf $s = 0{,}5$ bei dr–Schaltung

ist die Lage der Spannungsvektoren bei Belastung und die Ortskurve für Laständerungen dargestellt. Man sieht, daß die Teilspannungen nur bei Leerlauf gleich der halben Netzspannung sind und daß sie mit zunehmender Belastung erheblich ansteigen. Die Phasenlage der Strangspannungen $\mathfrak{U}_1'$ und $\mathfrak{U}_2'$ stellt sich derart ein, daß mit dem Ständerstrom $\mathfrak{J}'$ an der einen Maschine eine positive Leistung gebildet wird und an der anderen eine negative, wodurch der Energietransport und die Drehmomentübertragung der elektrischen Welle zustande kommen.
Die Drehmomente der Wellenmaschinen errechnet man daher zweckmäßig analytisch anhand der Leistungsbilanz. Die aufgenommene Leistung einer jeden Wellenmaschine ist:

$$P_\nu = 3\mathfrak{U}_\nu' \cdot \mathfrak{J}', \tag{143}$$

wobei der Punkt andeutet, daß das skalare Produkt von Strom und Spannung gemeint ist. Setzt man für die Ständerspannung z.B. der Maschine 1:

$$\mathfrak{U}_1' = (R' + i\omega L')\mathfrak{J}' + i\omega M \mathfrak{J}'' \mathrm{e}^{+ip\varphi_1}, \tag{144}$$

so ergibt sich durch Einsetzen in Gl. (143):

$$P_1 = \underbrace{3I'^2R'}_{P_{1\mathrm{V}}'} + \underbrace{3\omega M \mathrm{e}^{+ip\varphi_1} i\mathfrak{J}'' \cdot \mathfrak{J}'}_{P_{1\mathrm{D}}}, \tag{145}$$

Die Drehfeldleistung der Maschine 1 ist also:

$$P_{1\mathrm{D}} = 3\omega M \mathrm{e}^{+ip\varphi_1} i\mathfrak{J}'' \cdot \mathfrak{J}', \tag{146}$$

Durch Einsetzen der Ströme nach Gl. (135) und (136) erhält man daraus unter Berücksichtigung von Gl. (41) das Drehmoment zu:

$$M_1 = \frac{3}{4}\frac{p}{\omega} U I_\mu (1-\sigma) s \frac{\beta(1-\cos p\varphi) - s \cdot \sin p\varphi}{(s\alpha+\beta)^2 + [\alpha\beta - s + \frac{s}{2}(1-\sigma)(1-\cos p\varphi)]^2} \tag{147}$$

und in analoger Weise das Drehmoment der Wellenmaschine 2 zu:

$$M_2 = const \cdot s \frac{\beta(1-\cos p\varphi) + s \cdot \sin p\varphi}{(s\alpha+\beta)^2 + [\alpha\beta - s + \frac{s}{2}(1-\sigma)(1-\cos p\varphi)]^2} \tag{148}$$

wobei $const = \frac{3}{4}\frac{p}{\omega} U I_\mu (1-\sigma)$ ist.

Auch hier kann wieder zwischen dem synchronisierenden Drehmomentanteil:

$$M_{\nu\mathrm{Sy}} = +const \cdot s \frac{\mp s \cdot \sin p\varphi}{(s\alpha+\beta)^2+[\alpha\beta - s + \frac{s}{2}(1-\sigma)(1-\cos p\varphi)]^2} \tag{149}$$

der allein an der Drehmomentübertragung von einer Maschine zur anderen und damit am Aufrechterhalten des Synchronismus beteiligt ist und einem zweiten, an beiden Wellenmaschinen im gleichen Drehsinne wirksamen Antriebsmoment unterschieden werden.
Der asynchrone Drehmomentanteil $M_{\nu\mathrm{As}}$ hat die Größe:

$$M_{\nu\mathrm{As}} = +const \cdot s \frac{\beta(1-\cos p\varphi)}{(s\alpha+\beta)^2+[\alpha\beta - s + \frac{s}{2}(1-\sigma)(1-\cos p\varphi)]^2}. \tag{150}$$

In Abb. 75 ist als Beispiel der Verlauf des Gesamtdrehmomentes und der Momentanteile abhängig vom Verdrehungswinkel $p\varphi$ dargestellt

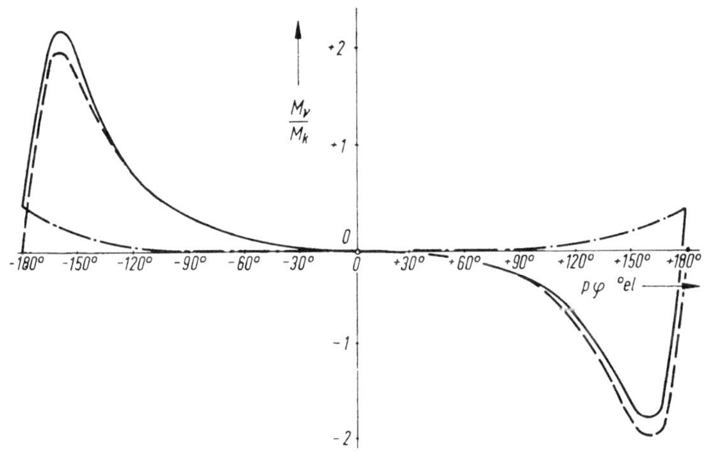

Abb. 75.
Drehmomente der elektrischen Welle bei dr–Schaltung
——— Gesamtdrehmoment
— — — — synchronisierender Momentanteil
—— · —— · asynchroner Momentanteil

(5 kW-Maschinen, $s = 1$). Die Momentenkennlinie verläuft hier keineswegs mehr sinusförmig. Sie ist vielmehr zunächst in einem großen

Winkelbereich sehr flach. Erst bei Winkelverdrehungen größer als 90 °el nimmt ihre Steilheit sehr stark zu. Sie erreicht kurz vor dem Kippmoment sehr hohe Werte. Eine elektrische Welle in dr-Schaltung verhält sich also bei relativ geringer Belastung sehr weich — schon kleine Laständerungen haben große Winkellageänderungen zur Folge —, sie wird aber bei größerer Belastung allmählich immer härter. Die Kippmomente sind bei dieser Schaltung sehr hoch und erreichen fast das dreifache des Kippmomentes der Gleichlaufmaschinen im normalen Motorbetrieb. Das ist darauf zurückzuführen, daß wegen des Ausknickens der Ständerspannungen bei Belastung (vgl. Abb. 74) die Wellenmaschinen stärker magnetisiert werden und daher höhere Drehmomente erzeugen können. Die hohen Kippmomente dieser Schaltung können bei stoßartiger Belastung von großem Nutzen sein. Als Folge der höheren Magnetisierung wird jedoch das Eisen der Maschine stärker gesättigt, wobei gleichzeitig die Verluste zunehmen. Daher muß, wenn hohe Lastmomente im Dauerbetrieb übertragen werden sollen, die magnetische Beanspruchung im Leerlauf niedriger als normal vorgesehen werden, womit natürlich auch wieder die Kippmomente der elektrischen Welle sinken. Sie sind jedoch auch dann noch höher als die bei dp-Schaltung erreichbaren Kippmomente (vgl. Abb. 43).
Bemerkenswert ist ferner der Verlauf und die Größe des asynchronen Drehmomentanteils. Er ist hier absolut genommen kleiner als bei dp-Schaltung und tritt nur in unmittelbarer Umgebung der Oppositionsstellung ($p\varphi = 180°$) in beachtlicher Größe in Erscheinung. Der „Unsymmetriegrad" der Momente, also der Unterschied zwischen den positiven und negativen Drehmomenten, ist relativ klein, so daß sich z.B. das übertragbare Drehmoment und die Überlastbarkeit einer Ferndreherwelle bei den Betriebsarten mit dem Drehfeld und gegen das Drehfeld nur wenig unterscheiden.
Die Vorteile der elektrischen Welle in dr-Schaltung sind hauptsächlich die gegenüber allen anderen Schaltungen erzielbaren höheren Kippmomente und das günstige thermische Verhalten! Denn während bei der dp-Schaltung mit sinkender Belastung nur die Verluste in den Wicklungen abnehmnen und die Eisenverluste konstant bleiben, sind bei der dr-Schaltung auch die Einsenverluste lastabhängig. Sie sind im Leerlauf verhältnismäßig klein und steigen erst bei Belastung entsprechend der wachsenden Magnetisierung an. Dies wirkt sich bei elektrischen Wellen mit zeitlich schwankender Belastung besonders vorteilhaft aus.

Das Drehmomentverhalten abhängig vom Schlupf ist bei der Reihenschaltung ähnlich dem in Abschn. 4.1 für die Parallelschaltung beschriebenen. Bei Annäherung an die synchrone Drehzahl verschwinden auch hier alle Drehmomente. In Abb. 76 ist der Verlauf der Kipp-

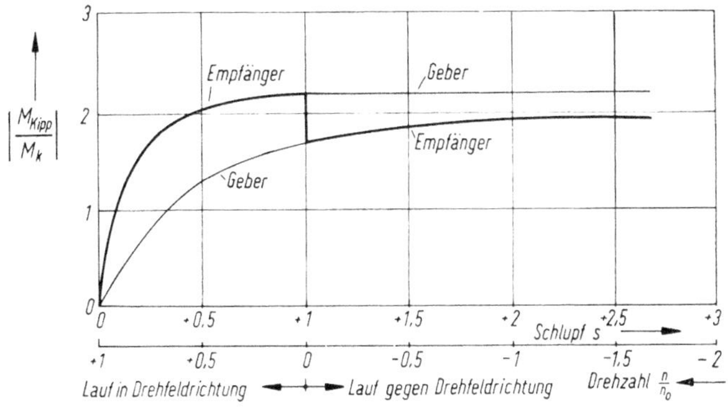

Abb. 76.
Drehzahlabhängigkeit der Kippmomente M_{kipp} bei einer elektrischen Welle mit dr–Schaltung
Bei geschwächtem Feld ist M_k das der gewählten Leerlaufmagnetisierung entsprechende Motorkippmoment
n_0 = Drehzahl des Drehfeldes

momente über dem Schlupf s bzw. dem Drehzahlverhältnis $\frac{n}{n_0}$ (n_0 = = Drehzahl des Drehfeldes) dargestellt. Ein Vergleich mit den entsprechenden Kurven für die Parallelschaltung in Abb. 28 macht noch einmal den geringeren Einfluß des asynchronen Drehmomentanteils deutlich, der sich in dem wesentlich kleineren Unterschied zwischen Geber- und Empfängermoment zeigt. Außerdem ist der Anstieg der Kippmomente mit zunehmenden Schlupfwerten von $s = 0$ aus bei dr-Schaltung steiler, so daß u.U.im Betrieb eine etwas größere Annäherung an die synchrone Drehzahl zugelassen werden kann.
Für den Energiefluß zwischen den Wellenmaschinen und vom Netz her treffen die bei der Behandlung der dp-Schaltung gemachten Ausführungen (Kap. 4.1) auch „sinngemäß" zu. Desgleichen gelten die Flußbilder für den Energietransport nach Abb. 4.4 und 4.5 ohne Einschränkung für die Reihenschaltung.

5.2 Dynamische Stabilität

Bei der Untersuchung der dynamischen Stabilität für die dp-Schaltung wurden einleitend allgemeine Feststellungen über das Wesen der dynamischen Bewegungsvorgänge getroffen, die unabhängig von der Art der Schaltung für jede elektrische Welle gelten. Ebenso kann bei Beschränkung auf die linearen Glieder das Drehmoment jeder Wellenmaschine bei beliebiger Schaltung in der Form der Gl. (85) angeschrieben werden, wenn außer den stationären Drehmomenten die Feder-

und Dämpfungsfaktoren für die betreffende Ständerschaltung angegeben werden können. Vor der eigentlichen Stabilitätsbetrachtung gilt es daher zunächst, die *c*- und *d*-Koeffizienten zu bestimmen.
Man geht hier bei der Berechnung der Ströme und Drehmomente [45] in ähnlicher Weise vor wie bei der Behandlung der dp-Schaltung in Abschn. 4.3. Die verwendeten Bezeichnungen für die Ströme und Frequenzen sind in dem den Spannungsgleichungen zu Grunde liegenden Ersatzbild in Abb. 77 eingetragen!

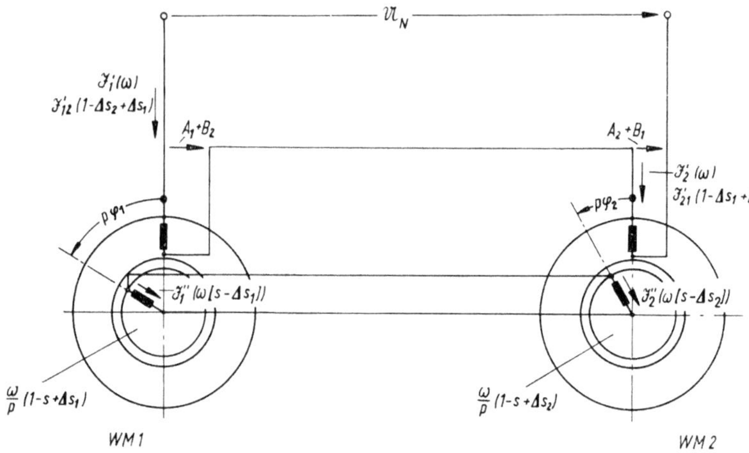

Abb. 77.
Einphasiges Ersatzbild der pendelnden elektrischen Welle bei dr–Schaltung

Wir stellen zunächst die Spannungsgleichungen bei Speisung der Wellenmaschine 1 mit einer willkürlichen Spannung A_1 auf, während an dem betrachteten Strang der Maschine 2 die Spannung B_1 herrschen möge. Diese lauten:

$$A_1 = (R' + i\omega L') \cdot \mathfrak{J}_1' + i\omega M \mathfrak{J}_1'' e^{+ip\varphi_1} \tag{151}$$

$$0 = i\omega(s - \Delta s_1) M \mathfrak{J}_1' e^{-ip\varphi_1} + \\ + 2[R'' + i\omega(s - \Delta s_1) L''] \mathfrak{J}_1'' - i\omega(s - \Delta s_1) M \mathfrak{J}_{21}' e^{-ip\varphi_2} \tag{152}$$

$$B_1 = -i\omega(1 - \Delta s_1 + \Delta s_2) M \mathfrak{J}_1'' e^{+ip\varphi_2} + [R' + i\omega(1 - \Delta s_1 + \Delta s_2) L'] \mathfrak{J}_{21}' \tag{153}$$

Bei Speisung der Maschine 2 möge die Klemmenspannung an Maschine 2 gleich A_2 und die Spannung an Maschine 1 gleich B_2 sein. Dann wird;

$$A_2 = (R' + i\omega L') \mathfrak{J}_2' + i\omega M \mathfrak{J}_2'' e^{+ip\varphi_2} \tag{154}$$

$$0 = i\omega(s-\Delta s_2)M\mathfrak{J}_2'e^{-ip\varphi_2}+$$

$$+2[R''+i\omega(s-\Delta s_2)L'']\mathfrak{J}_2''-i\omega(s-\Delta s_2)M\mathfrak{J}_{12}'e^{-ip\varphi_1} \quad (155)$$

$$B_2 = -i\omega(1-\Delta s_2+\Delta s_1)M\mathfrak{J}_2''e^{+ip\varphi_1}+[R'+i\omega(1-\Delta s_2+\Delta s_1)L']\mathfrak{J}_{12}'. \quad (156)$$

Die Ausdrücke B enthalten Spannungen mit Grundfrequenz und eine Fremdfrequenz $\omega(\Delta s_1-\Delta s_2)$.

Setzen wir auch hier wieder — wie schon früher begründet wurde — $1-\Delta s_1+\Delta s_2 \approx 1-\Delta s_2+\Delta s_1 \approx 1$, dann gehen die Gl. (153) und (156) über in:

$$B_1 = -i\omega M\mathfrak{J}_1''e^{+ip\varphi_2}+(R'+i\omega L')\mathfrak{J}_{21}' \quad (153a)$$

$$B_2 = -i\omega M\mathfrak{J}_2''e^{+ip\varphi_1}+(R+i\omega L')\mathfrak{J}_{12}'. \quad (156a)$$

Man überlagert nun beide Einspeisungen und berücksichtigt dabei folgende durch die Zusammenschaltung der Wellenmaschinen gegebenen Zusammenhänge:

$$A_1+B_2+A_2+B_1 = \mathfrak{U}_N \quad (157)$$

$$\mathfrak{J}_1'+\mathfrak{J}_{12}' = \mathfrak{J}_2'+\mathfrak{J}_{21}' = \mathfrak{J}' \quad (158)$$

$$\mathfrak{J}_{21}' = -\mathfrak{J}_{12}'e^{-ip(\varphi_1-\varphi_2)} \quad (159a)$$

$$\mathfrak{J}_{12}' = -\mathfrak{J}_{21}e^{+ip(\varphi_1-\varphi_2)} \quad (159b)$$

$$\mathfrak{J}_1''-\mathfrak{J}_2'' = \mathfrak{J}''. \quad (160)$$

Die sechs Gln. (151) bis (156) schrumpfen damit auf die folgenden drei zusammen:

$$\mathfrak{U}_N = 2(R'+i\omega L')\mathfrak{J}'+i\omega M\mathfrak{J}''(e^{+ip\varphi_1}-e^{+ip\varphi_2}) \quad (161)$$

$$0 = i\omega(s-\Delta s_1)M\mathfrak{J}'e^{-ip\varphi_1}+2[R''+i\omega(s-\Delta s_1)L'']\mathfrak{J}_1'' \quad (162)$$

$$0 = i\omega(s-\Delta s_2)M\mathfrak{J}'e^{-ip\varphi_2}+2[R''+i\omega(s-\Delta s_2)L'']\mathfrak{J}_2''. \quad (163)$$

Aus den Gln. (160) bis (163) können der gesamte Ständerstrom $\mathfrak{J}'$ und der Läuferstrom $\mathfrak{J}''$ direkt berechnet werden. Nach Trennung der stationären und der von den Pendelschlüpfen Δs_ν abhängigen Anteile durch Reihenentwicklung erhält man die Stromgleichungen, die zur Berechnung der Drehfeldleistungen nach Gl. (146) bzw. der Drehmomente selbst, Gl. (41), benötigt werden. Die Drehmomente setzen sich aus jeweils drei Komponenten zusammen: Dem stationären Anteil, der Gl. (147) oder (148) entspricht, einem vom Pendelschlupf Δs_1 und einem weiteren vom Pendelschlupf Δs_2 der zweiten Maschine abhängigen Momentanteil.

Durch Differentiation des stationären Drehmomentes, z.B. nach Gl. (147) und (148), ergeben sich die Drehfedersteifen zu:

$$c_{11} = -c_{12} = c_1 = -const \frac{p \cdot s}{D^2} \Bigg[\Big\{ [\alpha\beta - s + \frac{s}{2}(1-\sigma)(1-\cos p\varphi)]^2 +$$

$$+ (\alpha s + \beta)^2 \Big\} (\beta \sin p\varphi - s \cos p\varphi) -$$

$$[\alpha\beta - s + \frac{s}{2}(1-\sigma)(1-\cos p\varphi)]\,[\beta(1-\cos p\varphi) - s \sin p\varphi] s (1-\sigma) \sin p\varphi \Bigg] \tag{164}$$

und

$$c_{22} = -c_{21} = c_2 = -const \frac{p \cdot s}{D^2} \Bigg[- \Big\{ [\alpha\beta - s + \frac{s}{2}(1-\sigma)(1-\cos p\varphi)]^2 +$$

$$+ (\alpha s + \beta)^2 \Big\} (\beta \sin p\varphi + s \cos p\varphi) +$$

$$[\alpha\beta - s + \frac{s}{2}(1-\sigma)(1-\cos p\varphi)]\,[\beta(1-\cos p\varphi) + s \sin p\varphi] s (1-\sigma) \sin p\varphi \Bigg] \tag{165}$$

und die Dämpfungskoeffizienten zu:

$$d_{11} = -const \frac{p\beta}{\omega D^2} \Bigg[(\alpha s - \beta)(\alpha s + \beta) - (\alpha\beta + s)[\alpha\beta - s + \frac{s}{2}(1-\sigma)(1-\cos p\varphi)] -$$

$$- \frac{s}{2}(1-\sigma)[\alpha\beta - s + \frac{s}{2}(1-\sigma)(1-\cos p\varphi)](1-\cos p\varphi)\cos p\varphi +$$

$$+ \frac{s}{2}(1-\sigma)(\alpha s + \beta)(1-\cos p\varphi)\sin p\varphi \Bigg]. \tag{166}$$

$$d_{22} = -const \frac{p\beta}{\omega D^2} \Bigg[(\alpha s - \beta)(\alpha s + \beta) - (\alpha\beta + s)[\alpha\beta - s + \frac{s}{2}(1-\sigma)(1-\cos p\varphi)] -$$

$$- \frac{s}{2}(1-\sigma)[\alpha\beta - s + \frac{s}{2}(1-\sigma)(1-\cos p\varphi)](1-\cos p\varphi)\cos p\varphi -$$

$$- \frac{s}{2}(1-\sigma)(\alpha s + \beta)(1-\cos p\varphi)\sin p\varphi \Bigg] \tag{167}$$

$$d_{12} = -const \frac{p\,\beta}{\omega D^2}\Bigg[\frac{s}{2}(1-\sigma)\,[\alpha\beta - s + \frac{s}{2}(1-\sigma)(1-\cos p\varphi)] +$$

$$+\Big\{[\alpha\beta + \frac{s}{2}(1+\sigma)]\,[\alpha\beta - s + \frac{s}{2}(1-\sigma)(1-\cos p\varphi)] -$$

$$-(\alpha s - \beta)(\alpha s + \beta)\Big\}\cos p\varphi + \Big\{(\alpha s - \beta)[\alpha\beta - s + \frac{s}{2}(1-\sigma)(1-\cos p\varphi)] +$$

$$+(\alpha\beta + s)(\alpha s + \beta)\Big\}\sin p\varphi\Bigg] \tag{168}$$

$$d_{21} = -const \frac{p\beta}{\omega D^2}\Bigg[\frac{s}{2}(1-\sigma)[\alpha\beta - s + \frac{s}{2}(1-\sigma)(1-\cos p\varphi)] +$$

$$+\Big\{[\alpha\beta + \frac{s}{2}(1+\sigma)][\alpha\beta - s + \frac{s}{2}(1-\sigma)(1-\cos p\varphi)] -$$

$$-(\alpha s - \beta)(\alpha s + \beta)\Big\}\cos p\varphi - \Big\{(\alpha s - \beta)\,[\alpha\beta - s + \frac{s}{2}(1-\sigma)(1-\cos p\varphi)] +$$

$$+(\alpha\beta + s)(\alpha s + \beta)\Big\}\sin p\varphi\Bigg] \tag{169}$$

mit den Abkürzungen:

$$const = \frac{3}{4}\,\frac{p}{\omega}\,U I_\mu (1-\sigma)$$

und

$$D = \left[\alpha\beta - s + \frac{s}{2}(1-\sigma)(1-\cos p\varphi)\right]^2 + (\alpha s + \beta)^2. \tag{170}$$

Wir untersuchen das Stabilitätsproblem bei den wichtigsten Sonderfällen und betrachten zunächst wieder die *unbelastete* elektrische Welle. Mit $\varphi = 0$ vereinfachen sich die c- und d-Koeffizienten zu:

$$c_{11} = c_{22} = c = const\; p\, s \frac{s}{(1+\alpha^2)(\beta^2 + s^2)} \tag{171}$$

und:

$$d_{11} = -d_{12} = d_{22} = -d_{21} = d = const \frac{p\,\beta}{\omega}\;\frac{\beta^2 - s^2}{(1+\alpha^2)(\beta^2 + s^2)^2}. \tag{172}$$

Die in Abschnitt 3.12 für dieses System abgeleiteten Stabilitätsbedingungen verlangen für statische und dynamische Stabilität $c > 0$ und $d > 0$. Die erste Forderung $c > 0$ ist nach Gl. (171) stets erfüllt, die zweite für dynamische Stabilität, jedoch nur für:

$$|s| < \beta \tag{173}$$

Der Verlauf des Dämpfungsfaktors bei Leerlauf $d = const \frac{p\,\beta}{\omega} f(s)$ nach Gl. (172) ist in Form der Funktion $f(s)$ über dem Schlupf s in Abb. 78 für $\alpha = \beta = 0{,}01$ und $\alpha = \beta = 0{,}05$ dargestellt (starke Linien).

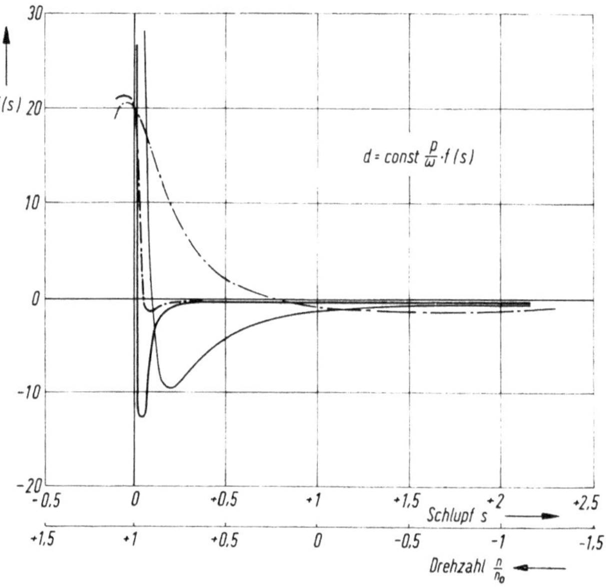

Abb. 78.
Drehzahlabhängigkeit des Dämpfungsfaktors d für eine unbelastete elektrische Welle bei dr– oder dp–Schaltung
Durchgezogene Linien — $\alpha = \beta = 0{,}01$; $\sigma = 0{,}1$
Unterbrochene Linien — $\alpha = \beta = 0{,}05$; $\sigma = 0{,}1$
Starke Linien — dr-Schaltung
Schwache Linien — dp-Schaltung

Die Kurven nehmen grundsätzlich einen ähnlichen Verlauf wie die entsprechenden Funktionen für den Dämpfungsfaktor der dp-Schaltung nach Abb. 56, die ebenfalls in Abb. 78 als dünne Linien mit eingetragen sind. Bemerkenswert ist jedoch, daß das sehr ausgeprägte

Minimum schon bei sehr kleinen Schlupfwerten durchlaufen wird. Die Kurven schmiegen sich dann sehr schnell und eng der Nullinie an. Im normalen Arbeitsbereich der elektrischen Welle $s > 0{,}2$ ist die Dämpfung — außer bei sehr großen Läuferwiderständen ($\beta > 0{,}05$) — zwar stets negativ, aber von nur sehr geringem Betrage.
Durch Differentiation des Dämpfungsfaktors d von Gl. (172) nach dem Schlupf s findet man leicht das Minimum der Dämpfung bei:

$$\bar{s} = \sqrt{3}\,\beta \tag{174}$$

zu:

$$\bar{d} = -\,const \frac{p}{\omega} \frac{1}{8\beta} \frac{1}{1+\alpha^2} \tag{175}$$

oder mit Einführung des Motorkippmomentes M_k nach Gl. (117a) für den Fall $\alpha = 0$ unter Berücksichtigung dessen, daß die Maschinenspannung bei Reihenschaltung gleich der halben Klemmenspannung U ist (Abb. 77)

$$\bar{d} = -\frac{p}{\omega} \frac{M_k}{8 s_k}. \tag{175a}$$

Ein Vergleich mit der entsprechenden Gl. (116a) für die dp-Schaltung zeigt, daß das Minimum bei beiden Schaltungen den gleichen Betrag hat. Bei der dr-Schaltung tritt es jedoch schon bei dem sehr kleinen Schlupf $\bar{s} = \sqrt{3}\beta$ auf, während es sich bei dp-Schaltung erst bei $\bar{s} = \sqrt{3} s_k = \sqrt{3}\,\frac{\beta}{\sigma}$ einstellt, also in einem Bereich, der vor allem bei Wellenmaschinen mittlerer und kleinerer Leistung oft in den normalen Betriebsbereich der elektrischen Welle fallen kann. Bemerkenwert ist ferner, daß die Streuung σ der Wellenmaschinen in den Formeln für die Dämpfung der Reihenschaltung nicht enthalten ist. Der Grund liegt darin, daß die Läuferströme die Maschinen zunächst quer zum Hauptfeld magnetisieren, so daß für sie die Hauptreaktanzen und nicht die Streureaktanzen maßgebend sind.
Das Einschalten von Dämpfungswiderständen ist bei einer elektrischen Welle mit Reihenschaltung der Ständerwicklung offenbar ein wenig wirksames Mittel zur Verbesserung der Dämpfung. Im Ständerkreis sind Zusatzwiderstände für die Dämpfung praktisch unwirksam. Aber auch im Läuferkreis müßten ausreichende Widerstände so groß bemessen werden, daß sie mit Rücksicht auf das stationäre Betriebsverhalten untragbar sind. Das Aufstellen von Stabilitätskarten erübrigt sich daher bei dr-Schaltung. Der Nulldurchgang der Dämpfung ergibt sich leicht aus Gl. (173).

Das Verhalten der *belasteten* elektrischen Welle läßt sich durch Untersuchung einiger Sonderfälle weitgehend überblicken. Ist wenigstens an einer Seite der Gleichlaufanordnung die gesamte Drehmasse relativ groß, dann fordern die Stabilitätsbedingungen nach Abschnitt 3.13 einen positiven Dämpfungsfaktor an der mit den kleineren Schwungmassen gekuppelten Wellenmaschine.
Bei $\Theta_1 \gg \Theta_2$ ist dynamische Stabilität gegeben durch:

$$d_{22} > 0, \tag{176}$$

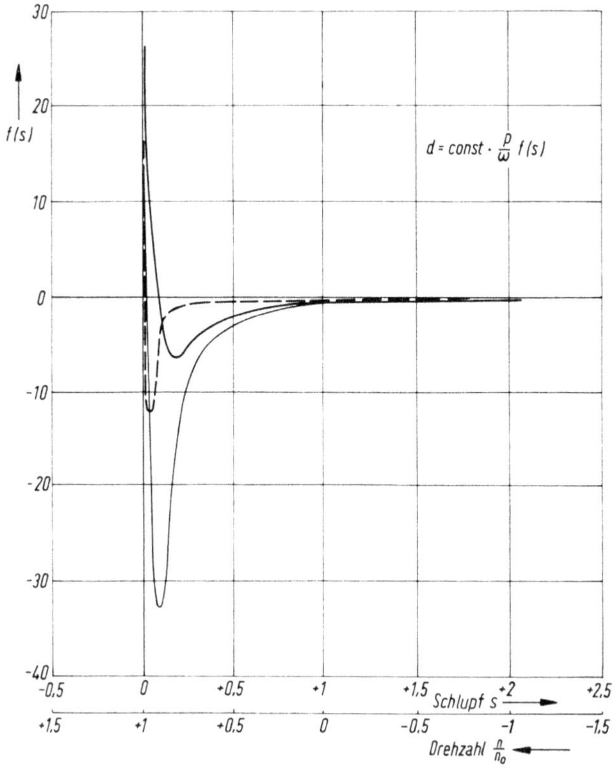

Abb. 79
Drehzahlabhängigkeit des wirksamen Dämpfungsfaktors der belasteten elektrischen Welle bei dr-Schaltung
Unterbrochene Linie — unbelastete Welle ($\varphi = 0$)
Dünn gezogene Linie — belastete Welle bei großen Schwungmassen $p\varphi = \pm 150°$el; $\Theta_1 \approx \Theta_2$; relativ groß
Stark durchgezogene Linie—belastete Welle bei sehr ungleichen Schwungmassen $p\varphi = -150\,°\mathrm{el}_2$, $\Theta_1 \gg \Theta_2$

wobei d_{22} nach Gl. (169) zu bestimmen ist. Eine nähere Untersuchung dieser Bedingung zeigt, daß die zunächst sehr kleine Zone mit positiver Dämpfung in unmittelbarer Nähe des Synchronpunktes $s = 0$ bei zunenhmender Belastung etwas größer wird, während sich gleichzeitig das Minimum des Dämpfungsfaktors zu größeren Schlupfwerten hin verlagert. In Abb. 79 ist abhängig vom Schlupf s der Verlauf des Dämpfungsfaktors als Funktion $f(s) \sim d$ bei einem Belastungswinkel $p\varphi = -150^\circ$ gezeigt (stark ausgezogene Linie). Zum Vergleich ist auch die Kurve der unbelasteten elektrischen Welle mit eingetragen (unterbrochene Linie). Die Verlagerung der Zone mit großer negativer Dämpfung zu größeren Schlupfwerten hin bei zunehmender Belastung muß als Nachteil gewertet werden, da hierdurch auch im normalen Betriebsbereich des Gleichlaufsystems stärkere Schwingungsanfachungen wirksam werden. Das Einschalten von Dämpfungswiderständen führt bei belasteter Welle zwar schneller zu einem größeren dynamisch stabilen Bereich, wie die als Beispiel für $\sigma = 0{,}1$ und Schlupf $s = 0{,}5$ in Abb. 80 dargestellte

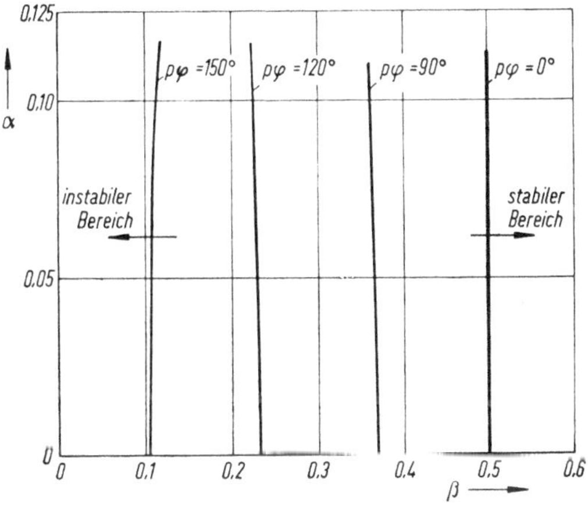

Abb. 80.
Stabilitätskarte einer elektrischen Welle bei dr-Schaltung und Schlupf $s = 0{,}5$, Streufaktor $\sigma = 0{,}1$; $\Theta_1 = \Theta_2$ relativ groß

Stabilitätskarte zeigt, aber die Widerstände müßten selbst unter dieser gegenüber Leerlauf abgeschwächten Forderung außerordentlich groß bemessen werden, so daß diese Maßnahme praktisch unbrauchbar ist.

In Abb. 79 ist als dritte Kurve (dünne Linie) der Verlauf des Dämpfungsfaktors beim Lastwinkel $p\varphi = \pm 150^\circ$ für den Fall eingetragen, daß beide Schwungmassen relativ groß sind. Unter dieser Voraussetzung ergibt sich die Stabilitätsbedingung:

$$d_{11}+d_{22} > 0. \tag{177}$$

Aus dieser Gleichung erhält man — wie Abb. 79 zeigt — noch wesentlich niedrigere Werte der Dämpfung als bei den zuvor betrachteten Sonderfällen.

Die Pendelungen der elektrischen Welle wurden hier, wie bei der Parallelschaltung im vorigen Kap. 4.1, als Schwingungen eines Systems mit linearer Federkennlinie behandelt. Diese Voraussetzung trifft bei der dp-Schaltung im normalen Arbeitsbereich von ca. $-45°$ el $\leqq p\varphi \leqq +45°$ el. weitgehend zu (vgl. Abb. 43). Bei der dr-Schaltung nimmt die Momentencharakteristik jedoch einen völlig anders gearteten Verlauf (Abb. 75), der diese Voraussetzung nur bedingt erfüllt. Im Leerlauf liegt bei Pendelungen um die Nullage ein linearer Schwinger im Winkelbereich bis etwa $p\varphi = \pm 90°$ vor. Mit weiter wachsender Amplitude wird die Drehsteife sehr schnell größer. Dadurch tritt während des Schwingungsvorgangs eine stetige Änderung der Eigenfrequenz ein. Das Schwingungssystem wird zu einem nichtlinearen Schwinger mit überlinearer Federkennlinie. Damit treten neben der Grundfrequenz auch Oberschwingungen auf, die den Bewegungsablauf empfindlich stören und praktisch zu einer Amplitudenbegrenzung an der steilen Flanke der Drehmomentkennlinie führen.

Die nichtlineare Federkennlinie kann sich besonders bei fremderregten Schwingungen günstig für das dynamische Verhalten auswirken. Als Folge der fortwährenden Veränderung der Eigenfrequenz gibt es hier keine ausgeprägte Resonanz wie beim linearen Schwinger. Ein allmähliches Aufschaukeln der Schwingung bis zu großen Amplituden ist daher bei dieser Schaltung weit weniger zu befürchten.

5.3 Richtlinien für die Projektierung

Die elektrische Welle mit Reihenschaltung der Ständerwicklungen scheint auf den ersten Blick gegenüber der Parallelschaltung Nachteile zu haben. So kann man z.B. den größeren Verdrehungswinkel bei Belastung als einen solchen Nachteil empfinden. Auch ist nicht zu verkennen, daß diese Schaltung, die Richtlinien für ihre Wicklungsauslegung und ihr Betriebsverhalten nicht so allgemein bekannt sind: Dies mag der Grund sein, daß die Reihenschaltung auch in Anlagen, wo ihre Vorteile ausgenutzt werden könnten, bisher noch wenig Eingang gefunden hat.

Die Auslegung und Bemessung der Wellenmaschinen fußt auf den in Kap. 4.3 erläuterten Angaben. In den folgenden Fällen ist die dr-Schaltung besonders geeignet:

1. Zur Übertragung stark schwankender Drehmomente. Hohe, nur kurzzeitig auftretende Momentspitzen können bei kleiner Baugröße der Wellenmaschinen unter Ausnutzung des hohen Kippmomentes der Schaltung zugelassen werden.
2. Als Ausgleichswelle an Antriebsgruppen, die außer über die elektrische Welle noch mechanisch miteinander gekuppelt sind. Durch den sehr flachen Verlauf ihrer Drehmomentkennlinie werden unnötige Verspannungen der mechanischen Bauelemente vermieden (z.B. bei Fahrantriebsen von Kranen und Wehren, oder bei zusätzlicher Kupplung der Antriebe über Getriebe [36]).
3. Äußere Pendelmomente bei veränderlicher oder unkontrollierbarer Frequenz führen bei dr-Schaltung weniger leicht zu Betriebsstörungen als bei anderen Schaltungen.

Die Wicklungsauslegung der Wellenmaschinen muß sich nach der erforderlichen Höhe des Kippmomentes der elektrischen Welle und nach thermischen Gesichtspunkten richten. Bei Fremdkühlung der Wellenmaschinen oder bei kurzzeitiger Belastung kann die Wicklung so bemessen werden, daß bei unbelasteter Welle der magnetische Fluß etwa 80% des Wertes bei normalem Motorbetrieb beträgt. Bei Maschinen mit Eigenlüftung muß bei niedrigen Betriebsdrehzahlen auf das Ansteigen der Eisenverluste bei Belastung Rücksicht genommen werden. Ist z.B. in einem weiten Drehzahlbereich (n_{max}/n_{min}' $\approx$ 1 : 10) ein konstantes Drehmoment zu übertragen, dann kann sogar eine Herabsetzung des Flusses auf einen Wert von etwa 65% zweckmäßig sein.

Die Schaltung der Ständerwicklungen in Stern- oder Dreieck (Abb. 27) ist für das Betriebsverhalten der elektrischen Welle ohne Belang. Man wählt jedoch meistens die Sternschaltung, da bei Dreieckschaltung drei zusätzliche Verbindungsleitungen zwischen den Wellenmachinen benötigt werden.

Eine elektrische Welle, die zunächst für dp-Schaltung vorgesehen war, kann ohne Wicklungsänderung in dr-Schaltung angeschlossen werden, wenn die Wellenmaschine ursprünglich für Stern-Schaltung vorgesehen war. Man erhält nämlich günstige Magnetisierungsverhältnisse, wenn beim Übergang zur dr-Schaltung die Wicklungen in diesem Falle im Dreieck miteinander verbunden werden.

In der Wahl der Drehrichtung hat man bei der dr-Schaltung eine größere Freiheit, weil der die Unsymmetrie der Drehmomentkennlinie verursachende asynchrone Drehmomentanteil bei ihr wesentlich kleiner ist. Bei Lauf in Richtung des Drehfeldes ist jedoch auch hier wieder die Abnahme der übertragbaren Momente bei Annäherung an die synchrone Drehzahl zu beachten (Abb. 76), so daß bei Ausgleichs- und bei Ferndreherwellen mit großem Drehzahlbereich die Drehrichtung besser gegen das Drehfeld vorgesehen wird.

Die Berechnung einer elektrischen Welle und die Auswahl der Typengröße der Wellenmotoren darf ausschließlich nach den Gesichtspunkten des stationären Betriebes erfolgen. Schwierigkeiten infolge selbsterregter Pendelungen sind nur im Leerlauf zu erwarten. Doch werden die Schwingungsamplituden i.a. durch den steilen Anstieg der Drehmomentkennlinie bei größeren Winkeln begrenzt. Bei Belastung der elektrischen Welle in der dr-Schaltung kommen selbsterregte Pendelungen selten vor, da die Belastungsmachinen selbst meist schon eine starke positive Dämpfung darstellen und damit größere Schwingungen verhindern. Lediglich bei starken äußeren Pendelmomenten sind Störungen zu befürchten. In solchen Fällen gibt es nur die Möglichkeit, die Stabilität durch Anbau eines mechanischen Schwingungsdämpfers zu verbessern, da zusätzliche elektrische Dämpfungsmittel (Läufer- oder Ständer-Zusatzwiderstände) bei der dr-Schaltung nicht genügend wirksam sind. Man sollte daher sicherheitshalber die für eine elektrische Welle vorgesehenen Asynchronmaschinen nach Möglichkeit immer — unabhängig von der vorgesehenen Schaltung — mit einem zweiten freien Wellendende versehen, damit im Bedarfsfalle Zusatzschwungmassen oder mechanische Dämpfer leicht angebaut werden können.

6. Ausgleichs- und Ferndreherwellen mit unsymmetrischem Netzanschluß

Zur Aufrechterhaltung eines synchronen Laufes zwischen mehreren als elektrische Welle arbeitenden Maschinen müssen in ihnen Felder erzeugt werden, die in den Läuferwicklungen bei jeder beliebigen Drehzahl Spannungen von gleicher Größe, Phasenlage und Frequenz induzieren, solange sich die Läufer-Wicklungsachsen in der gleichen räumlichen Winkelstellung befinden. Bei Änderung dieser Winkelstellung entsteht das synchronisierende Moment dadurch, daß die Läuferspannungen in der Phasenlage voneinander abweichen und somit Ausgleichsströme und -momente erzeugen. Es ist demnach nicht unbedingt nötig, daß die Maschinen symmetrisch an ein Drehstromnetz angeschlossen werden; im Prinzip ist vielmehr auch jede der von den Drehstrommotoren her bekannte unsymmetrische Ständerschaltung und auch jede einphasige Schaltung für elektrische Wellen geeignet, wenn man nur für alle zusammenwirkenden Wellenmaschinen die gleiche Schaltung verwendet. Mit dem Übergang zu einer unsymmetrischen Schaltung ist allerdings in der Regel eine Verminderung der erreichbaren Kippmomente verbunden, so daß von Fall zu Fall die besonderen Vorteile der jeweiligen unsymmetrischen Schaltung gegenüber den Nachteilen sorgfältig abzuwägen sind (vgl. Abschn. 6.3).
Für die Berechnung und theoretische Untersuchung der unsymmetrischen Schaltungen empfiehlt sich eine Einteilung in zwei Gruppen.

Bei dem einen Teil der Schaltungen sind die Wicklungsstränge so miteinander verbunden und an das Netz angeschlossen, daß die Strangspannungen durch die Höhe der Netzspannung und die Art der Schaltung eindeutig festgelegt sind. In diesen Fällen ist die Berechnung mit Hilfe der symmetrischen Komponenten zweckmäßig, da die Strangspannungen in eine mitläufige und eine gegenläufige symmetrische und eine Nullkomponente zerlegt werden können, deren Größe unabhängig von der Drehzahl und vom Verdrehungswinkel ist. Das Betriebsverhalten dieser Schaltungen kann daher ohne große Schwierigkeiten aus den Eigenschaften bei symmetrischem Netzanschluß bestimmt werden. Zu der zweiten Gruppe sollen solche Schaltungen gezählt werden, deren Strangspannungen sich abhängig von Schlupf und Lastwinkel verändern können. Die Berechnung mit Hilfe der symmetrischen Komponenten wird bei diesen Schaltungen oft umständlich, so daß hier teilweise andere Rechnungsverfahren vorteilhafter sind.

6.1 Schaltungen mit konstanten symmetrischen Komponenten der Strangspannungen

6.1.1 Verhalten im stationären Betrieb

Durch die unsymmetrische Schaltung der Ständerwicklungen einer symmetrisch gewickelten Maschine entsteht an den drei Strängen ein unsymmetrisches Spannungssystem. Betrachten wir etwa als Beispiel die in Abb. 81a dargestellte eh-Schaltung genannte Anschlußmöglichkeit an ein Einphasennetz;

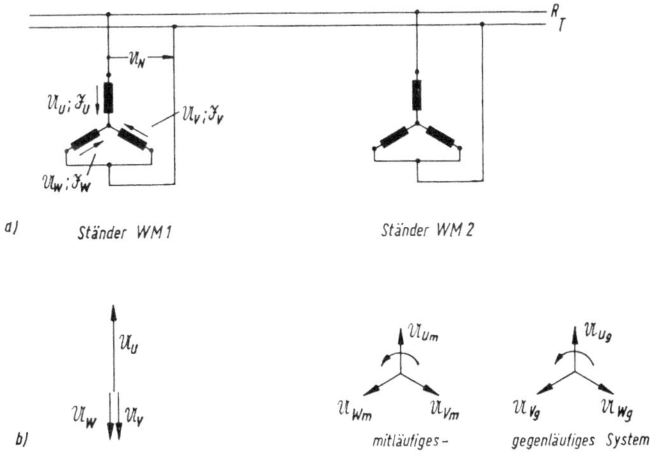

Abb. 81.
Einphasige Ständerschaltung (eh-Schaltung) einer elektrischen Welle
a) Schaltbild der Ständerwicklungen
b) Strangspannungen
c) Symmetrische Komponenten der Strangspannungen

Die Spannungen der Wicklungsstränge haben die Größe und Phasenlage nach Abb. 81b. Mit Hilfe des Verfahrens der symmetrischen Komponenten [99 bis 104] kann man solche unsymmetrischen Schaltungen auf symmetrische Spannungssysteme zurückführen. Die Strangspannungen $\mathfrak{U}_u$, $\mathfrak{U}_v$ und $\mathfrak{U}_w$ sind dann als die Summe von drei symmetrischen Komponenten aufzufassen: einer mitläufigen $\mathfrak{U}_m$, einer gegenläufigen $\mathfrak{U}_g$ und einer Nullkomponente $\mathfrak{U}_n$:

$$\begin{aligned} &\text{a)} \quad \mathfrak{U}_u = \mathfrak{U}_n + \mathfrak{U}_m + \mathfrak{U}_g \\ &\text{b)} \quad \mathfrak{U}_v = \mathfrak{U}_n + a^2 \cdot \mathfrak{U}_m + a \cdot \mathfrak{U}_g \\ &\text{c)} \quad \mathfrak{U}_w = \mathfrak{U}_n + a \cdot \mathfrak{U}_m + a^2 \cdot \mathfrak{U}_g \end{aligned} \tag{178}$$

mit

$$a = e^{+i\frac{2\pi}{3}}; \quad a^2 = e^{+i\frac{4\pi}{3}}; \quad a^3 = 1. \tag{179}$$

Dem mitläufigen System — Index m — und gegenläufigen System — Index g — entsprechen symmetrische Drehfelder, die in entgegengesetztem Sinne umlaufen. Außerdem kann ein Nullsystem — Index n — auftreten, das in jedem Wicklungsstrang ein mit Netzfrequenz pulsierendes Wechselfeld erzeugt. Die Ströme und Drehmomente dieser drei Spannungssysteme können völlig getrennt voneinander berechnet und dann nach dem Überlagerungsprinzip zusammengefaßt werden.

Die Ständerwicklungen der Wellenmaschinen liegen unabhängig voneinander in der gleichen Schaltung an einer festen Netzspannung, so daß sich für alle Maschinen die gleichen Spannungskomponenten ergeben. Ein Nullsystem tritt immer dann auf, wenn die vektorielle Summe der Strangspannungen ungleich Null ist. Das ist bei Sternschaltung der Wicklungen nur dann möglich, wenn an den Sternpunkt ein vierter Leiter angeschlossen ist.

Zur Berechnung der symmetrischen Komponenten der Strangspannungen können für jede unsymmetrische Schaltung drei Bedingungsgleichungen aufgestellt werden. Für die eh-Schaltung nach Abb. 81a lauten sie beispielsweise:

$$\begin{aligned} &\text{a)} \quad \mathfrak{U}_u - \mathfrak{U}_v = \mathfrak{U}_N \\ &\text{b)} \quad \mathfrak{U}_v - \mathfrak{U}_w = 0 \\ &\text{c)} \quad \mathfrak{I}_u + \mathfrak{I}_v + \mathfrak{I}_w = 0 \end{aligned} \tag{180}$$

Gl. (180c) liefert:

$$\mathfrak{U}_n = 0 \tag{181a}$$

Ersetzt man in Gl. (180a) und (b) die Strangspannungen durch ihre Komponenten nach Gl. (178), so ergibt sich:

$$\mathfrak{U}_m = \mathfrak{U}_g = \frac{1}{3}\,\mathfrak{U}_N = \frac{1}{\sqrt{3}} \cdot \mathfrak{U}_{Str}. \qquad (181b)$$

In der Übersicht von Abb. 82 sind die symmetrischen Spannungskomponenten für die wichtigsten unsymmetrischen Schaltungen bei

Benennung	Symmetrische Komponenten $\mathfrak{m} = \frac{\mathfrak{U}_m}{\mathfrak{U}_{Str}}$	$\mathfrak{g} = \frac{\mathfrak{U}_g}{\mathfrak{U}_{Str}}$	$\mathfrak{n} = \frac{\mathfrak{U}_n}{\mathfrak{U}_{Str}}$	Drehmomentkonstante $\frac{c_u}{c_{dp}}$
dp-Schaltung	1	0	0	1
V''-Schaltung	$\frac{1-4a}{3(1-a)}$	$+\frac{a}{3}$	$+\frac{1}{3}$	$\frac{8}{9}$
V'-Schaltung	$+\frac{2}{3}$	$-\frac{a^2}{3}$	$-\frac{a}{3}$	$\frac{5}{9}$
JK-Schaltung	$+\frac{1}{1-a}$	$-\frac{a}{3}$	$\frac{1}{a(1-a)}$	$\frac{4}{9}$
BBC-Schaltung	$+\frac{1}{3}$	$-\frac{2a^2}{3}$	$-\frac{2a}{3}$	$\frac{5}{9}$

a) Schaltung mit dreiphasigem Netzanschluß

eh-Schaltung	$\frac{1}{\sqrt{3}}$	$\frac{1}{\sqrt{3}}$	0	$\frac{2}{3}$
ek-Schaltung	$\approx -\frac{1}{2}$	$\approx -\frac{1}{2a}$	≈ 0	$\frac{1}{2}$

b) Schaltung mit einphasigem Netzanschluß

Abb. 82. Unsymmetrische Ständerschaltungen mit *konstanten* symmetrischen Komponenten der Strangspannungen (Schaltung der Wicklungsstränge siehe Abb 30 und 31) Bei Δ-Schaltung ist $\mathfrak{U}_{Str} = \mathfrak{U}_N$ Bei Y-Schaltung ist $\mathfrak{U}_{Str} = \frac{a}{1-a}\,\mathfrak{U}_N$

dreiphasigem oder einphasigem Netzanschluß zusammengestellt. Die auf die Strangspannung bei symmetrischem Anschluß $\mathfrak{U}_{Str}$ bezogenen Spannungskomponenten sind wie folgt bezeichnet:

$$\mathfrak{m} = \frac{\mathfrak{U}_m}{\mathfrak{U}_{Str}}; \quad \mathfrak{g} = \frac{\mathfrak{U}_g}{\mathfrak{U}_{Str}}; \quad \mathfrak{n} = \frac{\mathfrak{U}_n}{\mathfrak{U}_{Str}}. \qquad (182)$$

Je nach der gewählten Schaltung können die einzelnen symmetrischen Spannungsanteile die verschiedensten Größen annehmen, und es kann beispielsweise das mitläufige System größer sein als das gegenläufige oder auch umgekehrt. Bei den aufgeführten Schaltungen mit einphasigem Netzanschluß sind das mit- und gegenläufige Drehfeld gleich groß.

Zur Berechnung des Drehmomentverhaltens einer unsymmetrischen Schaltung ist die Kenntnis der Ströme nicht erforderlich, wenn die Drehmomente für symmetrischen Netzanschluß bekannt sind.
Das Drehmoment M_m des mitläufigen Drehfeldanteiles ist:

$$M_m = M_{dp}(s\,;\varphi) \cdot \left| \frac{U_m}{U_{Str}} \right|^2 . \tag{183}$$

Unter M_{dp} wird das Drehmoment beim Schlupf s, beim Verdrehungswinkel $p\varphi$ und bei symmetrischem Anschluß der Ständerwicklungen in dp-Schaltung an ein Drehstromnetz bei Strangspannung $\mathfrak{U}_{Str}$ verstanden. Auch das Drehmoment M_g des gegenläufigen Drehfeldanteils kann aus M_{dp} berechnet werden, jedoch ist statt des Schlupfes s der Schlupf (2-s) anzunehmen und das Vorzeichen des Winkels φ zu vertauschen:

$$M_g = -M_{dp}(2-s\,;\,-p\varphi) \left| \frac{U_g}{U_{Str}} \right|^2 . \tag{184}$$

Das Nullsystem ist an der Drehmomentbildung nicht beteiligt, wenn — wie üblich — Schleifringläufermotoren mit einer in Stern geschalteten Läuferwicklung verwendet werden. Der Grund liegt darin, daß das Nullsystem zwar in jedem Strang der Läuferwicklung gleichphasige, gleich große Spannungen induziert, die aber bei Sternschaltung resultierend als verkettete Spannung herausfallen und daher keine Ströme im Läufer und also auch keinen Beitrag zum Drehmoment bewirken können. Das Nullsystem ist demnach lediglich für die Berechnung der Spannungen und Ströme im Ständer von Bedeutung.
Das gesamte Drehmoment einer elektrischen Welle mit unsymmerischer Schaltung der Ständerwicklungen — gekennzeichnet durch den Index u — ergibt sich damit zu:

$$M_{\nu u} = M_{\nu dp}(s\,;p\varphi) \left| \frac{U_m}{U_{Str}} \right|^2 - M_{\nu dp}(2-s\,;\,-p\varphi) \left| \frac{U_g}{U_{Str}} \right|^2 . \tag{185}$$

Ein Maß für die Typenausnutzung der Wellenmaschinen bei der jeweiligen unsymmetrischen Ständerschaltung ist die Steilheit der Momentenkennlinie bei $s = 1$ und $\varphi = 0$. Sie ist allein gekennzeichnet durch die Summe der beiden Spannungsquadrate $m^2 = \left| \frac{U_m}{U_{Str}} \right|^2$ und $g^2 = \left| \frac{U_g}{U_{Str}} \right|^2$.

Das Verhältnis der Drehfederzahlen zwischen unsymmetrischem und rein symmetrischem Betrieb ist in der letzten Spalte der Tabelle in Abb. 82 mit aufgeführt.

Die praktische Auswertung der Gl. (185) zur Drehmomentberechnung geschieht am zweckmäßigsten in der Weise, daß man zunächst die Drehmomentlinie M_{dp} für den normalen Betrieb bei symmetrischem Netzanschluß für die Schlupfpunkte s und 2-s aufzeichnet (Abb. 83a

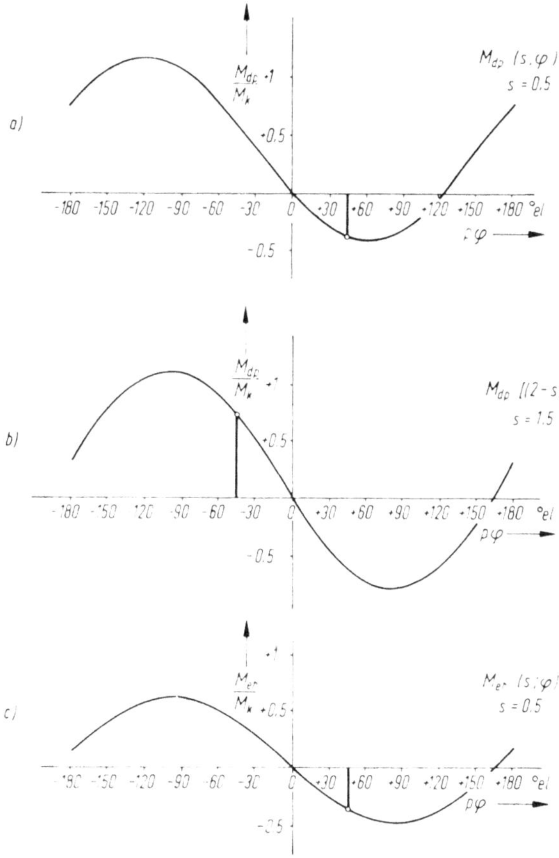

Abb. 83.

Bestimmung des Drehmomentes einer unsymmetrischen Schaltung aus den Momenten der symmetrischen Schaltung

a) Momentenlinie $M_{dp}(s; \varphi)$ der symmetrischen dp-Schaltung bei $s = 0{,}5$

b) Momentenlinie $M_{dp}(2-s; \varphi)$ der symmetrischen dp-Schaltung bei $s = 0{,}5$

c) Momentenlinie M_{eh} der eh-Schaltung bei $s = 0{,}5$

und *b*). Aus diesen Kurven können dann Punkt für Punkt die Momentenkomponenten M_{dp} $(s; p\varphi)$ und M_{dp} $(2-s; \; -p\varphi)$ entnommen, mit dem der jeweiligen Schaltung entsprechenden Spannungsquadrat multipliziert und dann nach Gl. (185) subtrahiert werden. So erhält man z.B. die in Abb. 83c gezeichnete Drehmomentlinie der eh-Schaltung bei halber synchroner Drehzahl, d.h. Schlupf $s = 0{,}5$ zu:

$$M_{\nu\mathrm{eh}} = \frac{1}{3}\left\{M_{\nu\mathrm{dp}}(p\varphi)\Big|_{s=0,5} - M_{\nu\mathrm{dp}}(-p\varphi)\Big|_{2-s=0,5}\right\}. \tag{185a}$$

Diese Konstruktion der Drehmomentkurve ist auch für Motoren kleiner Baugröße geeignet, da sie leicht die Berücksichtigung des Ohmschen Ständerwiderstandes gestattet. Zu diesem Zweck müssen lediglich die Drehmomentkurve der dreiphasigen Schaltung nach dem in Abschnitt 4.1 beschriebenen verfeinerten Verfahren bestimmt werden.

Um ein übersichtliches Bild über das Verhalten der unsymmetrischen Schaltungen zu erhalten, wollen wir die Drehmomente auch aus den Gleichungen (46) bis (48) bestimmen, die unter Vernachlässigung des Ohmschen Ständerwiderstandes gelten. Setzt man die dort angegebenen Drehmomentbeziehungen in Gl. (185) ein, so erhält man mit den Abkürzungen nach Gl. (183) für die unsymmetrischen Schaltungen die folgende Drehmomentgleichung [54]:

$$M_{\nu\mathrm{u}} = M_{\mathrm{k}}\left[\mp\left(m^2\frac{s^2}{s^2+s_{\mathrm{k}}^2} + g^2\frac{(2-s)^2}{(2-s)^2+s_{\mathrm{k}}^2}\right)\sin p\varphi + \left(m^2\frac{s}{s^2+s_{\mathrm{k}}^2} - \right.\right.$$
$$\left.\left. - g^2\frac{2-s}{(2-s)^2+s_{\mathrm{k}}^2}\right)s_{\mathrm{k}}(1-\cos p\varphi)\right]. \tag{186}$$

Als wichtigstes Ergebnis dieser Gleichung erkennen wir, daß die synchronisierenden Drehmomentanteile des mitläufigen und gegenläufigen Systems sich in ihrer Wirkung unterstützen, wie der Faktor des Terms $\sin p\varphi$ zeigt. Dagegen heben sich die asynchronen Drehmomentkomponenten des Mit- und Gegensystems teilweise oder auch ganz heraus — ähnlich wie bei einem in unsymmetrischer Schaltung betriebenen Asynchronmotor. Ist z.B. — wie bei einigen einphasigen Schaltungen — $m = g$, so verschwindet im Stillstand bei $s = (2-s)$ der asynchrone Drehmomentanteil vollkommen, und nur das synchronisierende Moment ist wirksam. Die Momentenlinie nimmt dann einen exakt sinusförmigen Verlauf an. Aber auch im Lauf ist das asynchrone Moment bei unsymmetrischen Schaltungen im allgemeinen viel kleiner als bei symmetrischem Netzanschluß. Die in Abb. 32 dargestellte Abhängigkeit der Kippmomente von der Drehzahl bringt die geringe Momentensymmetrie für die eh-Schaltung deutlich zum Ausdruck.

Ein weiteres besonderes Merkmal der unsymmetrischen Schaltungen ist die Möglichkeit, auch bei der synchronen Drehzahl des Drehfeldes Ausgleichsmomente übertragen zu können. Man kann also den Betriebsbereich über den synchronen Punkt hinaus bis zu übersynchronen Drehzahlen ausdehnen. Dabei ist allerdings zu bedenken, daß im Bereich der synchronen Drehzahl der Drehmomentanteil des mitläufigen Drehfeldes sehr klein ist oder gleich Null wird, so daß der Gleichlauf allein durch die Momente des gegenläufigen Feldes aufrecht erhalten werden muß. Die Linie des Kippmomentes über der Drehzahl zeigt daher in der Nähe des Synchronpunktes $s = 1$ eine tiefe Einsattelung (Abb. 32). Die zulässigen Drehmomente in diesem Drehzahlbereich müssen infolgedessen stark reduziert werden.
Während man zur Beurteilung des Drehmomentverhaltens nur die symmetrischen Spannungskomponenten benötigt, muß man für die Vorausberechnung der Erwärmung die Strangströme und ihre symmetrischen Komponenten kennen. Ebenso wie die Strangspannungen in ihre symmetrischen Komponenten aufgespalten werden können, ist diese Aufteilung auch für die Strangströme möglich. Man kann dabei so vorgehen, daß man zunächst die entsprechenden symmetrischen Leitwerte für die einzelnen symmetrischen Systeme bestimmt [103] und mit deren Hilfe die Stromkomponenten berechnet. Erst daran anschließend ergeben sich die Strangströme durch Überlagerung der einzelnen Teilströme. Die drei symmetrischen Komponenten der Strangströme erhält man aus den symmetrischen Spannungskomponenten zu:

$$\begin{aligned} &\text{a)}\quad \mathfrak{J}_m = \mathfrak{g}_m \cdot \mathfrak{U}_m, \\ &\text{b)}\quad \mathfrak{J}_g = \mathfrak{g}_g \cdot \mathfrak{U}_g, \\ &\text{c)}\quad \mathfrak{J}_n = \mathfrak{g}_n \cdot \mathfrak{U}_n, \end{aligned} \qquad (187)$$

wobei unter $\mathfrak{g}_m$, $\mathfrak{g}_g$ und $\mathfrak{g}_n$ die Leitwerte für das mitläufige, das gegenläufige und das Nullsystem zu verstehen sind. Analog zu den Beziehungen für die Strangspannungen, Gl. (178), setzen sich die Strangströme aus den Komponenten wie folgt zusammen:

$$\begin{aligned} &\text{a)}\quad \mathfrak{J}_u = \mathfrak{U}_n \cdot \mathfrak{g}_n + \mathfrak{U}_m \cdot \mathfrak{g}_m + \mathfrak{U}_g \cdot \mathfrak{g}_g = \mathfrak{J}_n + \mathfrak{J}_m + \mathfrak{J}_g \\ &\text{b)}\quad \mathfrak{J}_v = \mathfrak{U}_n \cdot \mathfrak{g}_n + a^2\mathfrak{U}_m \cdot \mathfrak{g}_m + a \cdot \mathfrak{U}_g \cdot \mathfrak{g}_g = \mathfrak{J}_n + a^2\mathfrak{J}_m + a\mathfrak{J}_g \\ &\text{c)}\quad \mathfrak{J}_w = \mathfrak{U}_n \cdot \mathfrak{g}_n + a \cdot \mathfrak{U}_m \cdot \mathfrak{g}_m + a^2\mathfrak{U}_g \cdot \mathfrak{g}_g = \mathfrak{J}_n + a\mathfrak{J}_m + a^2\mathfrak{J}_g. \end{aligned} \qquad (188)$$

Zur Auswertung dieser Gleichungen müssen zunächst die symmetrischen Leitwertkomponenten bestimmt werden. Der Leitwert $\mathfrak{g}_m$ des mitläufigen Systems ist nichts anderes als der Leitwert der Wellenmaschinen bei symmetrischem Netzanschluß. Er kann also für jeden

Betriebspunkt der elektrischen Welle direkt aus dem Kreisdiagramm der symmetrischen Dreiphasenschaltung als Funktion von Schlupf s und Verdrehungswinkel $p\varphi$ entnommen werden. Sinngemäß das gleiche gilt für den Leitwert $\mathfrak{g}_g$ des gegenläufigen Systems, jedoch ist statt des Schlupfes s der Wert $2-s$ zu setzen und eine Vorzeichenvertauschung beim Winkel $p\varphi$ vorzunehmen. Es besteht also die Beziehung:

$$\mathfrak{g}_g(s\,;p\varphi) = \mathfrak{g}_m(2-s\,;-p\varphi). \tag{189}$$

Das Nullsystem der Spannungen ist — wie wir oben gesehen haben — bei Schleifringläufermotoren mit in Stern geschalteter Läuferwicklung ohne Einfluß auf die Läuferströme. Der Leitwert des Nullsystems muß demnach auch unabhängig vom Schlupf s und Verdrehungswinkel φ sein. Wie in [102] gezeigt wurde, kann g_n bei Schleifringläufermotoren aus dem Leitwert bei synchronem Leerlauf näherungsweise berechnet werden:

$$\mathfrak{g}_n \approx \mathfrak{g}_m\,(s=0)\,\frac{9}{2}\left(\frac{\xi_p}{\xi_{3p}}\right)^2 \tag{190}$$

mit ξ_p als Wicklungsfaktor der Ständerwicklung für die Grundwelle und ξ_{3p} für die dritte Oberwelle.
Damit ist die Berechnung der Leitwertkomponenten für das gegenläufige System und das Nullsystem auf die als bekannt vorausgesetzte bei symmetrischer Schaltung zurückgeführt, so daß die Stromkomponenten bei bekannten Spannungskomponenten ohne weiteres berechnet werden können.
Aus den drei Stromkomponenten der symmetrischen Systeme erhält man durch vektorielle Addition die Strangströme, wobei jedoch jeweils die Drehung der einzelnen Komponenten um den Faktor a bzw. a^2 nach Gl. (188) zu berücksichtigen ist.
Der Leitwert $\mathfrak{g}_m$ als Funktion von s und $p\varphi$ ist normalerweise nicht als gegeben anzusehen, man kennt vielmehr den Wellenkreis bei symmetrischer Schaltung und damit den Primärstrom pro Strang, der hier mit $\overline{\mathfrak{I}}_m$ bezeichnet werden möge. Der Leitwert ist dann $\mathfrak{g}_m(s,\, p\varphi) = \overline{\mathfrak{I}}_m/\mathfrak{U}_{Str}$, und somit wird der Strom des mitlaufenden Systems:

$$\mathfrak{I}_m = \mathfrak{g}_m\mathfrak{U}_m = \frac{\mathfrak{U}_m}{\mathfrak{U}_{Str}} \cdot \overline{\mathfrak{I}}_m. \tag{191}$$

Insbesondere wird bei der eh-Schaltung mit Gl. (181b):

$$\mathfrak{I}_m = \frac{1}{\sqrt{3}}\,\overline{\mathfrak{I}}_m. \tag{191a}$$

Analog ergibt sich die Stromkomponente $\bar{\mathfrak{I}}_g$ aus dem Kreisdiagramm für (2–*s*) und dem Winkel $-p\varphi$, und daraus:

$$\mathfrak{I}_g = \mathfrak{g}_g \cdot \mathfrak{U}_g = \frac{\mathfrak{U}_g}{\mathfrak{U}_{Str}} \cdot \bar{\mathfrak{I}}_g \tag{192}$$

und mit Gl. (181b) bei eh-Schaltung:

$$\mathfrak{I}_g = \frac{1}{\sqrt{3}} \bar{\mathfrak{I}}_g. \tag{192a}$$

In Abb. 84b ist die vektorielle Addition der Stromkomponenten zur Bestimmung der Strangströme $\mathfrak{I}_u$, $\mathfrak{I}_v$ und $\mathfrak{I}_w$ ausgeführt. Wie dieses Beispiel zeigt, können die resultierenden Ströme in den Wicklungssträngen sehr verschieden groß sein. Diese Tatsache und die dadurch bedingte Änderung der Verlustverteilung mit der Belastung muß bei der Erwärmungsberechnung besonders berücksichtigt werden.

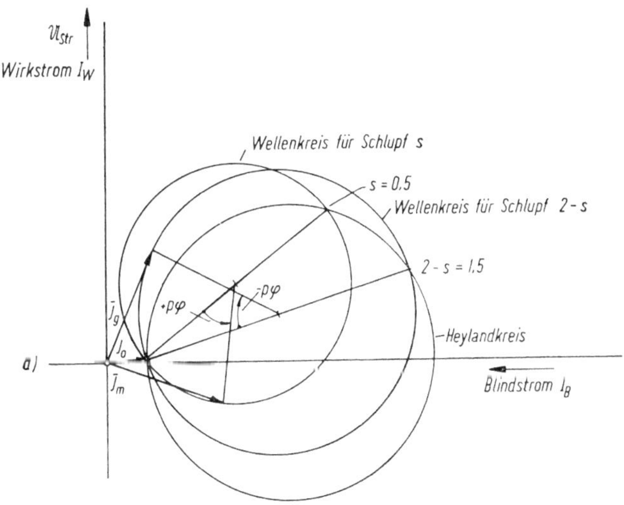

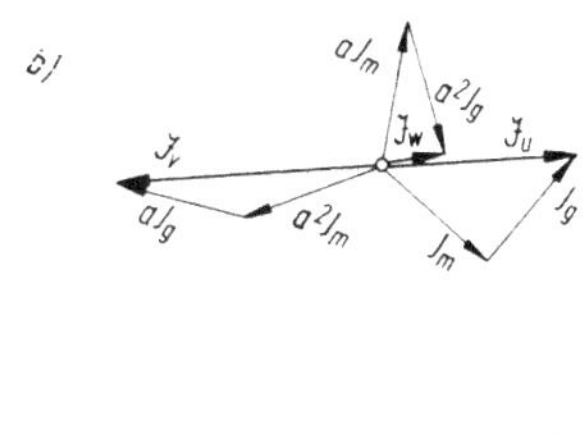

Abb. 84.
Bestimmung der Strangströme einer elektrischen Welle in eh-Schaltung bei Schlupf $s = 0{,}5$

a) Ermittlung der Stromkomponenten I_m und I_g aus dem Kreisdiagramm der symmetrischen dp-Schaltung
b) Vektorielle Addition der Stromkomponenten nach Gl. (188) liefert die Strangströme

Die Kupferverluste in der Ständerwicklung sind für jeden Strang getrennt aus dem Strangstrom und dem zugehörigen Wicklungswiderstand zu berechnen. Die Gesamtverluste in den Wicklungssträngen von Ständer und Läufer lassen sich jedoch auch unmittelbar aus den symmetrischen Stromkomponenten bestimmen. Multipliziert man die Strangströme nach Gl. (188) skalar mit sich selbst, so ergibt sich nach einigen Umrechnungen:

$$P'_{\mathrm{VCu}} = R'(I_{\mathrm{u}}^2 + I_{\mathrm{v}}^2 + I_{\mathrm{w}}^2) = 3R'\,(I_{\mathrm{n}}^2 + I_{\mathrm{m}}^2 + I_{\mathrm{g}}^2). \tag{193a}$$

Beim Läufer ist diese Verlustbeziehung ohne weiteres einleuchtend, da von dem mitläufigen und gegenläufigen Drehfeldsystem in den Läuferwicklungen Ströme verschiedener Frequenz verursacht werden, die völlig getrennt behandelt werden können. Der Läuferstrom des mitläufigen Systems hat Schlupffrequenz $s \cdot f_{\mathrm{Netz}}$, der des gegenläufigen Systems die Frequenz $(2-s)f_{\mathrm{Netz}}$. Die Kupferverluste im Läufer ergeben sich daher unmittelbar zu:

$$P''_{\mathrm{VCu}} = 3(I_{\mathrm{m}}''^2 + I_{\mathrm{g}}''^2)R''. \tag{193b}$$

Die durch die Zeiger $''$ gekennzeichneten Läuferstromkomponenten $\mathfrak{I}_{\mathrm{m}}''$ und $\mathfrak{I}_{\mathrm{g}}''$ können aus dem Kreisdiagramm der symmetrischen Schaltung unter Berücksichtigung der Spannungsumrechnung bei dem betreffenden Schlupf und Verdrehungswinkel entnommen werden.
Die ungleichmäßige Verteilung der Verluste auf die drei Stränge der Ständerwicklung hat naturgemäß Erwärmungsunterschiede zur Folge. Da die einzelnen Spulen jedoch im Wickelkopf eng miteinander verflochten sind und bei gesehnten Wicklungen teilweise in den gleichen Nuten liegen, ist der Wärmeaustausch zwischen den Wicklungssträngen meistens so intensiv, daß die Erwärmungsunterschiede wesentlich geringer sind als die Differenzen in den Stromwärmeverlusten.
Im Läufer sind bei Lauf die Verluste gleichmäßig auf die Wicklungsstränge verteilt. Lediglich bei einer Momentenübertragung im Stillstand haben auch die Läufer-Strangströme unterschiedliche Beträge. Nur in diesem Falle treten auch im Läufer entsprechende Erwärmungsunterschiede zwischen den Wicklungssträngen auf.

6.1.2 Dynamische Stabilität

Bei Ausgleichsbewegungen und Pendelungen zwischen den Wellenmaschinen kann auch bei unsymmetrischer Schaltung der Ständerwicklungen die wirksame elektromagnetische Dämpfung positiv oder negativ sein. Zur Untersuchung des dynamischen Verhaltens darf man wieder das Rechnungsverfahren der symmetrischen Komponenten verwenden, so daß die Eigenschaften der unsymmetrischen Schaltun-

gen aus den bekannten Ergebnissen bei symmetrischem Netzanschluß ohne grundsätzlich neue Untersuchungen hervorgehen. Die den symmetrischen Spannungskomponenten entsprechenden Ströme und Drehmomente bilden sich auch bei dynamischen Vorgängen unabhängig voneinander aus, ohne sich gegenseitig zu beeinflussen und können daher getrennt berechnet und dann überlagert werden.
Das gesamte Drehmoment ist entsprechend Gl. (185) die Differenz der mit dem quadratischen Spannungsverhältnis umgerechneten Drehmomentkomponenten des mitläufigen und des gegenläufigen Drehfeldes. Im dynamischen Betrieb sind jedoch die Drehmomentanteile für sich als Summe des stationären Momentes und der Zusatzmomente infolge der Abweichungen von der stationären Winkellage $\varphi_{\nu 0}$ und -geschwindigkeit $\dot{\varphi}_{\nu 0}$ gemäß Gl. (86) aufzufassen. Für das mitläufige Drehfeldsystem sind die Definition und die Vorzeichenfestlegung für die verschiedenen Variablen klar, da sie mit der symmetrischen Speisung nach Abschn. 4.3 völlig übereinstimmen. Bei der Berechnung des gegenläufigen Systems sind der Schlupf s durch $(2-s)$ zu ersetzen, die Vorzeichen der Läuferverdrehung φ_ν zu vertauschen und darüber hinaus die bei Pendelungen auftretenden Schlupfabweichungen Δs_ν mit entgegengesetzten Vorzeichen anzusetzen. Man erhält also:

$$M_{\nu g}(s;\ \varphi_1;\ \varphi_2;\ \Delta s_1;\ \Delta s_2) = -M_{\nu m}(2-s;\ -\varphi_1;\ -\varphi_2;\ -\Delta s_1;\ -\Delta s_2) \tag{194}$$

und das totale Drehmoment einer elektrischen Welle mit unsymmetrischer Ständerschaltung zu:

$$M_{\nu u} = M_{\nu dp}(s;\ \varphi_\nu;\ \Delta s_\nu)m^2 - M_{\nu dp}(2-s;\ -\varphi_\nu;\ -\Delta s_\nu)g^2. \tag{195}$$

Damit ist der Weg zur Berechnung der dynamischen Betriebseigenschaften der unsymmetrischen Schaltungen frei. Wir können die Untersuchungen nach dem gleichen Schema wie bei der dp-Schaltung ausführen, wenn wir die dort eingeführten c- und d-Koeffizienten als Drehfeder- und Dämpfungsfaktoren mit dem für die entsprechende unsymmetrische Schaltung geltenden Betrag einführen. Durch sinngemäße Anwendung der Gl. (195) ergeben sich diese Faktoren aus den Gln. (97) bis (102) als Summe der beiden Anteile des mitläufigen und gegenläufigen Drehfeldes zu:

$$c_{1u} = c_{1dp}(s;\ \varphi_0)m^2 + c_{1dp}(2-s;\ -\varphi_0)g^2 \tag{196}$$

$$c_{2u} = c_{2dp}(s;\ \varphi_0)m^2 + c_{2dp}(2-s;\ -\varphi_0)g^2 \tag{197}$$

$$d_{11u} = d_{11dp}(s;\ \varphi_0)m^2 + d_{11dp}(2-s;\ -\varphi_0)g^2 \tag{198}$$

$$d_{12u} = d_{12dp}(s;\ \varphi_0)m^2 + d_{12dp}(2-s;\ -\varphi_0)g^2 \tag{199}$$

$$d_{21u} = d_{21dp}(s;\ \varphi_0)m^2 + d_{21dp}(2-s;\ -\varphi_0)g^2 \tag{200}$$

$$d_{22u} = d_{22dp}(s;\ \varphi_0)m^2 + d_{22dp}(2-s;\ -\varphi_0)g^2. \tag{201}$$

Für den Fall der unbelasteten elektrischen Welle (Pendelungen um die Nullage) werden die c- und die d-Koeffizienten untereinander gleich und nehmen folgende Werte an:

$$c_{1u} = const \cdot p \left\{ m^2 s \frac{s(\alpha^2+\sigma)}{(1+\alpha^2)[(\alpha\beta-s\sigma)^2+(\beta+s\alpha)^2]} + \right.$$

$$\left. + g^2(2-s) \frac{(2-s)(\alpha^2+\sigma)}{(1+\alpha^2)\{[\alpha\beta-(2-s)\sigma]^2+[\beta+(2-s)\alpha]^2\}} \right\} \tag{202}$$

$$d_{11u} = const \frac{p}{\omega} \beta \left\{ m^2 \frac{[\beta(1+\alpha^2)+s\alpha(1-\sigma)]^2-s^2(\alpha^2+\sigma)^2}{(1+\alpha^2)\cdot[(\alpha\beta-s\sigma)^2+(\beta+s\alpha)^2]^2} + \right.$$

$$\left. + g^2 \frac{[\beta(1+\alpha^2)+(2-s)\alpha(1-\sigma)]^2-(2-s)^2(\alpha^2+\sigma)^2}{(1+\alpha^2)\{[\alpha\beta-(2-s)\sigma]^2+[\beta+(2-s)\alpha]^2\}^2} \right\} \tag{203}$$

$$c_{2u} = +c_{1u} \tag{204}$$

$$d_{11u} = -d_{12u} = d_{22u} = -d_{21u}. \tag{205}$$

Man kann sich die direkte numerische Auswertung dieser Gleichungen ersparen, wenn für die Summenbildung die Kurvenzüge für die symmetrisch geschaltete elektrische Welle zu Grunde gelegt werden, wie das in Abb. 85 veranschaulicht ist. In den Diagrammen *a* und *b* ist für dp-Schaltung die Funktion $f(s)$ bzw. $f(2-s)$ der Abhängigkeit des Dämpfungsfaktors vom Schlupf s bzw. $2-s$ aufgezeichnet. Für die Maschinendaten ist dabei $\alpha = \beta = 0{,}01$ und $\sigma = 0{,}1$ angenommen. Aus den Kurven *a* und *b* erhält man nach Gl. (195) die in Abb. 85c dargestellte Kurve für eh-Schaltung, indem man die untereinander stehenden Teildämpfungen mit dem Quadrat des jeweiligen Spannungsfaktors (1/3 für eh-Schaltung) multipliziert und dann addiert.

Das Bild 85 zeigt sehr anschaulich, wie bei einer unsymmetrischen Schaltung je nach der anteiligen Größe des mitläufigen und gegenläufigen Drehfeldes der Dämpfungsfaktor in den einzelnen Schlupfbereichen oft ausschließlich von der einen oder anderen Komponente bestimmt wird. So überwiegt in der Nähe der synchronen Drehzahl der Dämpfungsanteil des mitläufigen Feldes, während in der Nähe der Stillstandes beide Anteile von gleicher Größenordnung sind. Auch bei den unsymmetrischen Schaltungen gibt es Bereiche mit positiver und solche mit negativer Dämpfung, die durch die Maschinenkonstan-

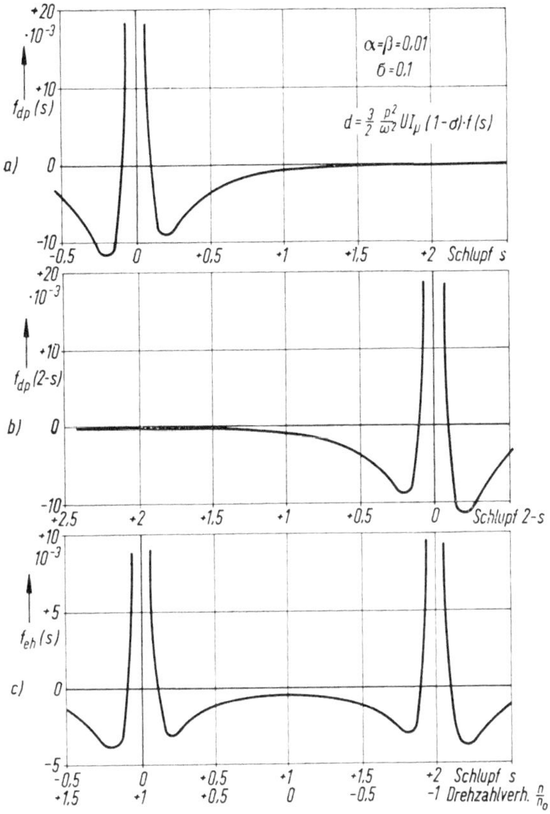

Abb. 85. Dämpfungsfaktorbestimmung für eine unbelastete elektrische Welle mit unsymmetrischer Ständerschaltung ($\alpha = \beta = 0{,}01$; $\sigma = 0{,}1$)
a) und b) Dämpfungsfaktor für dp-Schaltung bei Schlups s bzw. $2-s$
c) Dämpfungsfaktor für eh-Schaltung

ten — vor allem durch die Widerstandsverhältnisse α und β — gegeneinander verschoben werden können. In Abb. 86 ist die Abhängigkeit der Dämpfung vom Schlupf für ein Widerstandsverhältnis $\alpha = \beta = 0{,}05$ dargestellt. Hier ist bei der eh-Schaltung die Dämpfung in einem sehr großen Drehzahlbereich in beiden Drehrichtungen positiv.

Man kann auch für die unsymmetrischen Schaltungen durch Nullsetzen der Gleichung für die Dämpfung (Gl. (155)) die Grenzkurven zwischen den Schlupfbereichen mit positiver und negativer Dämpfung berechnen und damit Stabilitätskarten aufstellen [34]. Auf diese Weise lassen sich die Stabilitätsverhältnisse schnell überblicken und gegebenenfalls die Daten der erforderlichen Dämpfungswiderstände bestimmen. Es ist ein besonderer Vorteil der einphasigen Schaltungen, daß bei entsprechender Auslegung bei Lauf in beiden Drehrichtungen

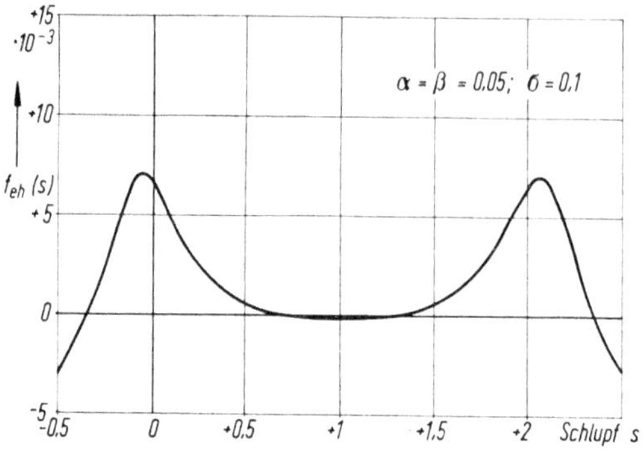

Abb. 86.
Dämpfungsfaktorverlauf einer unbelasteten elektrischen Welle in eh-Schaltung ($\alpha = \beta = 0{,}05$: $\sigma = 0{,}1$)

relativ große Dämpfungen erzielt werden können. Dieser Vorteil muß jedoch mit einer gewissen Minderung der Drehmomentausnutzung erkauft werden.

Bei Auswahl einer unsymmetrischen Schaltung mit *dreiphasigem* Netzanschluß ist die Herabsetzung der Drehmomente teilweise geringer. Zudem kann man erreichen, daß auch bei Lauf gegen die Drehfeldrichtung die Dämpfung noch positiv bleibt. Die letzte Spalte der Tabelle in Abb. 82a enthält das Verhältnis der Drehfederzahlen zwischen

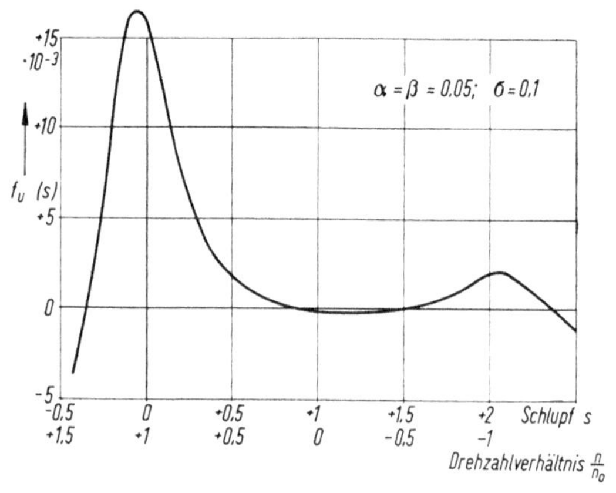

Abb. 87.
Dämpfungsfaktorverlauf einer unbelasteten elektrischen Welle in V″-Schaltung (vergl. Abb. 30) $d_u = const\ p/\omega f_u(s)$

der unsymmetrischen und der symmetrischen Schaltung. Bei der V″-Schaltung vermindern sich die Drehmomente nur um den Faktor 8/9. Trotzdem bleibt auch beim Lauf gegen die Richtung des Drehfeldes die Dämpfung in einem großen Drehzahlbereich positiv. Abb. 87 zeigt für V″-Schaltung den Verlauf des Dämpfungsfaktors über der

Drehzahl für die gleichen Maschinendaten wie in Abb. 86. Ein Vergleich der verschiedenen Kurvenzüge in den Abb. 86 und 87 macht deutlich, wie die Dämpfung durch Auswahl der einen oder anderen Schaltung je nach Anteil des mit- oder gegenläufigen Drehfeldsystem in bestimmten Schlupfbereichen beeinflußt wird.
Wie die Untersuchungen der symmetrischen dp-Schaltung gezeigt haben, wird die Dämpfung bei Belastung nicht sehr stark vermindert. Im einzelnen kann die Berechnung nach dem hier geschilderten Verfahren auch für die belastete elektrische Welle bei unsymmetrischer Ständerschaltung durchgeführt werden. Da die mechanischen Dämpfungsanteile jedoch — wie schon früher hervorgehoben wurde — bei Belastung im Normalfall stärker zunehmen als sich die elektromagnetischen vermindern, erübrigt sich meist die Vorausberechnung der Lastabhängigkeit des Dämpfungsfaktors.

6.2 Schaltungen mit lastabhängigen symmetrischen Komponenten

Die im vorigen Abschnitt behandelten unsymmetrischen Schaltungen bieten für die Berechnung den großen Vorteil, daß sämtliche Betriebseigenschaften durch einfache Superposition bestimmt werden können, wenn nur die Rechnung für dreiphasig symmetrischen Netzanschluß (dp-Schaltung) vorliegt. Die Berechnung ist deswegen besonders einfach, weil bei jenen Schaltungen die Spannungskomponenten unabhängig vom Betriebszustand nur durch die Netzspannung gegeben und daher an beiden Wellenmaschinen gleich groß sind. Sobald aber wenigstens einer der drei Wicklungsstränge keinen direkten Netzanschluß mehr besitzt, werden die Komponenten stromabhängig. Da nun die Leitwerte an den beiden Wellenmaschinen nur in Sonderfällen einander

Benennung	Symmetrische Komponenten $\mathfrak{m} = \frac{\mathfrak{U}_m}{\mathfrak{U}_{Str}}$	$\mathfrak{g} = \frac{\mathfrak{U}_g}{\mathfrak{U}_{Str}}$	$\mathfrak{n} = \frac{\mathfrak{U}_n}{\mathfrak{U}_{Str}}$
V-Schaltung	$+\frac{\mathfrak{Y}_{g\nu}+\mathfrak{Y}_{n\nu}}{\mathfrak{Y}_{m\nu}+\mathfrak{Y}_{g\nu}+\mathfrak{Y}_{n\nu}}$	$-\frac{a^2\mathfrak{Y}_{m\nu}}{\mathfrak{Y}_{m\nu}+\mathfrak{Y}_{g\nu}+\mathfrak{Y}_{n\nu}}$	$-\frac{a\mathfrak{Y}_{m\nu}}{\mathfrak{Y}_{m\nu}+\mathfrak{Y}_{g\nu}+\mathfrak{Y}_{n\nu}}$
ek-Schaltung	$-\frac{\mathfrak{Y}_{g\nu}+2\mathfrak{Y}_{n\nu}}{\mathfrak{Y}_{m\nu}+\mathfrak{Y}_{g\nu}+4\mathfrak{Y}_{n\nu}}$	$+\frac{1}{a}\frac{\mathfrak{Y}_{m\nu}+2\mathfrak{Y}_{n\nu}}{\mathfrak{Y}_{m\nu}+\mathfrak{Y}_{g\nu}+4\mathfrak{Y}_{n\nu}}$	$-a\frac{\mathfrak{Y}_{m\nu}+\mathfrak{Y}_{g\nu}}{\mathfrak{Y}_{m\nu}+\mathfrak{Y}_{g\nu}+4\mathfrak{Y}_{n\nu}}$
e-Schaltung	$-\frac{\mathfrak{Y}_{g\nu}}{\mathfrak{Y}_{m\nu}+\mathfrak{Y}_{g\nu}}$	$+\frac{1}{a}\frac{\mathfrak{Y}_{m\nu}}{\mathfrak{Y}_{m\nu}+\mathfrak{Y}_{g\nu}}$	0

Abb. 88.
Unsymmetrische Ständerschaltungen mit *last- und drehzahlabhängigen* Komponenten der Strangspannungen
(Schaltung der Wicklungsstränge siehe Abb. 30 und 31)

gleich, im allgemeinen aber je nach Drehzahl und Lastwinkel untereinander verschieden sind, müssen die Spannungskomponenten bei jedem Belastungszustand für die Wellenmaschinen getrennt berechnet werden. In Abb. 88 sind einige Schaltungen und die zugehörigen symmetrischen Spannungskomponenten aufgeführt.

Betrachten wir zunächst die ek-Schaltung, deren Ständerschaltung in Abb. 89 mit den im folgenden verwendeten Bezeichnungen angegeben

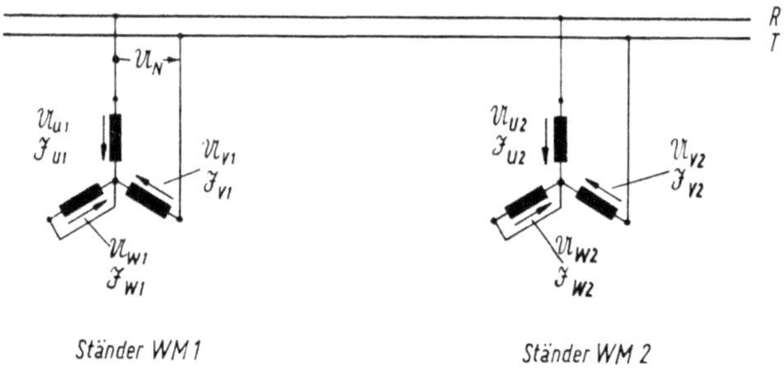

Abb. 89.
Elektrische Welle mit einphasiger Ständerschaltung bei lastabhängigen symmetrischen Komponenten (ek-Schaltung)

ist. Aus dem Schaltblild ergeben sich für die Berechnung der symmetrischen Spannungskomponenten an der jeweiligen Wellenmaschine ν die Beziehungen:

$$\mathfrak{U}_{u\nu} - \mathfrak{U}_{v\nu} = \mathfrak{U}_N \tag{206}$$

$$\mathfrak{U}_{w\nu} = 0 \tag{207}$$

$$\mathfrak{J}_{u\nu} + \mathfrak{J}_{v\nu} = 0. \tag{208}$$

Ersetzt man darin die Strangspannungen und -ströme durch ihre symmetrischen Komponenten nach Gl. (178) und (188), so erhält man die Teilspannungen zu:

$$\mathfrak{U}_{m\nu} = -\mathfrak{U}_N \frac{a}{1-a} \frac{\mathfrak{g}_{g\nu} + 2\mathfrak{g}_{n\nu}}{\mathfrak{g}_{m\nu} + \mathfrak{g}_{g\nu} + 4\mathfrak{g}_{n\nu}} \tag{209}$$

$$\mathfrak{U}_{g\nu} = +\mathfrak{U}_N \frac{1}{1-a} \frac{\mathfrak{g}_{m\nu} + 2\mathfrak{g}_{n\nu}}{\mathfrak{g}_{m\nu} + \mathfrak{g}_{g\nu} + 4\mathfrak{g}_{n\nu}} \tag{210}$$

$$\mathfrak{U}_{n\nu} = -\mathfrak{U}_N \frac{a^2}{1-a} \frac{\mathfrak{g}_{m\nu} + \mathfrak{g}_{g\nu}}{\mathfrak{g}_{m\nu} + \mathfrak{g}_{g\nu} + 4\mathfrak{g}_{n\nu}} \tag{211}$$

oder mit $\mathfrak{U}_{Str} = \frac{a}{1-a}\,\mathfrak{U}_N$ und m, $\mathfrak{g}$ und $\mathfrak{n}$ nach Gl. (182) die in Abb. 88 angegebenenen Beziehungen.

Der Leitwert des Nullsystems ist nach Gl. (190) ein Vielfaches des konstanten Leitwertes $\mathfrak{g}_m$ bei Leerlauf. In vielen Fällen — zumal bei Zweischichtwicklungen mit verkürztem Schritt — ist der Wicklungsfaktor der dritten Oberwelle ξ_{3p} wesentlich kleiner als derjenige der Grundwelle ξ_p.

Im normalen Arbeitsbereich $-45°$ el $\leqq p\varphi \leqq +45°$ el und darüber hinaus ist daher häufig:

$$\mathfrak{g}_{n\nu} \gg \mathfrak{g}_{m\nu} \text{ und } \mathfrak{g}_{g\nu}. \tag{212}$$

Unter dieser Vorsaussetzung vereinfachen sich die Gln. (209) bis (211) zu:

$$\mathfrak{U}_{m\nu} \approx -\frac{1}{2}\,\frac{a}{1-a}\,\mathfrak{U}_N \tag{209a}$$

$$\mathfrak{U}_{g\nu} \approx \frac{1}{2}\,\frac{1}{1-a}\,\mathfrak{U}_N \tag{210a}$$

$$\mathfrak{U}_{n\nu} \approx 0 \tag{211a}$$

d.h. die *Spannungskomponenten* werden *lastunabhängig* und das *Nullsystem verschwindet*. Die ek-Schaltung kann somit wie die im vorigen Abschnitt untersuchten Schaltungen mit konstanten durch die Netzspannung vorgegebenen symmetrischen Komponenten behandelt werden. Das gilt sowohl für den stationären Betrieb als auch für die Überprüfung der dynamischen Stabilität. Die ek-Schaltung wurde daher schon in Abb. 82 in die Tabelle der Schaltungen mit konstanten Komponenten aufgenommen. Da die mit- und gegenläufigen Spannungskomponenten ebenso wie bei der eh-Schaltung dem Betrage nach untereinander gleich groß sind, können die gleichen Stabilitätskarten für beide Schaltungen unverändert verwendet werden.

Neben der eh- und ek-Schaltung wird bei einphasigem Netzanschluß am häufigsten die e-Schaltung verwendet, deren Schaltbild in Abb. 31 dargestellt ist.

In Abb. 90 sind die Spannungskomponenten für das mit- und gegenläufige System an den einzelnen Wicklungssträngen angeschrieben. Ein Nullsystem kann nicht auftreten, da der Sternpunkt keinen vierten Anschluß besitzt. Die symmetrischen Komponenten sind jedoch für die beiden Wellenmaschinen getrennt anzusetzen, da die Leitwertkomponenten außer im Leerlauf von der Läuferstellung abhängig und für die beiden Maschinen verschieden sind.

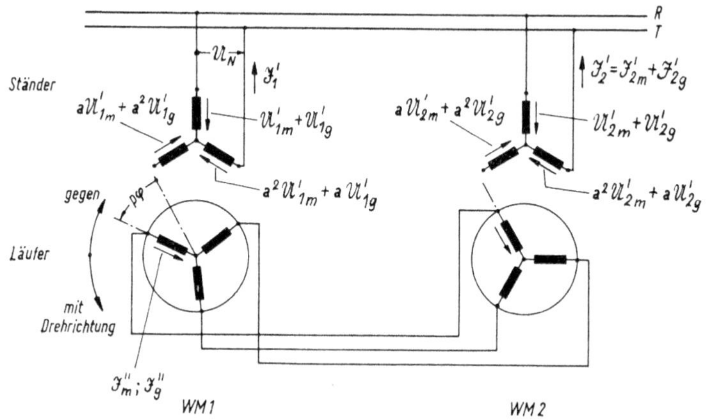

Abb. 90.
Schaltbild und Festlegung der Bezeichnungen bei einer elektrischen Welle mit e-Schaltung der Ständerwicklungen

Mit den Bezeichnungen nach Abb. 90 gelten für die einzelnen Stromkreise folgende Spannungsgleichungen:
Ständer *WM* 1, Wicklungsstränge mit Netzanschluß

$$\mathfrak{J}'_{1m}(1-a^2)(R'+i\omega L')+J_{1g}(1-a)(R'+i\omega L')+i\omega MJ''_m(1-a^2)\,e^{ip\varphi}+ \\ +i\omega MJ''_g(1-a)\,e^{-ip\varphi}=\mathfrak{U}_N \qquad (213)$$

Ständer *WM* 2, Wicklungsstränge mit Netzanschluß

$$\mathfrak{J}'_{2m}(1-a^2)(R'+i\omega L')+\mathfrak{J}_{2g}(1-a)(R'+i\omega L')-i\omega M\mathfrak{J}''_m(1-a^2)- \\ -i\omega M\mathfrak{J}''_g(1-a)=\mathfrak{U}_N \qquad (214)$$

Läufer-Wicklungsstrang, mitläufiges System

$$\mathfrak{J}''_m 2(R''+is\omega L'')+is\omega M\mathfrak{J}'_{1m}e^{-ip\varphi}-is\omega M\mathfrak{J}'_{2m}=0 \qquad (215)$$

Läufer-Wicklungsstrang, gegenläufiges System

$$\mathfrak{J}''_g 2[R''+i(2-s)\omega L'']+i(2-s)\omega M\mathfrak{J}'_{1g}e^{ip\varphi}-i(2-s)\omega M\mathfrak{J}'_{2g}=0 \qquad (216)$$

Ständer *WM* 1, offener Wicklungsstrang

$$\mathfrak{J}'_{1m}+a\mathfrak{J}'_{1g}=0 \qquad (217)$$

Ständer *WM* 2, offener Wicklungsstrang

$$\mathfrak{J}'_{2m} + a\mathfrak{J}'_{2g} = 0 \tag{218}$$

Aus diesen sechs Gleichungen können die sechs unbekannten Stromkomponenten durch elementare Rechenoperationen errechnet werden. Mit Einführung der Abkürzungen nach Gl. (92) erhält man für die Stromkomponente des mitläufigen Systems:

$$\mathfrak{J}'_{1m} = \frac{-a\mathfrak{U}_N}{(1-a)\omega L'} \frac{4(\alpha+i)(\beta+is)[\beta+i(2-s)]+s(1-\sigma)[\beta+i(2-s)](1+e^{ip\varphi})+}{8(\alpha+i)^2(\beta+is)[\beta+i(2-s)]+4(\alpha+i)\{s(1-\sigma)[\beta+i(2-s)]+}$$

$$\frac{+(2-s)(1-\sigma)(\beta+is)(1+e^{-ip\varphi})}{+(2-s)(1-\sigma)(\beta+is)\}+s(2-s)(1-\sigma)^2(1-\cos 2p\varphi)} \tag{219}$$

und ferner

$$\mathfrak{J}'_{1g} = -\frac{1}{a}\mathfrak{J}'_{1m} \tag{220}$$

$$\mathfrak{J}'_{2m}(\varphi) = \mathfrak{J}'_{1m}(-\varphi) \tag{221}$$

$$\mathfrak{J}'_{2g} = -\frac{1}{a}\mathfrak{J}'_{2m}\,. \tag{222}$$

Die Läuferströme ergeben sich damit aus Gl. (215) und (216) zu:

$$\mathfrak{J}''_{m} = -i\frac{s(1-\sigma)L'}{2(\beta+is)M}(\mathfrak{J}'_{1m}e^{-ip\varphi}-\mathfrak{J}'_{2m}), \tag{223}$$

$$\mathfrak{J}''_{g} = +\frac{i}{a}\frac{(2-s)(1-\sigma)L'}{2[\beta+i(2-s)]M}(\mathfrak{J}'_{1m}e^{+ip\varphi}-\mathfrak{J}'_{2m}). \tag{224}$$

Die Netzströme $\mathfrak{J}'_\nu$ der Wellenmaschinen sind gleich der Summe aus den mit- und gegenläufigen Stromkomgonenten:

$$\mathfrak{J}'_1 = \mathfrak{J}'_{1m} + \mathfrak{J}'_{1g}\,; \quad \mathfrak{J}'_2 = \mathfrak{J}'_{2m} + \mathfrak{J}'_{2g}\,. \tag{225}$$

Wegen Gl. (220) bis (222) gilt ferner:

$$\mathfrak{J}_1(\varphi) = \mathfrak{J}_2(-\varphi)\,. \tag{226}$$

Durch Einsetzen von $\mathfrak{J}'_{1m}$ und $\mathfrak{J}'_{1g}$ nach Gl. (219) und (220) in Gl. (225) ergibt sich für die Wellenmaschine 1 der Primärstrom bei e-Schaltung zu:

$$\mathfrak{J}_1' = \frac{\mathfrak{U}_N}{\omega L'} \, \frac{4(\alpha+i)(\beta+is)[\beta+i(2-s)]+s(1-\sigma)[\beta+i(2-s)](1+e^{ip\varphi})+ (2-s)(1-\sigma)(\beta+is)(1+e^{-ip\varphi})}{8(\alpha+i)^2(\beta+is)[\beta+i(2-s)]+4(\alpha+i)\{s(1-\sigma)[\beta+i(2-s)]+ (2-s)(1-\sigma)(\beta+is)\}+s(2-s)(1-\sigma)^2(1-\cos 2p\varphi)} \qquad (227)$$

Der Formelausdruck ist natürlich etwas umfangreich, da es sich um eine einphasige Schaltung unter Berücksichtigung aller Wicklungswiderstände — auch der im Ständer — handelt, die für jeden beliebigen stationären Betriebszustand gilt. Ihre zahlenmäßige Auswertung macht aber bei Verwendung elektronischer Rechenmaschinen keine Schwierigkeit.

Für überschlägige Rechnungen führt man am besten Vereinfachungen ein, um sich einen schnellen Überblick zu verschaffen. Wir untersuchen das Stromdiagramm bei vernachlässigtem Ständerwiderstand ($\alpha = 0$). Besondere Beachtung verdienen bei einphasigen Schaltungen die beiden Grenzfälle $s = 1$ (Stillstand) und $s = 0$. Bei $s = 0$ ist die mitläufige Stromkomponente des Läufers stets gleich Null, und der Läuferstrom sowie die Drehmomente rühren nur von der gegenläufigen Komponente der Ständerspannungen her. Das Betriebsverhalten bei $s = 0$ entspricht in diesem Falle weitgehend dem einer dreiphasig erregten elektrischen Welle beim Schlupf $s = 2$.

Das Primärstromdiagramm für eine elektrische Welle mit e-Schaltung ist in Abb. 91 dargestellt. Den Ausgangspunkt für die Ermittlung der

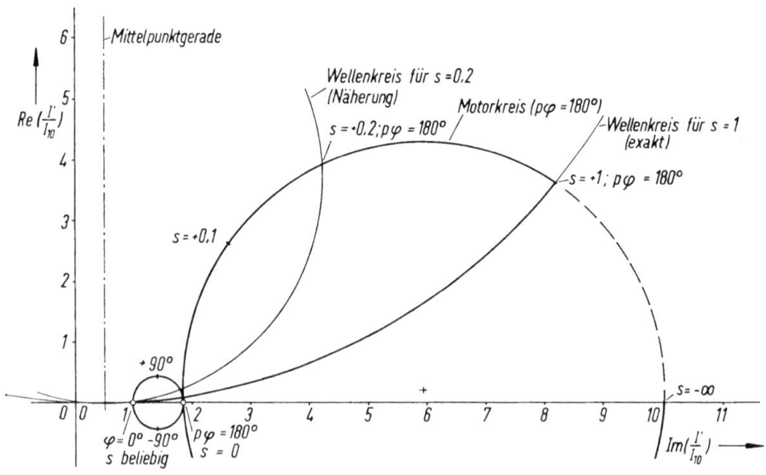

Abb. 91.
Stromortskurven einer elektrischen Welle mit e-Schaltung der Ständerwicklungen
$\alpha = 0$; $\beta = 0{,}05$; $\sigma = 0{,}1$; $I_{10} = U/2\omega L'$

Ortskurven der Ständerströme bildet auch hier das Verhalten des Einphasenmotors. Im Leerlauf mit $\varphi = 0$ nimmt die elektrische Welle den Strom:

$$\mathfrak{J}'_{10}(\varphi = 0) = \frac{\mathfrak{U}_N}{2\omega L'(\alpha + i)} \tag{228}$$

auf, und im Falle $\alpha = 0$ nur den Magnetisierungsstrom:

$$\mathfrak{J}'_{10}(\varphi = 0;\ \alpha = 0) = -i\frac{\mathfrak{U}_N}{2\omega L'}. \tag{229}$$

Die einphasige Schaltung mit der Klemmenspannung $\mathfrak{U}_N$ entsteht aus der dreiphasigen Schaltung mit der Strangspannung $\mathfrak{U}$:

$$\mathfrak{U} = \frac{a}{1-a}\mathfrak{U}_N, \tag{230}$$

bzw.

$$U = \frac{1}{\sqrt{3}} U_N \tag{230a}$$

indem eine Netzzuleitung fortgelassen wird. Um einen Vergleich zwischen diesen Schaltungen zu erleichtern, wollen wir die Definition von

$$I_\mu = \frac{U}{\omega L'} \tag{231}$$

nach Gl. (92) beibehalten. Der Magnetisierungsstrom der Einphasenwelle ist dann:

$$\mathfrak{J}'_{10}(\varphi = 0;\ \alpha = 0) = -i\frac{1-a}{a}\,\frac{\mathfrak{U}}{2\omega L'}. \tag{229a}$$

Er hat den Betrag:

$$I'_{10}(\varphi = 0; \alpha = 0) = \frac{\sqrt{3}}{2} I_\mu. \tag{229b}$$

Bei einer gegenseitigen Läuferverdrehung um $p\varphi = 180°$ el verhalten sich die Wellenmaschinen genau so wie unabhängig voneinander betriebene Einphasenmotoren. Für die Ortskurve des Ständerstroms gilt daher — wie sich auch aus Gl. (227) bei $p\varphi = 180°$ el ergibt — die Primärstromkurve des Einphasenmotors:

$$\mathfrak{J}'_1(p\varphi = 180°) = \frac{\mathfrak{U}_N}{\omega L'}\,\frac{(\beta+is)[\beta+i(2-s)]}{2(\alpha+i)(\beta+is)[\beta+i(2-s)] + (1-\sigma)\{s[\beta+i(2-s)]+(2-s)(\beta+is)\}}. \tag{232}$$

Ein besonders wichtiger Betriebsfall für die elektrische Welle mit e-Schaltung ist der Betrieb im Stillstand. Aus Gl. (227) ergibt sich nach einigen Umformungen für $s = 1$ der Primärstrom:

$$\mathfrak{J}_1'(s=1) = \frac{\mathfrak{U}_N}{2\omega L'} \cdot \frac{2(\beta+i)}{2(\alpha+i)(\beta+i)+(1-\sigma)(1-\cos p\varphi)}. \quad (233)$$

Dies ist die gleiche Formel, die wir schon mit Gl. (135) für den Primärstrom der dr-Schaltung gefunden haben. Die elektrische Welle mit e-Schaltung hat bei der Netzspannung $\mathfrak{U}_N$ im Stillstand genau die gleiche Stromortskurve $\mathfrak{J}_1' = f(\varphi)$, die eine elektrische Welle aus den gleichen Wellenmaschinen bei dr-Schaltung und der Klemmenspannung $\mathfrak{U}_N$ an den in Reihe geschalteten Strängen besitzen würde.

Gl. (233) stellt ebenso wie Gl. (135) einen Kreis dar, der durch den Koordinatenursprung, den Leerlaufpunkt ($p\varphi = 0$) und den Kurzschlußpunkt ($p\varphi = 180°$ el) bestimmt ist (vgl. Abb. 91). Die bei der dr-Schaltung ermittelte Bezifferung für verschiedene Verdrehungswinkel φ behält auch für die e-Schaltung im Stillstand volle Gültigkeit.

Nur im Stillstand und bei unbelasteter elektrischer Welle auch im Lauf sind bei e-Schaltung die Netzströme der beiden Wellenmaschinen einander gleich. Die relative Differenz wird am größten bei der synchronen Drehzahl des Drehfeldes. Bei $s = 0$ ergibt sich für den Primärstrom die Gleichung:

$$\mathfrak{J}_1'(s=0) = \frac{\mathfrak{U}_N}{2\omega L'} \cdot \frac{1}{(\alpha+i)} \cdot \frac{2(\alpha+i)(\beta+2i)+(1+e^{-ip\varphi})(1-\sigma)}{2(\alpha+i)(\beta+2i)+2(1-\sigma)}. \quad (234)$$

Hierfür kann man auch schreiben:

$$\mathfrak{J}_1'(s=0) = \frac{\mathfrak{U}_N}{2\omega L'} \cdot \frac{1}{\alpha+i} \left\{ 1 \frac{(1-\sigma)(1-\cos p\varphi+i \sin p\varphi)}{2(\alpha+i)(\beta+2i)+2(1-\sigma)} \right\}. \quad (234a)$$

Diese Gleichung stellt den in Abb. 91 eingetragenen Kreis dar, der durch den Leerlaufpunkt ($\varphi = 0$) geht und für $p\varphi = 180°$ el den Motorkreis im Punkte $s = 0$ tangiert. Der Wellenkreis hat die Verbindungslinie dieser beiden Punkte als Durchmesser. Die Bezifferung des Kreisumfanges in $p\varphi$ ist linear.

Für die Berechnung der Ströme bei Lauf gilt streng die vollständige Gl. (227). Der Drehzahlbereich des Normalbetriebes wird mit Rücksicht auf die geringen Kippmomente bei $s = 0$ jedoch meistens auf den Schlupfbereich $0{,}2 < s < 1$ beschränkt.

Aus Gl. (227) kann durch Vernachlässigung relativ kleiner Glieder folgende Näherungsgleichung hergeleitet werden:

$$\mathfrak{J}_1' \approx \frac{\mathfrak{U}_N}{\omega L'} \cdot \frac{\beta+is(2-s)}{2(\alpha+i)[\beta+is(2-s)]+(1-\sigma)s(2-s)(1-\cos p\varphi)}. \quad (227a)$$

Für Schlupfwerte $s > 0{,}5 \cdot s_k = \frac{\beta}{2\sigma}$ ist die Abweichung von der korrekten Formel kleiner als 10%.

Zur Berechnung der Drehmomente bestimmt man die mechanische Leistung der jeweiligen Wellenmaschine aus der Leistungsbilanz. So erhält man für die Maschine 1 nach Multiplikation der Ständer-Spannungsgleichung (213) mit dem Strom $\mathfrak{J}'_1 = \mathfrak{J}'_{1m} + \mathfrak{J}'_{1g}$ und der Läufer-Spannungsgleichungen (215) und (216) mit 3 $\mathfrak{J}''_m$ bzw. 3 $\mathfrak{J}''_g$ durch Addition und nach Abzug der Kupfer-Verlustleistungen die mechanische Leistung als Differenz der Einzelleistungen des mitläufigen und des gegenläufigen Drehfeldsystems:

$$P_{1\text{mech}} = 3\omega M(1-s)\{i\mathfrak{J}''_m e^{ip\varphi} \cdot \mathfrak{J}'_{1m} - i\mathfrak{J}''_g e^{-ip\varphi} \cdot \mathfrak{J}'_{1g}\}. \tag{235}$$

Das Drehmoment ergibt sich daraus zu:

$$M_1 = -\frac{p}{\omega(1-s)} \cdot P_{1\text{mech}}. \tag{236}$$

Die Auswertung der skalaren Produkte in Gl. (235) mit den Strömen nach Gl. (219) bis (224) in allgemein gültiger Form erfordert einen erheblichen Rechenaufwand. Wir betrachten daher zunächst die wichtigsten Sonderfälle.

Bei Stillstand mit $s = 1$ vereinfachen sich die Stromgleichungen sehr erheblich. Die Ausrechnung liefert das Drehmoment der Wellenmaschine 1 zu:

$$M_1 = -\frac{\sqrt{3}}{4}\frac{p}{\omega} \cdot \mathfrak{U}_N I_\mu \cdot (1-\sigma) \cdot \frac{\sin p\varphi}{[\alpha+\beta]^2 + [\alpha\beta - 1 + \frac{1}{2}(1-\sigma)(1-\cos p\varphi)]^2} \tag{237}$$

Das Drehmoment der Wellenmaschine 2 ergibt sich durch Vertauschen des Vorzeichens von φ.

Beachtet man, daß hier nach der Definition in Gl. (98a) sinngemäß

$$C = const = \frac{\sqrt{3}}{4}\frac{p}{\omega} U_N I_\mu (1-\sigma) \tag{238}$$

zu setzen ist, wobei U_N die verkettete Spannung des Drehstromsystems ist, dann entspricht Gl. (237) dem Ausdruck für das synchronisierende Drehmoment Gl. (149) der elektrischen Welle bei Reihenschaltung. Der Verlauf der Ströme und Drehmomente in Abhängigkeit vom Verdrehungswinkel ist bei Stillstand für die dr- oder die e-Schaltung völlig gleich.

Vergleichen wir einmal die Höhe der Kippmomente bei den wichtigsten Schaltungen. Die Drehmomentausnutzung wird am besten durch das Kippmoment des synchronisierenden Momentes M_{Sy} gekennzeichnet. Es beträgt, wie sich z.B. aus Gl. (47) ergibt, für dp-Schaltung bei $\alpha = 0$:

$$M_{\mathrm{Syk}} = \frac{M_{\mathrm{s}}}{2} \cdot \frac{s}{s_{\mathrm{k}}} = \frac{(s/s_{\mathrm{k}})^2}{1+(s/s_{\mathrm{k}})^2} M_{\mathrm{k}} \tag{239}$$

Legt man nun diese beiden Wellenmaschinen in dr-Schaltung (vgl. Abb. 27) an ein Drehstromnetz mit doppelter Spannung, so daß die Teilspannung je Wicklungsstrang bei Leerlauf gleich derjenigen bei dp-Schaltung ist, dann werden etwa doppelt so große Kippmomente erreicht (vgl. Abb. 28 und Abb. 76). Dies läßt sich durch eine etwas umständlichere Rechnung auch aus Gl. (149) herleiten, auf die hier jedoch verzichtet werden soll.

Durch Abtrennen je einer Netzzuleitung an den beiden Wellenmaschinen entsteht aus der dp-Schaltung die e-Schaltung, wobei die verkettete Spannung als Netzspannung U_{N} der e-Schaltung beibehalten werden möge. Das Kippmoment der e-Schaltung erreicht in diesem Falle gemäß Gl. (237) den halben Wert der dr-Schaltung und ist demnach genau so groß wie das synchronisierende Moment der dp-Schaltung.

Es ist zu beachten, daß gemäß der Definition in Abb. 72 bei der dr-Schaltung $\mathfrak{U}_{\mathrm{N}} = 2\mathfrak{U}$ die doppelte Strangspannung ist, während bei e-Schaltung $\mathfrak{U}_{\mathrm{N}}$ zweckmäßig als die verkettete Spannung des Drehstromsystems der dp-Schaltung mit der Sternspannung $\mathfrak{U}$ aufzufassen ist, so daß hier $U_{\mathrm{N}} = \sqrt{3}\, U$ wird.

Die einphasig erregte elektrische Welle erzeugt bei Stillstand nur ein synchronisierendes Moment, da die vom mitläufigen und gegenläufigen Drehfeldsystem erzeugten asynchronen Momente gleich groß und entgegen gerichtet sind und sich daher aufheben. Bei Lauf der elektrischen Welle ist das jedoch nicht mehr der Fall. Es bleibt bei der Differenzbildung ein restlicher asynchroner Momentanteil erhalten, wodurch die Drehmomentlinie unsymmetrisch wird.

Ein besonders zu beachtender Betriebszustand der elektrischen Welle ist der Schlupfpunkt $s = 0$ bei synchroner Drehzahl des mitläufigen Drehfeldes. An dieser Stelle werden die Drehmomente nur noch vom gegenläufigen Feld erzeugt, da die mitläufige Komponente des Läuferstromes J_{m}'' verschwindet. Das Drehmoment für $s = 0$ erhält man daher nach Gl. (235) und (236) zu:

$$M_1(s=0) = -3pMi\mathfrak{I}_{\mathrm{g}}'' \mathrm{e}^{-ip\varphi} \cdot \mathfrak{I}_{1\mathrm{g}}'.$$

Durch Einsetzen der mit $s = 0$ erheblich vereinfachten Stromgleichungen nach Gl. (220) und (224) und Auswertung des skalaren Produktes erhält man für die Maschine 1 das Drehmoment für $s = 0$ zu:

$$M_1 =$$

$$= -\frac{\sqrt{3}}{4}\,\frac{p}{\omega}\cdot U_N I_\mu (1-\sigma)\frac{[2(1+\alpha^2)-(1-\sigma)]\sin p\varphi + \beta(1+\alpha^2)(1-\cos p\varphi)}{(1+\alpha^2)\{(\beta+2\alpha)^2+[\alpha\beta-(1+\sigma)]^2\}}. \tag{241}$$

Die Formel hat einen ähnlichen Aufbau wie Gl. (47) für die dp-Schaltung. Das Drehmoment setzt sich aus einem synchronisierenden Anteil proportional sin $p\varphi$ und einem asynchronen proportional ($1-\cos p\varphi$) zusammen, während der Nenner unabhängig von φ ist.
In Abb. 92 sind für ein Beispiel ($\alpha = 0$; $\beta = 0{,}05$; $\sigma = 0{,}1$) die Drehmomentkurven für $s = 1$ und $s = 0$ eingetragen. Sehr bemerkenswert

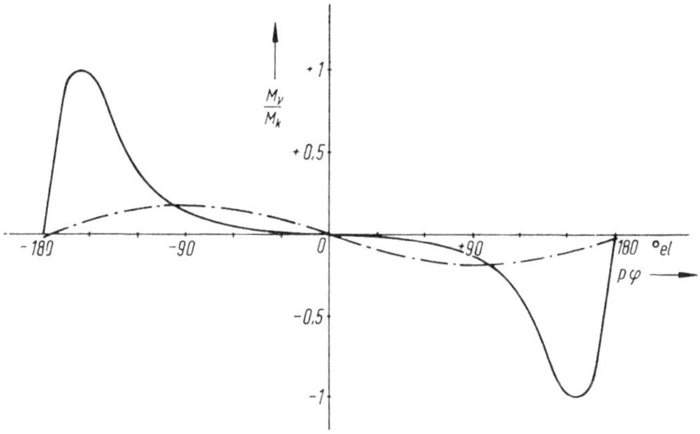

Abb. 92.
Abhängigkeit der Drehmomente M_v vom Läuferverdrehungswinkel $p\varphi$ für eine elektrische Welle mit e-Schaltung bei verschiedenen Schulpfwerten s
———— $s = 1$
—— · —— $s = 0$

ist das geringe Kippmoment bei $s = 0$ von nur etwa 20% des im Stillstand erreichten Wertes. Bei den übrigen einphasigen Schaltungen mit konstanten Spannungskomponenten (eh-, ek-Schaltung) gehen die Kippmomente bei $s = 0$ nur auf etwa die Hälfte gegenüber demjenigen bei $s = 1$ zurück (vgl. Abb. 32). Die sehr niedrigen Drehmomente nahe $s = 0$ machen die e-Schaltung ungeeignet für einen Betrieb bei

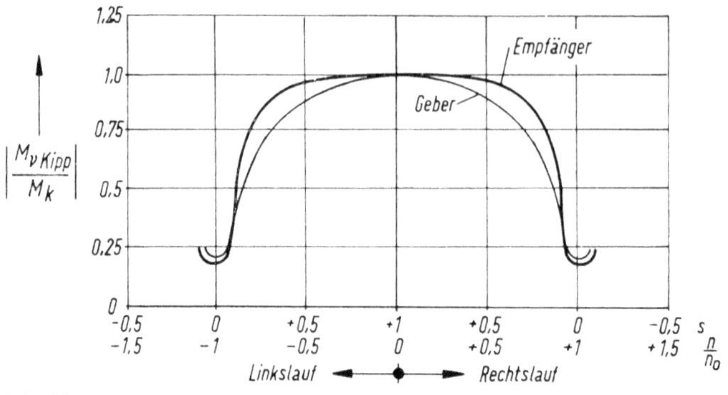

Abb. 93.
Drehzahlabhängigkeit der Kippmomente einer elektrischen Welle bei e-Schaltung mit Wechselstromerregung

synchroner und übersynchroner Drehzahl des Drehfeldes. Abb. 93 zeigt die Abhängigkeit der Kippmomente von der Drehzahl.

6.3 Richtlinien für die Projektierung

Für die Auswahl einer elektrischen Welle mit unsymmetrischer Ständerschaltung sind Gründe maßgebend, die sowohl mit der Anlagentechnik als auch mit den stationären bzw. den dynamischen Betriebseigenschaften der Schaltung zusammenhängen können.
Darüber hinaus sind die unterschiedlichen elektrischen Verluste sowie das Geräuschverhalten der in Betracht gezogenen Schaltungen zu berücksichtigen.
Die einphasigen Schaltungen werden in Anlagen mit zahlreichen Wellenmaschinen — die dann meistens eine relativ kleine Baugröße haben — oft wegen der einfachen Schaltungsweise und der geringen Zahl der Anschluß- und Verbindungsleitungen bevorzugt. Wie in Abschn. 9 noch ausführlicher gezeigt wird, ist bei elektrischen Wellen mit einphasigem Netzanschluß keine besondere Synchronisierungsschaltung erforderlich. Die für die Erregung bestimmten Wicklungen können ohne weiteres an das speisende Netz angeschlossen werden, wobei sich dann die Läufer auf gleiche räumliche Phasenlage einstellen und im Gleichlauf betrieben werden können. Das Zusamenschalten und Synchronisieren der Wellenmaschinen ist also viel einfacher als bei einer symmetrischen oder unsymmetrischen dreiphasigen Schaltung, bei der praktisch immer ein Synchronisieren in mehreren Stufen mit einer verzögerten Zuschaltung des dritten Wicklungsstranges erfolgen muß.
Hinzu kommt, daß gerade bei Wellenmaschinen kleiner Leistung der größte Vorteil der symmetrischen dreiphasigen Schaltungen — ihre

relativ hohe Drehmomentausnutzung der Typengröße — in vielen Fällen wegen des großen asynchronen Drehmomentanteils verloren geht. Der Unsymmetriegrad zwischen den Geber- und Empfängermomenten wird so groß, daß z.B. bei Ferndreherwellen der Betrieb gegen das Drehfeld unmöglich wird und bei jeder Drehrichtungsumkehr das Drehfeld mit umgeschaltet und daher jeweils neu synchronisiert werden müßte. Bei Maschinen mit kleiner Typenleistung (etwa < 1 kW Motornennleistung) werden fast ausschließlich einphasige Schaltungen verwendet. Man findet sie aber in vielen Fällen auch bei größeren Motorleistungen.

Ein weiterer für ihre Auswahl maßgebender Vorzug der einphasigen Schaltungen ist in dem bei ihnen viel kleineren asynchronen Drehmomentanteil begründet. Die Eigenschaft der meisten dreiphasigen Schaltungen, im Anschluß an Störungen oder Überlastungen, die zum Kippen der elektrischen Welle führen, asynchron bis auf nahezu die synchrone Drehzahl des Drehfeldes hochzulaufen, wird oft als sehr unangenehm empfunden, da damit eine empfindliche Störung des Arbeitsablaufs verbunden sein kann, etwa weil ein Transportgut zerreißt, weil Werkzeuge oder teure Werkstücke zerstört oder beschädigt werden u.s.w. Diese Schäden werden vermieden, wenn die Wellenmaschinen bei einer Störung nur geringe beschleunigende Momente erzeugen oder gar bremsend wirken. Man kann solche technologisch bedingten Wünsche bei der Projektierung der Anlage durch Auswahl einer einphasigen Schaltung evtl. in Verbindung mit Vorschaltwiderständen im Läuferkreis leicht berücksichtigen.

Bei der Auslegung einer elektrischen Welle ist die Drehzahlabhängigkeit der übertragbaren Drehmomente zu berücksichtigen. Ferner ist zu beachten, daß bei dreiphasigen Schaltungen die Drehrichtung die Betriebseigenschaften beeinflußt. Nur bei elektrischen Wellen mit einphasigem Netzanschluß sind beide Drehrichtungen völlig gleichwertig und ohne Einfluß auf das Betriebsverhalten und die übertragbaren Drehmomente.

Auch die Eigenschaften im dynamischen Betrieb können gelegentlich zur Wahl einer unsymmetrischen Schaltung führen. Betrachten wir etwa eine Ferndreherwelle, die in einem Drehzahlbereich betrieben werden soll, der bis zur synchronen Drehzahl des Feldes oder darüber hinaus reicht. Wegen der höheren übertragbaren Drehmomente wird man zunächst bei größeren Maschinen die dp-Schaltung bei Lauf gegen das Drehfeld zu verwenden suchen. Bei diesem Betrieb ist jedoch die dynamische Stabilität oft nur schwer zu erreichen. Bei dem großen Schlupf wären sehr große Dämpfungswiderstände bei erheblicher Verminderung der statisch stabilen Drehmomente erforderlich. Eine einphasige Schaltung kommt unter Umständen wegen der geringen übertragbaren Drehmomente im Bereich der synchronen Drehzahl des Drehfeldes ebenfalls nicht in Betracht. Unter solchen Bedingungen kann die Verwendung einer unsymmetrischen Ständerschaltung mit geringem Unsymmetriegrad der beste Weg sein. So bringt z.B. der Übergang von der dp-Schaltung zur V''-Schaltung — wie aus Abb. 82 hervorgeht — nur eine geringe Verminderung des Drehmomentgradienten auf $8/9 = 89\%$, während aber der von der gegenläufigen Drehfeldkomponente herrührende Dämpfungsanteil in der Umgebung des Schlupfpunktes $s = 2$ die negative Dämpfung mehr als ausgleicht. Abb. 77 zeigt den Verlauf der Dämpfung für die V''-Schaltung abhängig vom Schlupf bzw. von der Drehzahl für die Maschinendaten $\alpha = \beta = 0{,}05$ und $\sigma = 0{,}1$. Außer im Bereich der synchronen Drehzahl des mitläufigen Feldes ist auch zwischen etwa $s = 1{,}5$ und $2{,}4$ die Dämpfung positiv. Die Auswahl zwischen den möglichen unsymmetrischen Schaltungen mit dreiphasigem Netzanschluß richtet sich nach dem Grad der Unsymmetrie. Zur Einstellung positiver Dämpfung im Schlupfbereich um $s = 2$ genügt bereits eine kleine gegenläufige Drehfeldkomponente.

Solange das mitläufige Drehfeld bei einer unsymmetrischen Schaltung größer ist als das gegenläufige, beschleunigt der asynchrone Drehmomentanteil die Gleichlaufanordnung. Erst bei überwiegendem gegenläufigen Feldanteil wirkt das asynchrone Drehmoment bremsend. Dies trifft zu, wenn bei Betrieb der Wellenmaschinen als Asynchronmotoren das Kippmoment im Motorbereich ($0 \leq s_k \leq 1$) liegt, was, abgesehen von sehr kleinen Motoren, immer der Fall ist.

Die eh- und ek-Schaltung zeigen sehr ähnliches Verhalten und können wahlweise für den gleichen Zweck verwendet werden. Bei vorgegebener Wicklungsauslegung ist der Hauptunterschied der, daß bei eh-Schaltung der Fluß um den Faktor $2/\sqrt{3}$, also um etwa 15% höher ist als bei ek-Schaltung und daher die Drehmomente bei letzterer nur 3/4 so groß sind wie bei eh-Schaltung. Aus diesem Grunde und wegen der besseren Verteilung der Stromwärmeverluste auf die drei Ständerwicklungsstränge wird die eh-Schaltung meist vorgezogen.

Die Eigenschaften der *e-Schaltung* erscheinen zunächst sehr günstig, da die erreichbaren Kippmomente sehr hoch sind — bei Ferndreherwellen teilweise sogar größer als bei dp-Schaltung. Unter der häufig gegebenen Voraussetzung, daß der relativ *große Verdrehungswinkel* bei Last nicht stört, bestehen hinsichtlich des stationären Drehmomentverhaltens gute Verwendungsmöglichkeiten für die e-Schaltung. Trotzdem wird diese Schaltung nur in seltenen Fällen angewendet. Der Grund dafür mag in erster Linie in dem *Geräuschverhalten* zu suchen sein. Grundsätzlich treten nämlich bei allen unsymmetrischen Schaltungen pulsierende Momente und Kräfte auf, die vor allem bei starker Belastung zu unangenehmer Geräuschbildung Anlaß geben können. Diese Erscheinung ist bei der e-Schaltung besonders stark ausgeprägt.

Bei der *Auslegung* einer elektrischen Welle mit *unsymmetrischer* Schaltung der Ständerwicklung ist der Berechnung der Stromwärmeverluste und ihrer Verteilung auf die einzelnen Wicklungsstränge besondere Bedeutung beizumessen. Allgemein sind die bei der Übertragung eines bestimmten Drehmomentes in den Wellenmaschinen entstehenden elektrischen Verluste bei einer unsymmetrischen Schaltung größer als bei einer symmetrischen dreiphasigen Schaltung. Zusätzlich ist zu berücksichtigen, daß die Aufteilung der Stromwärmeverluste auf die einzelnen Wicklungsstränge sehr ungleichmäßig sein kann. Unter gleichen Lastverhältnissen ist mit dem Übergang zu einer unsymmetrischen Schaltung daher meistens ein Anstieg der Wicklungserwärmung verbunden.

Für die Auswahl der Polzahl und der Typengröße gelten sinngemäß die im Abschn. 4.6 für die dp-Schaltung erläuterten Gesichtspunkte. Ebenso wie dort wird zunächst nach den stationären Bedingungen eine Motortype ausgewählt und die dynamische Stabilität für das Gleichlaufsystem mit diesen Wellenmaschinen überprüft.

7. Die elektrische Arbeitswelle

Im Abschnitt über die elektrische Ausgleichwelle wurde gezeigt, wie zwei Antriebsgruppen dadurch im Gleichlauf gehalten werden, daß sie zusätzlich mit je einer Schleifringläufermaschine gekuppelt werden, deren Wicklungen in der Schaltung als elektrische Welle miteinander verbunden sind. Bei gleich großer Belastung der Maschinensätze treten die Wellenmaschinen nicht in Funktion, sie brauchen kein Ausgleichmoment zu übertragen und sind an der Erzeugung der Antriebsmomente nicht beteiligt. Das Drehmoment der beiden Wellenmaschinen ist in diesem Falle gleich Null. Die Lastmomente werden in vollem Maße von den getrennt angeordneten Antriebsmaschinen aufgebracht (vgl. Abb. 1). Die elektrische Ausgleichwelle kann nur bei Verdrehungswinkeln $\varphi \neq 0$ auch ein antreibendes Moment erzeugen, nicht aber bei symmetrischer Belastung der beiden Maschinengruppen. Das Auftreten des antreibenden asynchronen Drehmomentanteiles ist bei der Ausgleichwelle gewissermaßen ein mehr oder minder erwünschter Nebeneffekt, die Hauptsache ist das den Gleichlauf bewirkende synchronisierende Drehmoment.

Die Tatsache jedoch, daß die belastete Ausgleichwelle ein antreibendes Moment erzeugt, beweist, daß die elektrische Welle im Prinzip in der Lage ist, durch ihre synchronisierenden Momente den Gleichlauf zu bewirken und gleichzeitig Antriebsmomente zu liefern. Es fehlt nur noch das Mittel, auch bei symmetrischer Belastung die erforderlichen Antriebsmomente einzustellen und fallweise eine vernünftige Abstimmung zwischen der Höhe der Antriebsmomente einerseits und der Ausgleichsmomente andererseits zu bewirken. Hierzu bietet sich der Sternpunktwiderstand R_s an, der die sog. Arbeitswelle kennzeichnet (vgl. Abb. 94a).

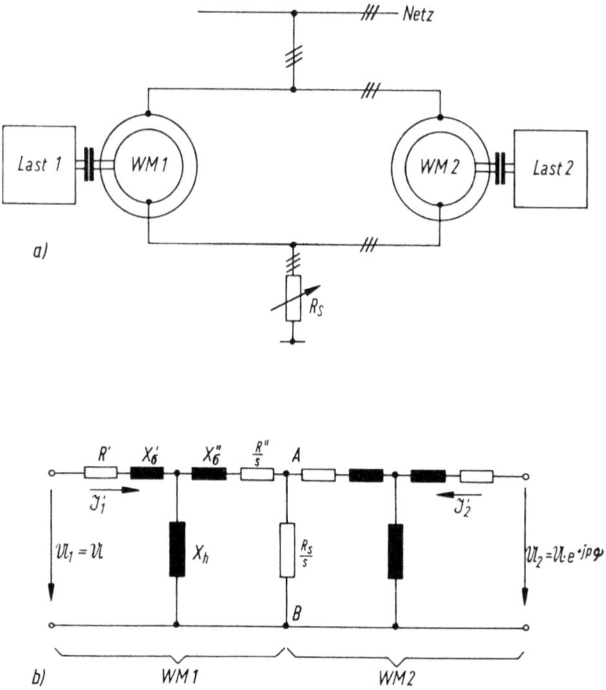

Abb. 94.
Elektrische Arbeitswelle aus zwei Maschinen gleicher Type
a) Maschinenanordnung
b) Elektrisches Ersatzbild

Dieser Sternpunktwiderstand — nicht zu verwechseln mit den im Zuge der Verbindungsleitungen gegebenenfalls einzuschaltenden Dämpfungswiderständen — ist in der Tat von größtem Einfluß auf das Betriebsverhalten der elektrischen Arbeitswelle. Indem man den Betrag dieses Widerstandes zwischen unendlich und Null variiert, erhält man entweder mehr die Eigenschaften der Ausgleichwelle oder die eines normalen Asynchronmotors.

Bei der Berechnung der Ströme können wir in ähnlicher Weise vorgehen wie bei der Ausgleichwelle. In Abb. 94b ist das elektrische Ersatzbild der Arbeitswelle dargestellt, wobei der mechanische Verdrehungswinkel φ zwischen den Läuferwicklungsachsen wiederum als elektrische Verdrehung $p\varphi$ zwischen den Speisespannungen der beiden Maschinen berücksichtigt ist. Man erkennt aus der Form des Ersatzbildes, daß die Ortskurve des Primärstromes als Funktion des Verdrehungswinkels $p\varphi$ auch hier ein Kreis sein muß. Denn bei Anwendung des Überlagerungsprinzips erhält man die Einspeisung nur der Maschine 1 bei kurzgeschlossenem Ständer 2 einen konstanten Stromvektor $\mathfrak{J}'_{11}$ und bei Einspeisung der Maschine 2 in der kurzgeschlossenen Ständerwicklung 1 einen Strom $\mathfrak{J}'_{12}e^{+ip\varphi}$. Der gesamte Primärstrom $\mathfrak{J}'_1$ ist also die vektorielle Summe

$$\mathfrak{J}'_1 = \mathfrak{J}'_{11} + \mathfrak{J}'_{12}e^{+ip\varphi} \tag{242}$$

wobei $\mathfrak{J}'_{11}$ den Mittelpunktsvektor und $\mathfrak{J}'_{12}$ den Radiusvektor des Wellenkreises darstellt. Den Primärstrom der Maschine 2 erhält man analog bei Vertauschen des Vorzeichens von φ zu:

$$\mathfrak{J}'_2 = \mathfrak{J}'_{22} + \mathfrak{J}'_{21}e^{-ip\varphi}. \tag{243}$$

Die Indizes sind entsprechend der früher getroffenen Festlegung so gewählt, daß der erste Index die Maschine bezeichnet, in der die betreffende Größe auftritt, während der zweite auf die Entstehungsursache der jeweiligen Größe hinweist.

Die Teilströme $\mathfrak{J}'_{\nu 1}$ und $\mathfrak{J}'_{\nu 2}$ können auf Grund einer einfachen Überlegung ohne weitere Rechnung bestimmt werden, wenn man die Betriebsverhältnisse bei den Verdrehungswinkeln $\varphi = 0$ Grad und $p\varphi = 180$ Grad betrachtet. Bei gleicher Winkelstellung der Läufer-Wicklungsachsen ($\varphi = 0$) verhalten sich die beiden Wellenmaschinen so wie normale Schleifringläufermotoren, die auf einen gemeinsamen Anlaßwiderstand R_S geschaltet sind, was gleichbedeutend ist mit einer Schaltung der Läuferwicklungen auf je einen Widerstand $2R_S$. Der diesem Betriebszustand zugehörige Ständerstrom ergibt sich aus dem normalen Primärstromdiagramm des Asynchronmotors mit $\mathfrak{J}_s$, wenn der Punkt P_s den dem Schlupf s bei einem Läuferwiderstand $R'' + 2R_S$ zugeordneten Betriebspunkt bezeichnet. Man erhält also für $\varphi = 0$ mit Gl. (242) die Beziehung:

$$\mathfrak{J}_s = \mathfrak{J}'_{11} + \mathfrak{J}'_{12}. \tag{244}$$

Auch für die Oppositionsstellung der Läufer mit $p\varphi = 180°$ kann man den Ständerstrom wieder unmittelbar angeben; denn in diesem Falle sind — wie schon bei der Ausgleichwelle festgestellt wurde — die

Läuferspannungen der beiden Wellenmaschinen genau gegengleich, so daß die Spannung zwischen den Punkten A und B in Abb. 94b Null wird. Unabhängig davon, ob zwischen diesen Punkten ein Widerstand eingeschaltet ist oder nicht, entspricht der aufgenommene Ständerstrom der Wellenmaschinen dem Primärstrom $\mathfrak{J}_s$ eines im Läufer kurzgeschlossenen Asynchronmotors beim Schlupf s, der im Kreisdiagramm durch den Punkt P_s gekennzeichnet ist (Abb. 95a). Als zweite Bestimmungsgleichung erhält man damit aus Gl. (242):

$$\mathfrak{J}_s = \mathfrak{J}'_{11} - \mathfrak{J}'_{12}. \tag{245}$$

Errechnet man aus den letzten beiden Gleichungen die Teilströme $\mathfrak{J}'_{11}$ und $\mathfrak{J}'_{12}$ und setzt sie in Gl. (242) ein, dann ergibt sich der Primärstrom der Maschine 1 zu:

$$\mathfrak{J}'_1 = \frac{1}{2}\{(\mathfrak{J}_s + \bar{\mathfrak{J}}_s) - (\mathfrak{J}_s - \bar{\mathfrak{J}}_s)e^{+ip\varphi}\} \tag{246}$$

und der Ständerstrom der Maschine 2 zu:

$$\mathfrak{J}'_2 = \frac{1}{2}\{(\mathfrak{J}_s + \bar{\mathfrak{J}}_s) - (\mathfrak{J}_s - \bar{\mathfrak{J}}_s)e^{-ip\varphi}\}. \tag{247}$$

Ein Vergleich mit den entsprechenden Gleichungen (39) und (40) zeigt die völlige Analogie in der Zusammensetzung der Ströme zwischen der Arbeitswelle und der Ausgleichswelle. Die Kreisdiagramme unterscheiden sich lediglich darin, daß der bei der Ausgleichwelle als Punkt des Wellenkreises erscheinende Leerlaufpunkt bei der Arbeitswelle durch den Schlupfpunkt des Schleifringläufermotors mit vorgeschaltetem Anlaßwiderstand $2R_s$ ersetzt werden muß (vgl. Abb. 95a). Der Wellenkreis der Arbeitswelle wird also wieder durch zwei Punkte des Heyland-Kreises bestimmt: Durch den dem normalen Arbeitsdiagramm des Asynchronmotors ohne Zusatzwiderstände beim Schlupf s zugeordneten Schlupfpunkt P_s und durch den Punkt $\bar{P}_s$, der dem Motorbetrieb beim Schlupf s, jedoch bei Einschalten der Sternpunktwiderstände $2R_s$ entspricht. Der Kreis über dem Durchmesser $P_s\bar{P}_s$ ist die Stromortskurve der elektrischen Arbeitswelle. Man erhält die Zuordnung zu beliebigen Verdrehungswinkeln $p\varphi$, indem man an $O_w\bar{P}_s$ in O_w den entsprechenden Winkel $p\varphi$ anträgt.
Wenn — wie in Abb. 95 vorausgesetzt — auf die Berücksichtigung der Ohmschen Widerstände der Ständerwicklung verzichtet werden kann, dann sind die Wirkanteile der Ständerströme den Luftspaltleistungen proportional, und die Drehmomente ergeben sich als die senkrechten

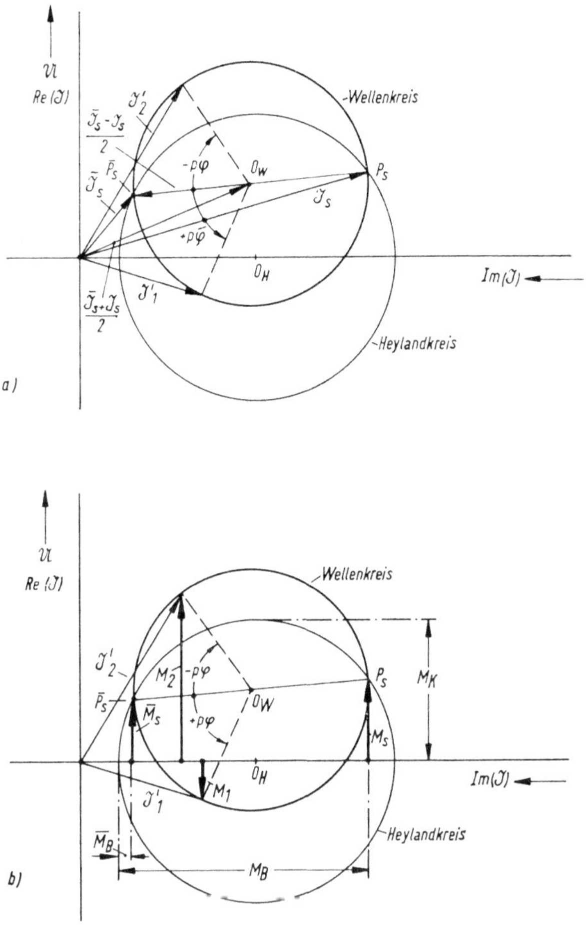

Abb. 95.
Primärstromdiagramm der elektrischen Arbeitswelle, $R' = 0$
a) Ermittlung des Wellenkreises
b) Drehmomentbestimmung

Abstände der Ortspunkte der Ständerströme von der Blindachse (M_1 und M_2 in Abb. 95b). Ferner kann dem Stromdiagramm das bei symmetrischer Belastung an beiden Wellenmaschinen wirksame antreibende Moment $\bar{M}_s$ entnommen werden. Wie aus der Theorie des Asynchronmotors bekannt ist, erhält man $\bar{M}_s$ aus dem Kippmoment M_k des Asynchronmotors zu:

$$\bar{M}_s = M_k \frac{2s/\bar{s}_k}{1+(s/\bar{s}_k)^2}, \tag{248}$$

wobei $\bar{s}_k$ den Kippschlupf bei Berücksichtigung des Sternpunktwiderstandes darstellt, der sich aus dem Kippschlupf s_k des Motors ohne Zusatzwiderstände zu:

$$\bar{s}_k = s_k\left(1+\frac{2R_s}{R''}\right) = \frac{1}{\varkappa}\, s_k \tag{249}$$

ergibt, mit

$$\varkappa = \frac{R''}{R''+2R_s}. \tag{250}$$

Das gesamte Drehmoment der Wellenmaschinen wird als skalares Produkt aus Netzspannung und Ständerstrom aus den Gln. (246) und (247) berechnet zu:

$$M_1 = \frac{3}{2}\frac{p}{\omega}\mathfrak{U}\cdot\{\mathfrak{J}_s(1-\cos p\varphi)+\bar{\mathfrak{J}}_s(1+\cos p\varphi)-i(\mathfrak{J}_s-\bar{\mathfrak{J}}_s)\sin p\varphi\}, \tag{251}$$

$$M_1 = \frac{1}{2}\left\{M_s(1-\cos p\varphi)+\bar{M}_s(1+\cos p\varphi)-(M_B-\bar{M}_B)\sin p\varphi\right\} \tag{252}$$

und für Wellenmaschine 2 zu:

$$M_2 = \frac{1}{2}\left\{M_s(1-\cos p\varphi)+\bar{M}_s(1+\cos p\varphi)+(M_B-\bar{M}_B)\sin p\varphi\right\}. \tag{253}$$

Die Bedeutung von M_S, $\bar{M}_S$, M_B und $\bar{M}_B$ ist aus Abb. 95b ersichtlich. Aus den geometrischen Zusammenhängen der verschiedenen Größen ergeben sich ferner in Verbindung mit Gl. (248) folgende Beziehungen:

$$M_B = \frac{s}{s_k} M_s, \tag{254}$$

$$\bar{M}_B = \frac{s}{\bar{s}_k} \bar{M}_s. \tag{255}$$

Bei Aufspaltung des Gesamtdrehmomentes in synchronisierenden und asynchronen Drehmomentanteil treten als Komponenten auf:

$$M_{Sy} = \frac{1}{2}(M_B-\bar{M}_B)\sin p\varphi\,; \tag{256}$$

$$M_{As} = \frac{1}{2}\left\{ M_s(1 - \cos p\varphi) + \bar{M}_s(1 + \cos p\varphi) \right\}. \tag{257}$$

In dem Maße, wie $\bar{M}_B$ zunimmt, tritt also eine Minderung des synchronisierenden Momentes gegenüber der Ausgleichwelle mit $M_{Sy} = 1/2\, M_B \sin p\varphi$ (Gl. 49) auf. Beim asynchronen Moment ist der Anteil $\bar{M}_s\,(1 + \cos p\varphi)$ neu hinzugetreten.

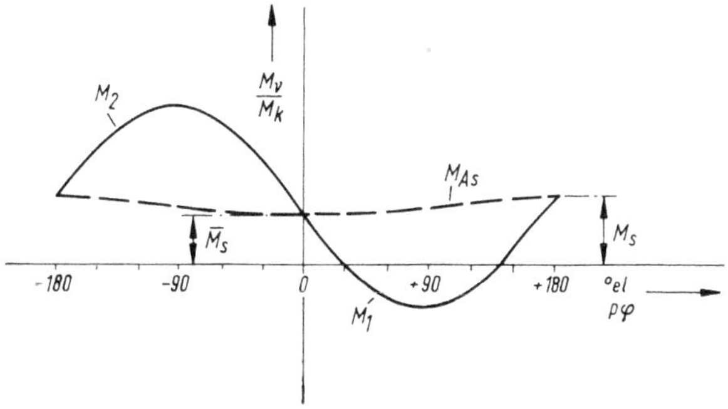

Abb. 96
Drehmomente der elektrischen Arbeitstwelle
M_ν Gesamtdrehmoment an Wellenmaschine ν ($\nu = 1;\ 2$)
M_{As} asynchroner Drehmomentanteil

Der Drehmomentverlauf über dem Verdrehungswinkel ist in Abb. 96 dargestellt und gleichzeitig der asynchrone Drehmomentanteil mit eingetragen. Wie aus dem Kurvenverlauf hervorgeht, ist dem synchronisierenden Moment stets — auch bei symmetrischer Belastung ($\varphi = 0$) — ein antreibendes Moment M_{As} von erheblicher Größe überlagert. An Hand des Kreisdiagramms in Abb. 95b kann man sich leicht überlegen, wie durch entsprechende Wahl des Sternpunktwiderstandes R_s die Lage des Punktes $\bar{P}_s$ und damit der Wellenkreis verschoben werden kann. Es ist damit offenbar möglich, die Größe des antreibenden Momentes (proportional $\bar{M}_s$) und des übertragbaren Ausgleichsmomentes (etwa proportional dem Durchmesser des Wellenkreises) in der gewünschten Weise aufeinander abzustimmen. Zur Veranschaulichung der Momentverhältnisse sind in Abb. 97 die Wellenkreise für eine Arbeitswelle aus Schleifringläufermaschinen mit einer Motor-Nennleistung von 5 kW für einige Schlupfpunkte ($s = 1;\ 0{,}4;\ 0{,}2;\ 0{,}1$) unter Voraussetzung eines Sternpunktwiderstandes $R_s = 2R''$, also $\varkappa = 0{,}2$, eingezeichnet. Eine unmittelbare Annäherung an die synchrone Drehzahl des Feldes (Schlupf etwa 0,1 und kleiner) vermindert die Ausgleichsmomente sehr stark und muß daher vermieden werden.

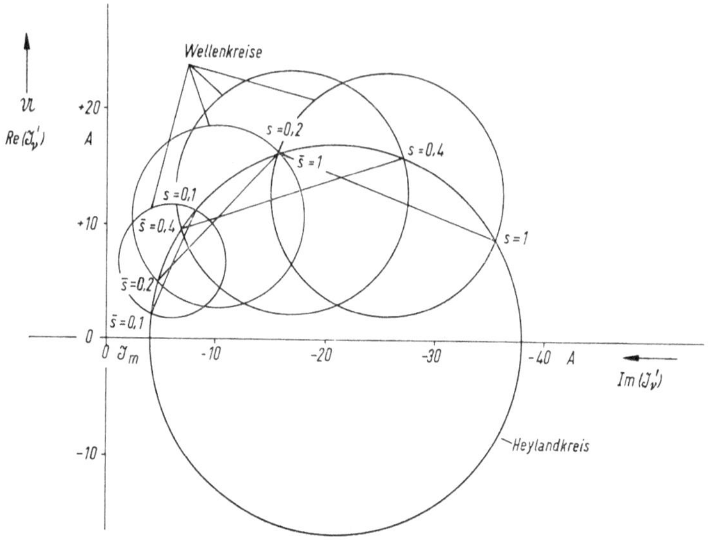

Abb. 97. Kreisdiagramme der elektrischen Arbeitswelle (R' = 0) für einige Schlupfwerte s beim Widerstandsverhältnis $\varkappa = 0{,}2$
s — Schlupfpunkt für Schleifringläufermotor ohne Vorwiderstand
$\bar{s}$ — Schlupfpunkt für Schleifringläufermotor mit Sternpunktwiderstand R_S

Die Berücksichtigung der Ohmschen Widerstände der Ständerwicklungen kann im Kreisdiagramm in gleicher Weise wie bei der elektrischen Ausgleichswelle durch punktweise Ermittlung der Momentenbezuglinie geschehen (vgl. Abb. 46). Bei Maschinen kleiner Leistung beeinflußt der Ständerwiderstand die Drehmomenteigenschaften merklich, und er muß daher außer bei überschlägigen Untersuchungen stets in die Rechnung einbezogen werden. Auch die Eisenverluste können bei der Arbeitswelle, so wie in Abb. 46 für die Ausgleichswelle gezeigt, durch eine nachträgliche Nullpunktsverschiebung Berücksichtigung finden.

Der Energiebezug aus dem Netz und seine Verteilung auf die beiden Wellenmaschinen und auf die verschiedenen Energieverbraucher sei an Hand der Abb. 98 erläutert. Abb. 98a zeigt den Energiefluß der elektrischen Arbeitswelle bei symmetrischer Belastung $L_1 = L_2$ der Wellenmaschinen. Die Luftspaltleistung und die Verlustverteilung sind in beiden Wellenmaschinen genau gleich. Ein Energieaustausch findet zwischen den Wellenmaschinen nicht statt, sie sind aber ständerseitig durch den gemeinsamen Netzanschluß und im Läufer über den Sternpunktwiderstand R_s und den Sternpunktstrom $\mathfrak{I}_s$ (bzw. dessen Verlust P_{vs}) miteinander gekoppelt.

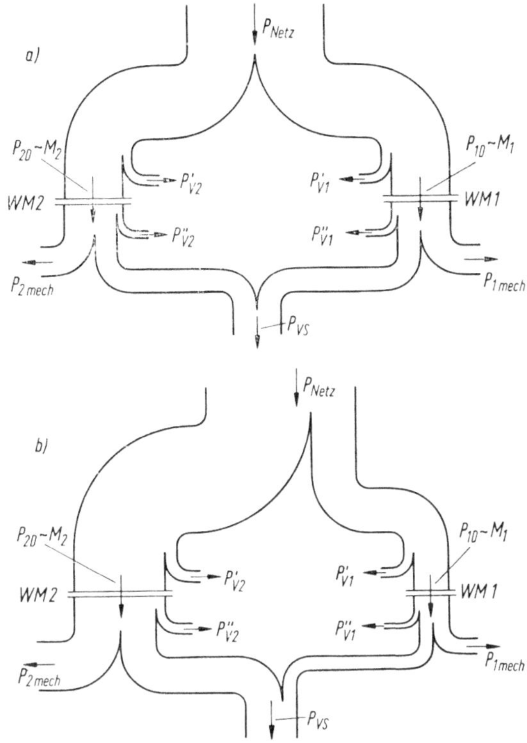

Abb. 98
Energiefluß einer elektrischen Welle beim Schlupf $s = 0{,}5$ und Widerstandverhältnis $\varkappa = 0{,}2$
a) Bei symmetrischer Belastung $L_1 = L_2$; $(\varphi = 0)$
b) Bei unsymmetrischer Belastung mit Verdrehungswinkel $p\varphi = 30°$ el

Sobald die Symmetrie der Belastung infolge einer Laständerung an einer Maschine gestört wird, ändert sich die Energieaufteilung zu Gunsten des stärker belasteten Antriebes. Abb. 98b zeigt den Energiefluß für eine Lastunsymmetrie, der ein Verdrehungswinkel von $p\varphi = 30$ Grad elektrisch entspricht. Der Lastverteilung nach Abb. 98a hat sich der Energiekreislauf der Ausgleichwelle überlagert und bewirkt, daß die Netzleistung im wesentlichen der stärker belasteten Maschine 2 zugeführt wird, während das an Wellenmaschine 1 erzeugte Drehmoment in etwa gleichem Maße schwächer geworden ist. Die Läuferverdrehung bewirkt also eine Steuerung des Energieflusses abhängig von der Lastverteilung an den beiden Antrieben.

7.2 Statische Stabilität der elektrischen Arbeitswelle

Im Abschn. 4.2 wurden über die Definition und die physikalische Bedeutung der statischen Stabilität einige grundsätzliche Ausführungen

gemacht, die allgemein für elektrische Wellen unabhängig von der Schaltung oder Anwendungsform gültig sind.
Die Bedingung für einen *stationären* Betriebszustand, wenn also keiner der Antriebe eine Beschleunigung oder Verzögerung erfährt, lautet, daß an jeder Maschinengruppe Antriebs- und Lastmomente im Gleichgewicht stehen müssen:

$$M_\nu - L_\nu = 0. \tag{258}$$

Zur Überprüfung der *statischen Stabilität* muß man von den Bewegungsdifferentialgleichungen ausgehen, wobei allerdings die Dämpfungsglieder unberücksichtigt bleiben können. Die so vereinfachte Gleichung (2) lautet dann für die Arbeitswelle:

$$\begin{aligned} \Theta_1 \ddot{\psi}_1 + c_1(\psi_1 - \psi_2) &= 0. \\ \Theta_2 \ddot{\psi}_2 + c_2(\psi_2 - \psi_1) &= 0. \end{aligned} \tag{259}$$

Die Drehfederzahlen c_ν ergeben sich nach Gl. (1) durch Differentiation der Drehmomentgleichungen (252) und (253) nach φ zu:

$$c_1 = -\frac{\partial M_1}{\partial \varphi_1} = \frac{p}{2}\left\{(M_B - \bar{M}_B)\cos p\varphi - (M_s - \bar{M}_s)\sin p\varphi\right\}, \tag{260}$$

und

$$c_2 = -\frac{\partial M_2}{\partial \varphi_2} = \frac{p}{2}\left\{+(M_B - \bar{M}_B)\cos p\varphi + (M_s - \bar{M}_s)\sin p\varphi\right\}. \tag{261}$$

Für den stationären Ausgangszustand ist $\varphi = \varphi_0$ zu setzen. Vom Verdrehungswinkel φ_0 des Ausgangszustandes aus werden die Winkelabweichungen nach den in Abb. 52 getroffenen Festlegungen gerechnet. Mit den c-Werten nach Gln. (260) und (261) erhält man die den Differentialgleichungen (259) zugeordnete charakteristiche Gleichung:

$$\Theta_1\Theta_2\lambda^2 + \frac{p}{2}\left\{(M_s - \bar{M}_s)(\Theta_2 - \Theta_1)\sin p\varphi_0 - (M_B - \bar{M}_B)(\Theta_2 + \Theta_1)\cos p\varphi_0\right\} = 0. \tag{262}$$

Die Stabilitätsbedingung fordert, daß die Wurzeln dieser Gleichung *negative Realteile* besitzen müssen. Diese Forderung ist erfüllt für:

$$(M_s - \bar{M}_s)(\Theta_2 - \Theta_1)\sin p\varphi_0 - (M_B - \bar{M}_B)(\Theta_2 + \Theta_1)\cos p\varphi_0 < 0. \tag{263}$$

Der bei statisch stabilem Betrieb maximal zulässige Verdrehungswinkel beträgt also:

$$|p\varphi_{0\max}| = \arctan\left|\frac{(M_B - \bar{M}_B)(\Theta_2 + \Theta_1)}{(M_s - \bar{M}_s)(\Theta_2 - \Theta_1).}\right|. \tag{264}$$

Der in der Praxis am häufigsten vorkommende Fall ist der, daß die Drehmassen der beiden Antriebsgruppen etwa gleich groß sind. Wir wollen daher zunächst die Stabilitätsverhältnisse unter dieser Bedingung näher betrachten.

Bei $\Theta_1 = \Theta_2$ geht Gl. (264) über in:

$$|p\varphi_{0\max}| = 90^\circ \text{ elektrisch.} \tag{264a}$$

Der maximale statisch stabile Verdrehungswinkel ist bei einer symmetrischen Arbeitswelle also 90° elektrisch. Das bedeutet, daß die elektrische Arbeitswelle — ebenso wie auch die Ausgleichswelle — bis *über das Kippmoment* der generatorisch arbeitenden Wellenmaschine *hinaus* belastet werden kann und dabei die Ausgleichsmomente statisch stabil überträgt. Das gilt jedoch nur mit der *Einschränkung*, daß das *Lastmoment* einen Minimalwert *nicht unter*schreitet. Dies folgt leicht aus einer Überprüfung der Gleichgewichtsbedingungen, die wir an einem Beispiel durchführen wollen.

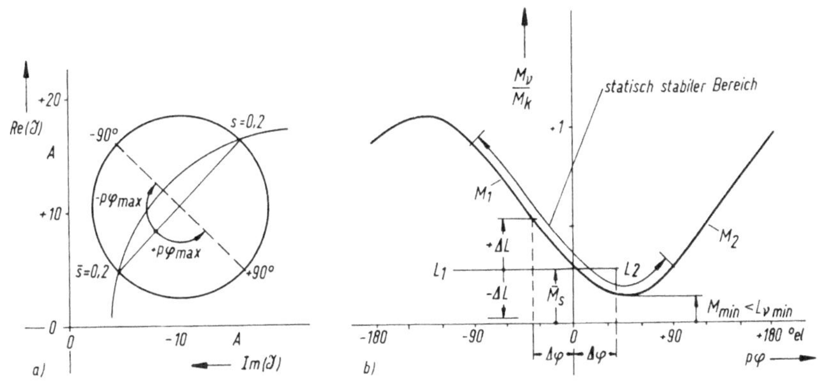

Abb. 99. Bestimmung der statischen Stabilität einer Arbeitswelle

a) Wellenkreis beim Schlupf $s = 0{,}2$ und Widerstandsverhältnis $\varkappa = 0{,}2$

b) Drehmomentverhältnisse für den Betriebsfall nach Bild a)

In Abb. 99 ist im Teil a) des Bildes ein Ausschnitt aus Abb. 90 wiedergegeben, der einen Teil des Heylandkreises und den Wellenkreis für einen Schlupf $s = 0{,}2$ und ein Widerstandsverhältnis $\varkappa = 0{,}2$ zeigt. Daneben ist im Teil b) des Bildes die Drehmomentkurve abhängig vom Verdrehugswinkel dargestellt und der stabile Lastbereich von $p\varphi_0 = -90^\circ$ bis $p\varphi = +90^\circ$ el mit eingetragen.

Bei symmetrischer Belastung ist $\varphi_0 = 0$, und im Gleichgewichtszustand gilt (Abb. 99b):

$$L_1 = L_2 = \bar{M}_s. \tag{265}$$

Wird nun eine der beiden Maschinen, die wir z.B. willkürlich mit 1 bezeichnet haben, um $+\Delta L$ stärker belastet, dann bleibt sie gegenüber der anderen in der Winkellage etwas zurück, bis das Lastmoment durch das bei negativem Verdrehungswinkel höhere Antriebsmoment aufgebracht wird. Andererseits wollen wir annehmen, daß die Last L_2 an der zweiten Wellenmaschine unverändert geblieben sei, dann wird das Antriebsmoment M_2 entsprechend dem Lastwinkel $+\Delta\varphi$ sinken und das Differenzmoment $L_2 - M_2(+\Delta\varphi)$ bremsend wirken. Die Antriebsgruppen arbeiten jedoch statisch stabil, da bei Vergrößerung des Schlupfes die Summe der Antriebsmomente zunimmt und sich ein Gleichgewichtszustand einstellt.
Anders wird es jedoch, wenn einer der Antriebe — etwa Maschine 2 — um die gleiche Lastdifferenz ΔL entlastet wird. In diesem Falle verdreht sich der Läufer 2 im Sinne des Drehfeldes vor und sucht so das Gleichgewicht zwischen dem verminderten Lastmoment $L_2 - \Delta L$ und dem mit zunehmendem Verdrehungswinkel abnehmenden Antriebsmoment M_2 herzustellen, was jedoch nicht gelingt, da das kleinste Antriebsmoment $M_{\min}$ noch größer ist als das geforderte Lastmoment $L_2 - \Delta L$. Der Läufer 2 wird daher stetig beschleunigt, so daß die Wellenmaschinen auseinander laufen und der Gleichlauf gestört wird. Man muß daher über die durch Gl. (253) definierte Stabilitätsbedingung hinausgehend noch fordern, daß an jeder Wellenmaschine stets ein *Mindestlastmoment* $L_{\min}$ vorhanden ist, das größer sein muß als das kleinste Wellenmoment $M_{\min}$ (vgl. Abb. 99):

$$L_{\nu\min} \geqq M_{\min} \tag{266}$$

Die Ausnutzungsmöglichkeiten der elektrischen Arbeitswelle sollen an Hand der Abb. 100 erläutert werden (der Abszissenmaßstab s/s_k gilt allgemein, der ferner angegebene Schlupf s nur für eine Motornennleistung von etwa 5 kW). Dort ist für eine Reihe von Widerstandsverhältnissen $\varkappa$ der Momentenverlauf über dem Schlupf dargestellt. Abb. 100a zeigt die asynchronen Antriebsmomente bei symmetrischer Belastung. Der Parameter $\varkappa = 0$ entspricht der Ausgleichswelle, die bei symmetrischer Belastung kein Antriebsmoment liefert. Bei $\varkappa = 1$ sind die Läufer direkt kurzgeschlossen ($R_S = 0$) und die Wellenmaschinen haben ihr volles Motormoment. Durch geeignete Wahl des Sternpunktwiderstandes R_S können beliebige Zwischenwerte eingestellt werden, wobei jedoch auch die geforderten Ausgleichsmomente zu berücksichtigen sind. Abb. 100b zeigt die übertragbaren Ausgleichsmomente. Die Tendenz dieser Kurven, abhängig von $\varkappa$, ist natürlich umgekehrt. Die größten Ausgleichsmomente hat die Ausgleichswelle mit $\varkappa = 0$, bei $\varkappa = 1$ kann kein Ausgleichsmoment mehr übertragen werden. Die dargestellten Kurven $\Delta_{\max}/M_k$ gelten für die symmetrische

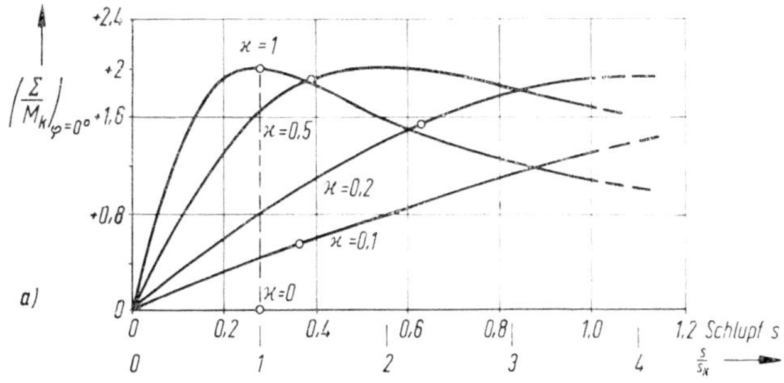

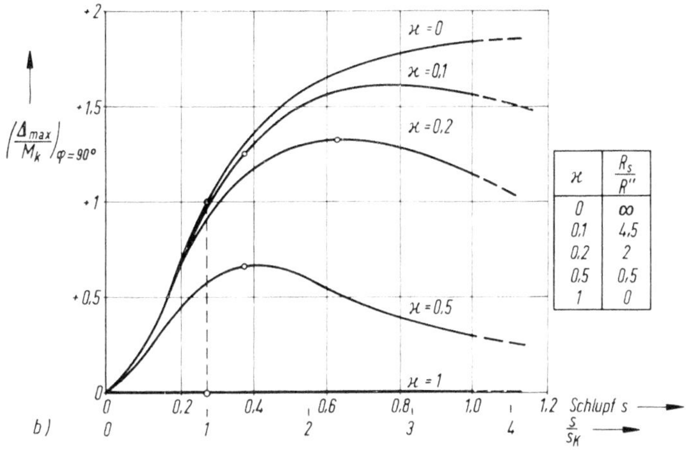

ϰ	$\frac{R_s}{R''}$
0	∞
0,1	4,5
0,2	2
0,5	0,5
1	0

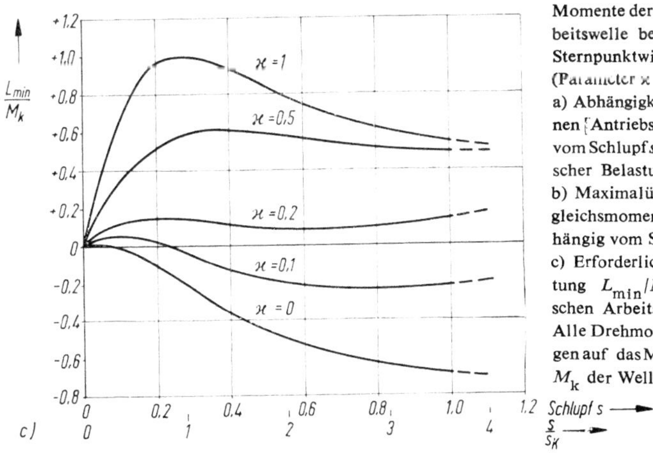

Abb. 100
Momente der elektrischen Arbeitswelle bei Änderung des Sternpunktwiderstandes R_S. (Parameter $\varkappa = R''/R'' + R_S$)
a) Abhängigkeit des asynchronen Antriebsmomentes Σ/M_k vom Schlupf s/s_k bei symmetrischer Belastung ($\varphi = 0$)
b) Maximal übertragbares Ausgleichsmoment Δ_{max}/M_k abhängig vom Schlupf s/s_k
c) Erforderlich Mindestbelastung L_{min}/M_k der elektrischen Arbeitswelle
Alle Drehmomente sind bezogen auf das Motorkippmoment M_k der Wellenmaschinen

Arbeitswelle bei dem maximalen stabilen Lastwinkel $p\varphi_{max} = 90°$ el. Δ_{max} ist die bei diesem Betriebszustand übertragene Lastdifferenz (Abb. 95b):

$$\Delta_{max} = |M_2 - M_1|_{p\varphi = 90°}. \tag{267}$$

Interessant an den Kurven der Abb. 100b ist ferner die Tatsache, daß das Ausgleichsmoment in dem praktisch wichtigen Schlupfbereich von $s = 0{,}1$ bis etwa 0,3 bei Verminderung des Sternpunktwiderstandes zunächst nur geringfügig geschwächt wird, obwohl schon erhebliche Antriebsmomente erzeugt werden (vgl. etwa die Kurven für $\varkappa = 0{,}2$ bis 0,5 in Abb. 100a und b). Dieses Betriebsverhalten kommt den Momentenbedingungen der Arbeitsmachinen oft sehr entgegen.
In Abb. 100c ist das Mindestlastmoment dargestellt, das an jedem Wellenmotor vorhanden sein muß und zur Aufrechterhaltung eines statisch stabilen Betriebes nicht unterschritten werden darf. Man wird in der Praxis so vorgehen, daß man für die vorgesehenen Widerstandsverhältnisse $\varkappa$ aus dem Kurvendiagramm nach Abb. 100c das erforderliche Mindestlastmoment abliest und feststellt, ob die erforderliche Grundlast durch entsprechende Reibungsmomente oder andere dauernd wirksame Belastungen stets gewährleistet ist.
Während die bisherige Voraussetzung gleich großer Schwungmassen der Maschinengruppen zu ähnlichen Verhältnissen wie bei der Ausgleichswelle führt, gibt der zweite Sonderfall *sehr verschieden großer Schwungmassen* gewisse Ähnlichkeiten mit der Ferndreherwelle. Die statische Stabilität für die Ausgleichsmomente wird hierbei allein durch den Belastungszustand der Maschinengruppe mit der kleinen Schwungmasse bestimmt. Dieser Antrieb kann wie ein selbständig arbeitender, von einem starren Netz gespeister Synchronmotor maximal bis zu seinem Kippmoment belastet (oder entlastet!) werden. Darüber hinaus ist ein statisch stabiler Betrieb nicht mehr möglich.
Nehmen wir z.B. $\Theta_2 \gg \Theta_1$ an, dann ergibt sich der maximal statisch stabile Verdrehungswinkel aus Gl. (264) zu:

$$p\varphi_{stat} = \arctan \frac{M_B - \bar{M}_B}{M_s - \bar{M}_s} \tag{264b}$$

Durch Einsetzen der Gln. (248), (249) und (255) erhält man daraus nach einigen Umformungen:

$$p\varphi_{stat} = \arctan \left[\frac{1+\varkappa}{1-\varkappa(s/s_k)^2} \cdot \frac{s}{s_k} \right]. \tag{264c}$$

Für $\Theta_1 \gg \Theta_2$ sind die Indizes 1 und 2 und das Vorzeichen von φ zu vertauschen.

Die Gl. (264c) stellt nichts anderes dar als den Winkel beim Maximum bzw. Minimum der Wellenmomente (vgl. Abb. 99). In Abb. 101 sind die Grenzkurven von $p\varphi_{stat}$ für verschiedene Werte von $\varkappa$ als Parameter über dem bezogegen Schlupf dargestellt.

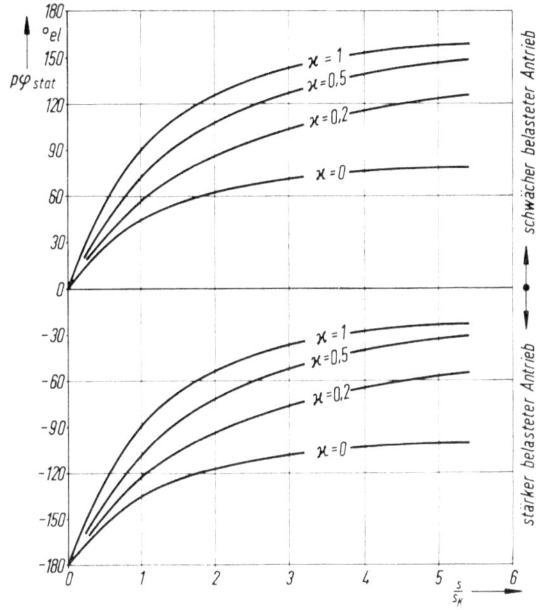

Abb. 101. Maximal zulässiger Verdrehungswinkel $p\varphi_{stat}$ für statisch stabilen Betrieb einer elektrischen Arbeitswelle ($\Theta_1 \gg \ll \Theta_2$)

Zu beachten ist, daß stets der auf die kleine Schwungmasse bezogene Lastwinkel über die statische Stabilität des Betriebszustandes entscheidet! Wie die Kurven zeigen, sind im Normalbereich bei kleinen Schlupfwerten große negative, aber nur kleine positive Verdrehungswinkel zulässig. Die Maschine mit der kleinen Schwungmasse kann also ohne Gefahr überlastet werden, während sie gegen Entlastung sehr empfindlich ist. Erfahrungsgemäß treten tatsächlich besonders oft Schwierigkeiten auf, wenn zusammen mit einem oder mehreren größeren Antrieben ein kleiner Hilfsantrieb als Arbeitswelle betrieben werden soll. Nur wenn auch an dem kleinen Antrieb für eine ausreichende Grundlast gesorgt oder dessen Drehmasse genügend groß ist, kann ein störungsfreier Betrieb gewährleistet werden.
Während des Hochfahrens — also bei großen Schlupfwerten — sind die Verhältnisse gerade umgekehrt. Hier führt schon eine geringe

Überlastung der Maschinengruppe mit kleiner Drehmasse zu einer Störung des Gleichlaufs. Eine elektrische Arbeitswelle mit sehr ungleichen Drehmassen stellt daher immer ein besonders schwieriges Antriebsproblem dar.

Die Bestimmung des *stationären Gleichgewichts* ist bei der Arbeitswelle wesentlich komplizierter als bei der Ausgleichswelle. Dort waren die asynchronen Drehmomente von untergeordneter Bedeutung. Der Betriebszustand war in erster Näherung nur durch die Ausgleichsmomente bestimmt. Er konnte daher allein durch den Verdrehungswinkel φ beschrieben werden. Bei der elektrischen Arbeitswelle spielen dagegen die Antriebs- und Ausgleichsmomente eine gleichwertige Rolle. Der Schlupf s und der Verdrehungswinkel φ sind gleichzeitig als Veränderliche anzusehen mit dem Widerstandsverhältnis $\varkappa$ als zusätzlichem Parameter.

Für eine elektrische Arbeitswelle mit Wellenmaschinen bekannter Leistung (gekennzeichnet durch Kippmoment M_k und Kippschlupf s_k) kann man ein Belastungsdiagramm aufstellen, aus dem die Betriebsgrößen s und φ für jeden beliebigen Lastzustand zu entnehmen sind. Zur Aufstellung eines solchen Diagramms ist von den Gleichgewichtsbedingungen des stationären Betriebes auszugehen:

$$M_1 - L_1 = 0, \tag{258a}$$

$$M_2 - L_2 = 0, \tag{258b}$$

worin die Momente M_ν nach Gl. (252) und (253) einzusetzen sind:

$$\frac{1}{2}\{M_s(1-\cos p\varphi) + \bar{M}_s(1+\cos p\varphi) - (M_B - \bar{M}_B)\sin p\varphi\} = L_1, \tag{268}$$

$$\frac{1}{2}\{M_s(1-\cos p\varphi) + \bar{M}_s(1+\cos p\varphi) + (M_B - \bar{M}_B)\sin p\varphi\} = L_2. \tag{269}$$

L_1 und L_2 sind die Lastmomente der beiden Maschinengruppen. Wegen der Wechselwirkung zwischen den Drehmomenten der Wellenmaschinen sind die maßgebenden Lastgrößen das Summenmoment $L_1 + L_2$, dem bei Gleichgewicht die Summe der Antriebsmomente:

$$\sum = -(M_1 + M_2) \tag{270}$$

entsprechen muß, und das Differenzmoment $L_1 - L_2$, dem das Ausgleichsmoment:

$$\Delta = -(M_1 - M_2) \tag{271}$$

entspricht. Man erhält $\sum$ und Δ durch Summation und Differenzbildung der Gln. (268) und (269):

$$M_s(1-\cos p\varphi)+\bar{M}_s(1+\cos p\varphi) = L_1+L_2 = -\sum, \qquad (272)$$

$$-(M_B-\bar{M}_B)\sin p\varphi = L_1-L_2 = -\Delta, \qquad (273)$$

die sich mit $\bar{M}_B = \frac{s}{s_k}\cdot\bar{M}_s = \varkappa\frac{s}{s_k}\bar{M}_s$ und $M_B = \frac{s}{s_k}M_s$ umformen lassen zu:

$$-(M_s+\bar{M}_s)+(M_s-\bar{M}_s)\cos p\varphi = +\sum \qquad (274)$$

$$+\frac{s}{s_k}(M_s-\varkappa\bar{M}_s)\sin p\varphi = +\Delta. \qquad (275)$$

Diese beiden Gleichungen bilden den Ausgang für die Berechnung des Ortskurvendiagrammes, das in Abb. 102 dargestellt ist.
Eliminieren wir zunächst den Verdrehungswinkel $p\varphi$, dann werden alle Punkte mit konstantem Schlupf s durch folgende Gleichung beschrieben:

$$\left(\frac{\frac{\Sigma}{M_k}+\frac{M_s+\bar{M}_s}{M_k}}{\frac{M_s-\bar{M}_s}{M_k}}\right)^2+\left(\frac{\frac{\Delta}{M_k}}{\frac{s}{s_k}\,\frac{(M_s-\varkappa\bar{M}_s)}{M_k}}\right)^2 = 1, \qquad (276)$$

mit

$$M_s = M_k\frac{2\frac{s}{s_k}}{1+\left(\frac{s}{s_k}\right)^2}, \qquad (277)$$

$$\bar{M}_s = M_k\frac{2\varkappa\frac{s}{s_k}}{1+\left(\varkappa\frac{s}{s_k}\right)^2}. \qquad (278)$$

Gl. (276) hat große Ähnlichkeit mit der entsprechenden Gl. (75) für die Ausgleichswelle. Hier wie dort sind die Kurven mit konstantem bezogenen Schlupf s/s_k Ellipsen. Die Mittelpunkte der Ellipsen sind hier jedoch:

$$\left(\frac{\Sigma}{M_k}\right)_{ms} = -\frac{M_s+\bar{M}_s}{M_k}; \qquad (279)$$

$$\left(\frac{\Delta}{M_k}\right)_{ms} = 0, \qquad (280)$$

und die Halbachsen:

$$a_s = \frac{M_s - \bar{M}_s}{M_k}; \tag{281}$$

$$b_s = \frac{M_s - \varkappa \bar{M}_s}{M_k}. \tag{282}$$

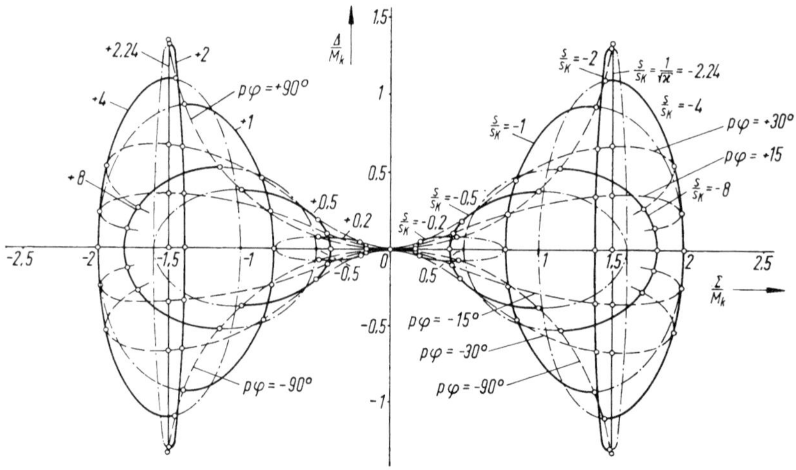

Abb 102. Belastungsdiagramm einer elektrischen Arbeitswelle bei einem Widerstandsverhältnis $\varkappa = 0{,}2$

In Abb. 102 sind die Ortslinien für konstanten Schlupf nach Gl. (276) in einem Diagramm dargestellt, wobei $\frac{\Delta}{M_k}$ und $\frac{\Sigma}{M_k}$ als die Achsen eines rechtwinkligen Koordinatensystems aufgefaßt sind.

Die Ellipsen für konstanten Schlupf umschlingen die Σ/M_k— Achse für kleine s/s_k zunächst sehr flach, weiten sich bei zunehmendem Schlupf immer mehr auf und entarten für $\frac{s}{s_k} = \frac{1}{\sqrt{\varkappa}}$ zu einer Geraden senkrecht zur Σ/M_k—Achse. Bei weiter zunehmendem Schlupf werden die gleichen Ellipsenformen in umgekehrter Richtung durchlaufen, und bei $\frac{s}{s_k} = \infty$ schrumpft die Ortskurve wie bei $\frac{s}{s_k} = 0$ zu einem Punkt — dem Koordi-

natenursprung — zusammen. Für die Darstellung in Abb. 102 wurde der Sonderfall $\varkappa = 0{,}2$ gewählt.
Die Ortskurven für $\varphi =$ konst. können grundsätzlich durch Einsetzen der Gln. (277) und (278) in Gl. (274) und (275) und Eliminieren von s gewonnen werden. Die Auswertung liefert jedoch keine einfachen Kegelschnitte mehr und soll daher hier im einzelnen nicht weiter verfolgt werden. In Abb. 102 sind die Verdrehungswinkel 0°, 15°, 30° und 90° durch kleine Kreise gekennzeichnet und die Ortskurven als gestrichelte Linien eingetragen. Die Linien für $s/s_k =$ konst. sind in dem statisch stabilen Lastbereich bis zu $p\varphi = 90°$ als durchgezogene Linien hervorgehoben.
Wie auch aus dem Belastungsdiagramm Abb. 102 hervorgeht, steigt das mögliche Antriebsmoment $\sum/M_k$ mit zunehmendem Schlupf an und erreicht bei einem Schlupfverhältnis $s/s_k = 1/\varkappa$ an jeder Wellenmaschine das Motorkippmoment, so daß $\sum/M_k = 2$ wird. Bei noch weiter erhöhtem Schlupf sinken die Antriebsmomente.
Das höchstmögliche Ausgleichsmoment Δ/M_k wird bei einem Schlupfverhältnis $\frac{s}{s_k} = \frac{1}{\sqrt{\varkappa}}$ erreicht und hat den Betrag:

$$\left(\frac{\Delta}{M_k}\right)_{\frac{s}{s_k}=\frac{1}{\sqrt{\varkappa}}} = 2\,\frac{1-\varkappa}{1+\varkappa} \tag{283}$$

also in dem dargestellten Beispiel für $\varkappa = 0{,}2$ mit $\frac{s}{s_k} = 2{,}24$ den Wert $\Delta/M_k = 1{,}34$.
Allgemein gewinnt man aus dem Belastungsdiagramm nach Abb. 102 einen anschaulichen Einblick in das Lastverhalten der elektrischen Arbeitswelle. Für eine beliebige Kombination von $\sum$ und Δ können sofort die den stationären Zustand kennzeichnenden Parameter s und $p\varphi$ angegeben werden. Ferner können die Auswirkungen beliebig gearteter Laständerungen auf die Betriebsgrößen s und φ leicht beurteilt werden. Ein solches Momentdiagramm stellt somit ein wichtiges Hilfsmittel bei der Projektierung und für die Auswahl der Wellenmaschinen dar.
Eine wichtige Grenze für die Stabilität eines Betriebszustandes ist — wie wir auch bei der Betrachtung des dynamisches Betriebes noch sehen werden — der Schlupfpunkt $\frac{s}{s_k} = \frac{1}{\sqrt{\varkappa}}$, bei dem der Durchmesser des Wellenkreises im Kreisdiagramm eine horizontale Lage annimmt (vgl. auch Abb. 97). In diesem Betriebspunkt tritt das höchstmögliche Ausgleichsmoment Δ/M_k auf, während die Summe der Antriebsmomente

$\sum/M_k$ unabhängig vom Verdrehungswinkel konstant ist. An dieser sog. Horizontalgrenze [49] ist daher die Momentenlinie im Belastungsdiagramm eine Senkrechte zur $\sum/M_k$-Achse (Abb. 102). Ein vorgegebenes Wertepaar $\sum/M_k$, Δ/M_k kann nur dann einen statisch stabilen Betriebszustand ergeben, wenn es links der Horizontalgrenze einem durch s/s_k und $p\varphi$ gekennzeichneten Arbeitspunkt zugeordnet werden kann.

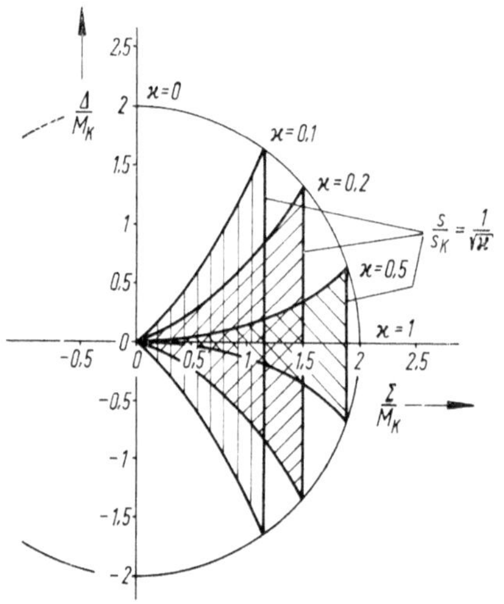

Abb. 103.
Statisch stabile Ausgleichsmomente der elektrischen Arbeitswelle.
Widerstandsverhältnis $\varkappa$ als Parameter

Das Belastungsdiagramm wird durch die Momentengerade an der Horizontalgrenze maßgeblich bestimmt. In Abb. 103 sind die Momentenlinien an der Horizontalgrenze für einige Werte des Widerstandsverhältnisses $\varkappa$ dargestellt. Das Belastungsdiagramm wird in dem Maße verformt, wie sich die Horizontallinie in ihrer Größe und Lage verändert. Bei $\varkappa = 0$ (Ausgleichswelle) fallen alle Betriebspunkte auf die Δ/M_k--Achse (da $s/s_k = 1/\sqrt{\varkappa} = \infty$), bei $\varkappa = 1$ ist $\Delta/M_k = 0$, da wegen des Läuferkurzschlusses kein Ausgleichsmoment mehr übertragen werden kann. Für alle Zwischenwerte von $\varkappa$ kann jeweils ein Belastungsdiagramm in ähnlicher Form wie in Abb. 102 aufgestellt werden.

7.3 Dynamische Stabilität der elektrischen Arbeitswelle

Ebenso wie die elektrische Ausgleich- und Ferndreherwelle stellt auch die Arbeitswelle physikalisch ein schwingungsfähiges Feder-Masse-System dar, das zu fremderregten und evtl. auch selbsterregten Pendelungen fähig ist. Erfahrungsgemäß ist aber die Gefahr des Auftretens von ungedämpften Schwingungen bei Arbeitswellen bei weitem nicht so groß wie bei elektrischen Wellen ohne Sternpunktwiderstände (Ausgleichwellen, Ferndreherwellen).

Bei Würdigung der Auslegungsvorschriften für den stationären Betrieb ist diese Beobachtung durchaus erklärlich. Mit Rücksicht auf die Gleichgewichtsbedingungen kann die elektrische Arbeitswelle nur bei solchen Anlagen verwendet werden, wo keine völlige Entlastung zu erwarten ist. Es ist also stets ein äußeres Lastmoment und damit auch eine gewisse äußere Schwingungsdämpfung vorhanden. Selbst bei verschwindender oder gar negativer elektromagnetischer Dämpfung werden Ausgleichsschwingungen durch äußere Dämpfung im allgemeinen schnell abklingen.

Aus den schon früher erläuterten Gründen ist es aber sehr schwer, die Größe der äußeren Dämpfungen im voraus richtig zu beurteilen. Bei der Projektierung bleibt in der Praxis oft nur der Weg, die dynamische Stabilität zunächst nur nach der elektromagnetischen Dämpfung zu beurteilen. Solange dieser Anteil positiv ist, sind selbsterregte Pendelungen nicht zu befürchten. Wenn es die Umstände erfordern, kann eine elektrische Arbeitswelle jedoch mit Rücksicht auf die äußeren Dämpfungen auch im Bereich negativer elektromagnetischer Dämpfung dynamisch stabil betrieben werden. Allerdings ist man bei der Projektierung in diesen Fällen auf Erfahrungen an ähnlichen Anlagen oder auf Versuche angewiesen.

Schwingungstechnisch stellt die elektrische Arbeitswelle ein Feder-Masse-System gemäß Abschn. B dar, dessen dynamische Stabilität nach den Kriterien der Gln. (22) und (23) zu beurteilen ist. Die bei Übergangsvorgängen gültigen Dämpfungsfaktoren können in gleicher Weise wie bei der Ausgleichswelle durch Überlagerung der beiden Einspeisungen und Abspaltung der von den Pendelschlüpfen abhängigen Komponenten gewonnen werden [53]. Die Ohmschen Widerstände der Ständerwicklungen können bei Arbeitswellen praktisch immer vernachlässigt werden, da es sich hier fast ausschließlich um Maschinen größerer Leistung handelt. Überdies wird besonders bei elektrischen Arbeitswellen die Grenze der dynamischen Stabilität durch die Ohmschen Widerstände der Ständerwicklungen nur sehr wenig zu größeren Schlupfwerten hin verschoben.

Mit $\alpha = 0$ erhält man für die Dämpfungsfaktoren der elektrischen Arbeitswelle folgende Ausdrücke [49, 53]:

$$d_{11} = d_{22} = \frac{p}{\omega} \cdot \frac{M_k}{s_k} \left\{ \frac{1 - \left(\frac{s}{s_k}\right)^2}{\left[1 + \left(\frac{s}{s_k}\right)^2\right]^2} + \varkappa \frac{1 - \left(\varkappa \frac{s}{s_k}\right)^2}{\left[1 + \left(\varkappa \frac{s}{s_k}\right)^2\right]^2} \right\}, \quad (284)$$

$$d_{12} = \frac{p}{\omega}\frac{M_k}{s_k}\left\{\left[-\frac{1-\left(\frac{s}{s_k}\right)^2}{\left[1+\left(\frac{s}{s_k}\right)^2\right]^2} + \varkappa\frac{1-\left(\varkappa\frac{s}{s_k}\right)^2}{\left[1+\left(\varkappa\frac{s}{s_k}\right)^2\right]^2}\right]\cos p\varphi - \right.$$

$$\left. -\left[\frac{2\frac{s}{s_k}}{\left[1+\left(\frac{s}{s_k}\right)^2\right]^2} - \frac{2\varkappa\frac{s}{s_k}}{\left[1+\left(\varkappa\frac{s}{s_k}\right)^2\right]^2}\right]\sin p\varphi\right\}; \qquad (285)$$

$$d_{21}(\varphi) = d_{12}(-\varphi)\,. \qquad (285a)$$

Bei gleichmäßger Belastung der beiden Maschinengruppen wird $p\varphi = 0$. Die wechselseitigen Dämpfungsfaktoren sind dann untereinander gleich:

$$d_{12} = d_{21} = \frac{p}{\omega}\frac{M_k}{s_k}\left[\frac{1-\left(\frac{s}{s_k}\right)^2}{\left[1+\left(\frac{s}{s_k}\right)^2\right]^2} + \varkappa\frac{1-\left(\varkappa\frac{s}{s_k}\right)^2}{\left[1+\left(\varkappa\frac{s}{s_k}\right)^2\right]^2}\right]. \qquad (286)$$

Im Gegensatz zur Ausgleichswelle sind aber $d_{12} = d_{21}$ nicht gleich d_{11} und d_{22} (vgl. Gl. (104)), was zu anderen Stabilitätsbedingungen führt. Die Hurwitzbedingungen lassen sich für die Sonderfälle untereinander gleicher und sehr verschieden großer Drehmassen leicht überblicken. Wir betrachten zunächst den ersteren Fall.

Für $\Theta_1 = \Theta_2 = \Theta$ erhält man bei $\varphi = 0$ mit $d_{11} = d_{22}$ und $d_{12} = d_{21}$ sowie nach Gln. (250) und (261) $c_1 = c_2 = c$ aus Gl. (22) folgende Bedingungen für dynamische Stabilität (statische Stabilität vorausgesetzt):

$$\begin{aligned} d_{11} &> 0, \\ d_{11}+d_{12} &> 0, \qquad (287) \\ d_{11}-d_{12} &> 0. \end{aligned}$$

Die härteste von diesen drei Forderungen ist — wie sich nach Einsetzen der Faktoren aus den Gln. (284) und (285) zeigt — die dritte, die die beiden ersteren bereits einschließt. Die Bedingung $d_{11}-d_{12} > 0$ ist nur im Bereich:

$$s < s_k \qquad (288)$$

erfüllt, also — ähnlich wie bei der Ausgleichs- und Ferndreherwelle — nur bei kleinen Schlupfwerten bis zum Kippschlupf der Wellenmaschinen im Motorbetrieb ohne Schlupfwiderstände.

Der zweite Sonderfall sehr verschieden großer Drehmassen $\Theta_2 \gg \Theta_1$ führt nach Division der Bedingungsgleichungen (22) durch Θ_2 und Vernachlässigung der Glieder mit der großen Drehmasse Θ_2 im Nenner auf die einzige Bedingung:

$$d_{11} > 0, \tag{289}$$

bzw. nach Gl. (274):

$$\left[1-\left(\frac{s}{s_k}\right)^2\right]\cdot\left[1+\left(\varkappa\frac{s}{s_k}\right)^2\right]^2+\varkappa\left[1-\left(\varkappa\frac{s}{s_k}\right)^2\right]\cdot\left[1+\left(\frac{s}{s_k}\right)^2\right]^2 > 0. \tag{290}$$

Durch einige Umformungen kann man diese Bedingung auf die Form:

$$\underbrace{\left[\frac{1}{\varkappa}-\left(\frac{s}{s_k}\right)^2\right]}_{\mathrm{I}}\cdot\underbrace{\left[\left(\frac{s}{s_k}\right)^2+\frac{1}{\varkappa}-\frac{s}{s_k}\left(\frac{1}{\varkappa}-1\right)\right]}_{\mathrm{II}}\cdot\underbrace{\left[\left(\frac{s}{s_k}\right)^2+\frac{1}{\varkappa}+\frac{s}{s_k}\left(\frac{1}{\varkappa}-1\right)\right]}_{>0 \text{ wegen } 0\leqq\varkappa<1} > 0 \tag{290a}$$

bringen.

Der Ausdruck II hat komplexe Wurzeln für $(1-\sqrt{2})^2 < \varkappa < (1+\sqrt{2})^2$. In diesem Bereich ist d_{11} also positiv, wenn I größer als Null bleibt. Dies ist der Fall für:

$$\frac{s}{s_k} < \frac{1}{|\sqrt{\varkappa}|} \quad \text{im } \varkappa\text{-Bereich } (1-\sqrt{2})^2 < \varkappa < 1. \tag{291}$$

In dem praktisch besonders bedeutsamen Bereich von $\varkappa$ zwischen 0,17 und 1 ist die dynamische Stabilität also bis zur „Horizontalgrenze" gegeben, die im vorigen Abschnitt 7.2 schon näher erläutert wurde.

Bei kleinen $\varkappa$-Werten $\varkappa < (1-\sqrt{2})^2$ wird mit zunehmendem Schlupf der Ausdruck II in Gl. (290a) früher negativ als Faktor I, so daß durch ersteren der stabile Schlupfbereich begrenzt ist. Für diese Werte von $\varkappa$ lautet die Stabilitätsbedingung:

$$\frac{s}{s_k} < \frac{1}{2}\left\{\frac{1}{\varkappa}-1-\sqrt{\left(\frac{1}{\varkappa}-1\right)^2-\frac{4}{\varkappa}}\right\} \quad \text{im } \varkappa\text{-Bereich } 0<\varkappa<(1-\sqrt{2})^2. \tag{292}$$

Diese Grenzkurve schließt sich für $\varkappa = (1-\sqrt{2})^2$ mit $\frac{s}{s_k} = \frac{1}{\sqrt{\varkappa}}$ an den Nachbarbereich an (Abb. 104). Die zulässigen Schlupfwerte bleiben bei kleiner werdendem $\varkappa$ dann jedoch niedriger und liegen zwischen

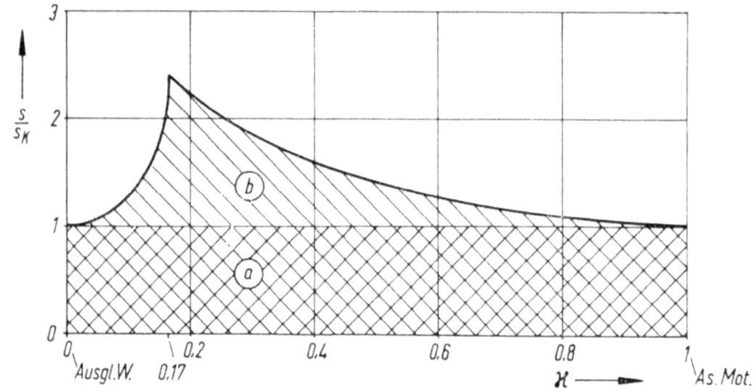

Abb. 104. Bereiche des dynamisch stabilen Betriebsschlupfes einer elektrischen Arbeitswelle
a) unbedingt stabiler Schlupfbereich
b) bedingt stabiler Schlupfbereich

$1 \leqslant \frac{s}{s_k} \leqslant \frac{1}{\sqrt{\varkappa}}$. Bei $\varkappa \to 0$ stellen sich die Bedingungen der Ausgleichswelle mit $\frac{s}{s_k} = 1$ ein.

Der allgemeine Fall der ungleichmäßig belasteten Arbeitswelle ($p\varphi \neq 0$) ist für beliebige Werte von φ nur mit konkreten Zahlenwerten für die Feder- und Dämpfungszahlen zu überblicken. Wir können diesen Wertbereich aber dadurch überschauen, daß wir die Stabilität beim größten statisch stabilen Verdrehungswinkel $p\varphi = 90°$ el untersuchen.
Die Eigen- Dämpfungsfaktoren d_{11} und d_{22} sind nach Gl. (274) unabhängig vom Winkel φ und die wechselseitigen Faktoren nehmen mit $p\varphi = 90°$ el die Form:

$$d_{12} = -d_{21} = -\frac{p}{\omega}\frac{M_k}{s_k}\left\{\frac{2\frac{s}{s_k}}{\left[1+\left(\frac{s}{s_k}\right)^2\right]^2} - \varkappa\frac{2\varkappa\frac{s}{s_k}}{\left[1+\left(\varkappa\frac{s}{s_k}\right)^2\right]^2}\right\}. \qquad (293)$$

an.
Die Stabilitätskriterien nach Gl. (22) in Verbindung mit Gl. (23) liefern sowohl für den Fall gleich großer Schwungmassen $\Theta_1 = \Theta_2$ als auch für $\Theta_1 \ll \Theta_2$ die folgenden zwei Bedingungen:

$$d_{11} > 0 \qquad (294)$$

$$-d_{21} > 0$$

Die erste Bedingung $d_{11} > 0$ wurde bereits untersucht. Die zweite ergibt nach Gl. (293):

$$\left[1+\left(\varkappa\frac{s}{s_k}\right)^2\right]^2-\varkappa^2\left[1+\left(\frac{s}{s_k}\right)^2\right]^2>0, \qquad (295)$$

oder:

$$\left\{\left[1+\left(\varkappa\frac{s}{s_k}\right)^2\right]+\varkappa\left[1+\left(\frac{s}{s_k}\right)^2\right]\right\}\cdot\left\{\left[1+\left(\varkappa\frac{s}{s_k}\right)^2\right]-\varkappa\left[1+\left(\frac{s}{s_k}\right)^2\right]\right\}>0. \qquad (295a)$$

Der zweite Ausdruck führt auf die Forderung:

$$\frac{s}{s_k}<\frac{1}{|\sqrt{\varkappa}|} \qquad (295b)$$

weil die erste Klammer in Gl. (295a) stets positiv ist.

Diese Bedingung ist jedoch mit $d_{11} > 0$ bereits erfüllt, so daß sich hier für die stark ungleichmäßig belastete elektrische Arbeitswelle bei $p\varphi =$ $= 90°$ el die schon von der symmetrischen Belastung ($p\varphi = 0$) bei $\Theta_1 \gg \Theta_2$ her bekannten Stabilitätsgrenzen

$$\frac{s}{s_k}<\frac{1}{\sqrt{\varkappa}} \qquad \text{für } (1-\sqrt{2})^2<\varkappa<1 \qquad (296)$$

$$\frac{s}{s_k}<\frac{1}{2}\left\{\frac{1}{\varkappa}-1-\sqrt{\left(\frac{1}{\varkappa}-1\right)^2-\frac{4}{\varkappa}}\right\} \qquad \text{für } 0<\varkappa<(1-\sqrt{2})^2$$

ergeben.

In Abb. 104 sind die stabilen Schlupfbereiche über dem Parameter des bezogenen Sternpunktwiderstandes $\varkappa$ als schraffierte Flächen dargestellt. Der doppelt schraffierte Bereich a zwischen $0<\frac{s}{s_k}<1$ ist unter allen Umständen dynamisch stabil. Der Bereich b ist zwar nur bedingt stabil, er kann aber erfahrungsgemäß auch als störungsfrei angesehen werden. Lediglich bei etwa gleich großen Schwungmassen ($\Theta_1 \approx \Theta_2$) und symmetrischer Belastung ($p\varphi \approx 0$) sind selbsterregte Pendelungen möglich, wenn keine ausreichenden äußeren Dämpfungen vorhanden sind.

7.4 Richtlinien für die Projektierung

Als Grundlage für die Projektierung ist wie bei allen elektrischen Wellen ein sorgfältiges Studium der gesamten Anlage erforderlich. Erst wenn alle Einflußfaktoren bekannt sind, können die für einen einwandfreien Betrieb erforderlichen Maßnahmen angegeben werden.

Im Abschn. 4.6 sind die vom Besteller einzuholenden Angaben für Ausgleichswellen zusammengestellt, die mit entsprechenden Abwandlungen auch bei der elektrischen Arbeitswelle als Projektionsgrundlage dienen können. Darüber hinaus sind die Lastverhältnisse mit besonderer Sorgfalt zu ergründen, vor allem auch die mögliche Mindestbelastung und die größte Lastunsymmetrie bei allen Betriebszuständen. Ferner ist zu prüfen, ob bei der Auswahl der Typengrößen für die Wellenmaschinen auch der Energieverbrauch zu berücksichtigen ist (hohe Verluste bei großem Schlupf im Dauerbetrieb). Besondere Aufmerksamkeit verdient bei Arbeitswellen der Hochfahrvorgang.
Aus dem vorhandenen Typenprogramm von Schleifringläufermotoren stehen zur Auswahl eine Reihe Wertepaare M_k und s_k zur Verfügung, von denen jedes einer bestimmten Motorgröße zugeordnet ist. Die erste Auswahl einer Maschinentype und eines zweckmäßigen Widerstandsverhältnisses $\varkappa$ kann auf Grund der bekannten Lastmomente Σ und Δ aus den Kurvendiagrammen Abb. 100a und b erfolgen, oder aus einer Schar von Belastungsdiagrammen nach Abb. 102, die ein für alle Male für diesen Zweck aufgestellt werden. Mit diesen Motordaten sind dann sämtliche Bedingungen für einen stationären Betrieb unter allen vorkommenden Lastverhältnissen zu überprüfen: Die Einhaltung der statischen und dynamischen Stabilität und das Vorhandensein des erforderlichen Mindestlastmomentes nach Abb. 100c, und zwar für alle vorkommenden Belastungszustände und Drehzahlen. Die Bedingungen für statische Stabilität müssen auch während des gesamten Hochfahrvorganges und bei allen Drehzahländerungen eingehalten werden. Die dynamische Stabilität kann beim Anfahren meistens unberücksichtigt bleiben, wenn die Drehzahländerungen nicht außergewöhnlich lange andauern. Selbsterregte Pendelungen benötigen zu ihrer Ausbildung immer eine bestimmte Zeit, wozu die Hochfahrzeit für gewöhlich nicht ausreicht. Bei besonders langsamem Anfahren ist jedoch auch hierauf Rücksicht zu nehmen.
Im Normalfalle wird die elektrische Arbeitswelle im Stillstand synchronisiert und während des gesamten Arbeitsablaufs bis wieder zum Stillstand in Synchronismus gehalten. Nur bei dieser Arbeitsweise bleibt die volle Winkellagenübereinstimmung zwischen den beiden Antriebsgruppen wie bei jeder echten Gleichlaufsteuerung oder -regelung erhalten. Diese Betriebsweise bedingt jedoch je nach den Belastungsverhältnissen einen entsprechenden Sicherheitsabstand zur synchronen Drehzahl des Drehfeldes, der in der Regel 15 bis 25% oder sogar 30% betragen mag. Die damit verbundene Verlustleistung ist jedoch meistens von wirtschaftlich untergeordneter Bedeutung.
Die technologischen Bedingungen fordern nicht immer eine strenge Einhaltung des synchronen Laufs während des ganzen Betriebes.

Bei manchen Anlagen (z.B. bei einigen Krempelsätzen in der Textilindustrie) ist beim Lauf eine geringe Drehzahlabweichung durchaus zulässig, wenn nur das Hochfahren und Stillsetzen synchron erfolgt. In diesen Fällen wird der Sternpunktwiderstand nur beim An- und Auslauf eingeschaltet, im Dauerbetrieb jedoch überbrückt. Dadurch kann der Energieverbrauch der Antriebsmotoren oft erheblich eingeschränkt werden. Allerdings erfordert das Synchronisieren der Wellenmaschinen im Lauf besondere Aufmerksamkeit bei der Projektrierung und gelingt nicht in jedem Falle ohne spezielle Maßnahmen.

Das Synchronisieren der Antriebsgruppen im Stillstand zur Vorbereitung des Anfahrvorgangs erfordert auch bei elektrischen Arbeitswellen eine Netzzuschaltung in Stufen. Der Anschluß des dritten Netzanschlusses darf erst erfolgen, wenn die Läufer beider Maschinengruppen nach einphasiger Vorsynchronisierung auf gleiche Winkellage gebracht sind. Es gibt aber auch Ausnahmen von dieser Regel. So ist beispielsweise ein unmittelbares dreiphasiges Zuschalten bei Antrieben mit großen Reibungsmomenten oder bei großen Schwungmassen möglich, wenn nach Abtrennen der Wellenmaschinen vom Netz keine Lageänderung der Antriebsgruppen mehr zu befürchten ist.

Die Auslaufzeit bedeutet oft eine unerwünschte Totzeit im gesamten Arbeitsablauf, z.B. bei wiederholtem Einrichten oder Kontrollieren einer laufenden Fertigung. Sie kann bei elektrischen Arbeitswellen besonders leicht ohne großen zusätzlichen Aufwand erheblich verkürzt werden. Zum Abbremsen der Drehmassen schließt man die Ständerwicklungen in einer einphasigen Schaltung (beispielsweise eh-Schaltung nach Abb. 81) an das Netz an und wählt den Sternpunktwiderstand so groß, daß der Kippschlupf $\bar{s}_k = \varkappa \cdot s_k$ bei etwa 2 liegt. Diese Schaltung stellt eine der aus der Literatur [101, 103] bekannten einphasigen Bremsschaltungen dar, deren Verhalten dort näher beschrieben ist. Die hier vorliegende Anordnung sorgt überdies für den synchronen Lauf der verbundenen Wellenmaschinen auch während des Bremsvorgangs.

Die elektrische Arbeitswelle kann ähnlich wie die Ausgleichswelle in beiden Drehrichtungen betrieben werden, sie läuft aber im Gegensatz zu jener immer im Drehsinn des Drehfeldes. Um den Umlaufsinn eines ganzen Gleichlaufsatzes umzukehren, genügt es, zwei der gemeinsamen Netzzuleitungen zu vertauschen. Soll jedoch die Drehrichtung nur an einer von mehreren zu einer Gleichlaufgruppe gehörenden Wellenmaschinen umgekehrt werden, dann müssen an dieser Maschine im Ständer und Läufer je zwei Wicklungsanschlüsse vertauscht werden. Umschaltungen der Drehrichtung dürfen nur im Stillstand aller Maschinen vorgenommen werden. Phasenumkehrungen während des Betriebes führen fast immer zur Störung des Gleichlaufs.

In Abb. 105 ist als Schaltungsbeispiel der Übersichtsschaltplan für eine elektrische Arbeitswelle dargestellt, wobei die Drehrichtungen für beide Antriebe unabhängig voneinander frei wählbar sind. Nach Schließen der Schütze *c*11, *c*12, *c*13 und *c*41 werden die Wellenmaschinen einphasig vorsynchronisiert und dann mit einer Zeitverzögerung über Schütz *c*31 dreiphasig angeschlossen und hochgefahren. Durch Schließen von Schütz *c*43 können die Wellenmaschinen auch im selbständigen

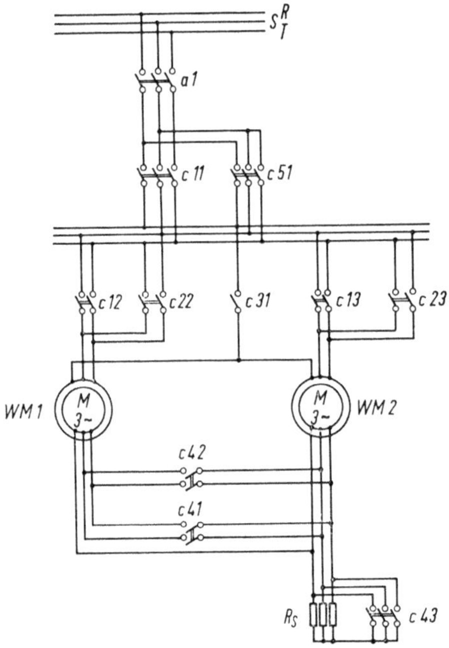

Abb. 105
Übersichtsschaltplan für eine elektrische Arbeitswelle mit synchronem An- und Auslauf und einphasiger Bremsung beim Auslauf

asynchronen Betrieb gefahren werden. Für den gebremsten synchronen Auslauf ist *c*43 zu öffnen und ferner von *c*11 auf *c*51 umzuschalten. Die Drehrichtung des ganzen Satzes wird geändert, indem statt der Schütze *c*12 und *c*13 die Schütze *c*22 und *c*23 betätigt werden. Der Umlaufsinn an einer Wellenmaschine — z.B. der Gruppe *WM* 2 — kehrt sich um, wenn nicht *c*13 und *c*41, sondern statt dessen *c*23 und *c*42 betätigt werden.

Die vorzüglichen Eigenschaften der dreiphasig am Drehstromnetz angeschlossenen elektrischen Ausgleichs- oder Ferndreherwelle gehen bei Antrieben mit schwacher mechanischer Dämpfung dadurch teilweise wieder verloren, daß zusätzliche Hilfsmittel (Ohmsche oder komplexe Dämpfungswiderstände) zur Stabilisierung erforderlich werden. Demzufolge muß die stationäre Belastung oft erheblich herabgesetzt oder die Maschinentype entsprechend größer gewählt werden. In Sonderfällen lassen sich extrem hohe Genauigkeitsanforderungen bei Drehstromerregung auf rein elektrischem Wege überhaupt nicht mehr erfüllen (vgl. Kap. 4). Hier hilft nur ein mechanischer Schwingungsdämpfer oder — wenn dieser aus konstruktiven oder anderen Gründen unerwünscht sein sollte — der Übergang zur Gleichstromeinspeisung der Wellenmaschinen.

8. Die elektrische Welle mit Gleichstromeinspeisung

Mit der Gleichstromeinspeisung wurde — wie im folgenden näher gezeigt werden soll — ein Mittel gefunden [46], das es auf rein elektrischem Wege gestattet, bei guter Typenausnutzung außergewöhnlich hohe Dämpfungsmomente zur Erzielung eines auch unter schwierigen Bedingungen pendelfreien Betriebes bereit zu stellen. Der verbreiteten Anwendung dieser Schaltung steht als einziges wesentliches Hindernis die Tatsache entgegen, daß die Wellenmaschinen im Stillstand keine Drehmomente übertragen können. Daher müssen die Maschinensätze zunächst auf andere Weise, z.B. mit Wechselstromspeisung, hochgefahren und dann erst auf Gleichstromspeisung umgeschaltet werden. Die entgegengesetzte Umschaltung ist vor dem Stillsetzen der Maschinen erforderlich, wenn auch im Stillstand die Überreinstimmung in der Winkellage der Läufer erhalten bleiben soll.
Die erforderliche und die thermisch zulässige Größe des einzuspeisenden Gleichstromes, die erzielbaren Drehmomente und ferner die notwendigen Schalteinrichtungen müssen natürlich im voraus berechnet und entsprechend geplant werden. Andererseits bestehen bei der Planung oft unzureichende Vorstellungen über die bei den üblichen Schaltungen erzielbare Genauigkeit, so daß die Schwierigkeiten häufig erst bei Inbetriebnahme der fertigen Anlage zutage treten, wenn eine völlige Schaltungsumstellung gar nicht mehr durchführbar ist. Daher mag es kommen, daß die Gleichstromeinspeisung wie auch die übrigen weniger gebräuchlichen Schaltungsarten auch in solchen Anlagen, bei denen ihre Vorteile offensichtlich genutzt werden könnten, verhältnismäßig selten angewendet werden. Die folgende Darlegung der Betriebseigenschaften soll die Anwendung der Schaltung in der Praxis erleichtern.

8.1 Schaltungsmöglichkeiten

Für die Einspeisung des Gleichstromes kommen alle möglichen einphasigen Netzanschlüsse der Wicklungsstränge des Ständers in Betracht. Die wichtigsten von ihnen sind in der Tabelle von Abb. 106 aufgeführt. Grundsätzlich ist die Auswahl der Ständerschaltung gleichgültig, wenn

Lfd. Nr.	Schaltschema	Aequivalenter Drehstrom	Erregerleistung
1	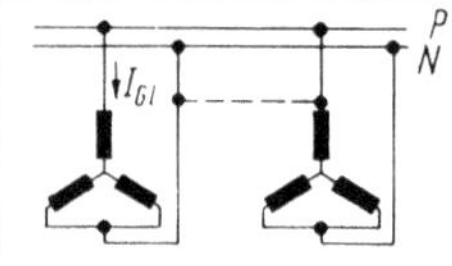	$I' = \frac{1}{\sqrt{2}} I_{Gl}$	$P'_V = 3I'^2R'$
2	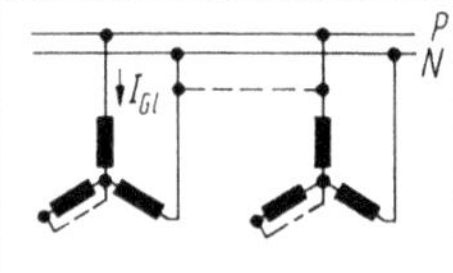	$I' = \sqrt{\frac{2}{3}}\, I_{Gl}$	$P'_V = 3I'^2R'$
3	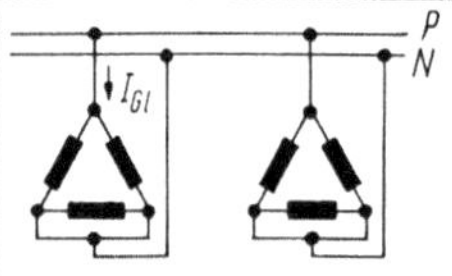	$I' = \frac{1}{\sqrt{6}} I_{Gl}$	$P'_V = 3I'^2R'$
4	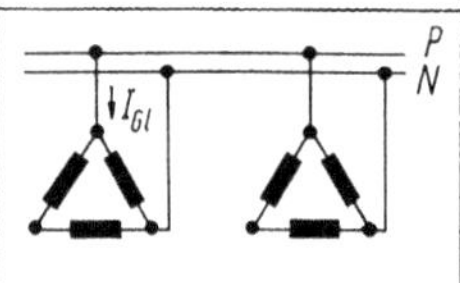	$I' = \frac{\sqrt{2}}{3} I_{Gl}$	$P'_V = 3I'^2R'$
5	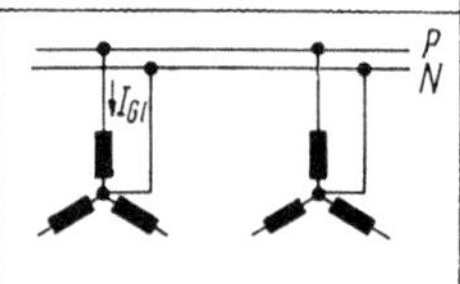	$I' = \frac{\sqrt{2}}{3} I_{Gl}$	$P'_V = 4{,}5\, I'^2R'$

Abb. 106
Ständerschaltungen für elektrische Wellen mit Gleichstromspeisung

man den Gleichstrom stets so groß wählt, daß in jedem Falle die gleiche Durchflutung in den Maschinen hervorgerufen wird.
Die Wellenmaschinen arbeiten bei Gleichstromerregung im Grunde wie zwei verbundene normale Synchrongeneratoren ohne starres Netz. Wir können ihre Arbeitsweise aber ebenso aus dem Verhalten der normalen Schaltung der elektrischen Welle bei dreiphasigem Netzanschluß (dp-Schaltung) erklären, indem wir die Netzfrequenz variieren und im Grenzfall bis auf Null herabsetzen, was dann der Gleichstromspeisung entspricht. Diese letztere Betrachtungsweise bietet den Vorzug, daß die für Drehstromerregung gewonnenen Erkenntnisse leicht mit den Ergebnissen bei Gleichstromspeisung verglichen werden können, und im übrigen kann den theoretischen Untersuchungen ein einheitlicher Rechnungsgang zu Grunde gelegt werden.

Bei Drehstromerregung würde z.B. ein Erregerstrom mit dem Effektivwert I' eine Durchflutung bestimmter Größe in den Maschinen erzeugen, die bei Verminderung der Frequenz auf Null in bestimmter räumlicher Lage bestehen bliebe — etwa so, daß ein Strang den vollen Strom und die beiden anderen Stränge den halben Strom in entgegengesetzter Richtung führen. Eine Gleichstromspeisung nach Abb. 106.1 entspricht nach Form und Größe genau dieser Durchflutungsverteilung, wenn der Betrag des Gleichstromes $I_{Gl} = \sqrt{2} \cdot I'$ gewählt wird.
Die gleiche Gesamtdurchflutung kann natürlich auch mit jeder anderen in Abb. 106 enthaltenen Schaltung bei richtiger Wahl der Größe des Gleichstromes erzeugt werden, wobei die Verteilung des Stromes auf die einzelnen Wicklungsstränge und die vektorielle Zusammensetzung der Strangdurchflutungen zu beachten sind. In Abb. 106 ist hinter jeder Schaltung die Beziehung zwischen dem eingespeisten Gleichstrom I_{Gl} und dem äquivalenten Drehstrom I' angegeben. Wie die letzte Spalte zeigt, wird für gleiche Durchflutung bei den meisten Schaltungen eine gleich große Erregerleistung verbraucht. Lediglich die Aufteilung des Produktes in Spannung und Strom kann durch die Änderung der Schaltung variiert werden. Als Ausnahme wird die nötige Erregerleistung bei Einspeisung nur eines Stranges nach Abb. 106.5 um den Faktor 1,5 mal größer. Diese Schaltung ist daher möglichst zu vermeiden.
Oft kann die erforderliche Erregerleistung bequemer bei höherer Spannung und kleinerem Strom bereitgestellt werden. Diesbezüglich sind die Schaltungen 106.1 und besonders 106.2 die günstigeren. Um noch ein weiteres zu tun, können überdies die Wicklungen der beiden Wellenmaschinen hintereinander geschaltet werden (gestrichelt in Abb. 106). Dies hat auf das stationäre Betriebsverhalten natürlich keinen Einfluß. Die gute dynamische Stabilität bleibt jedoch nur dann erhalten, wenn in Querrichtung zum Gleichfeld eine kurzgeschlossene Wicklung vorhanden ist. Dies ist bei eh-Schaltung (Abb. 106.1) durch die beiden parallel geschalteten Stränge stets der Fall. Bei e-Schaltung (Abb. 106.2) und Hintereinanderschaltung der beiden Maschinen muß auf jeden Fall der dritte nicht erregte Strang kurzgeschlossen werden — was sich übrigens bei Gleichstromspeisung immer empfiehlt.

8.2 Stationäres Betriebsverhalten

Wir wollen nun die Eigenschaften des stationären Betriebes einer von einem effektiven Erregerstrom $\mathfrak{I}'$ je Strang mit der Frequenz Null gespeisten elektrischen Welle berechnen. Ausgehend von dem einphasigen Ersatzbild in Abb. 107 können wir schon ohne Rechnung von vornherein feststellen, daß die Ortskurve des Läuferstromes in Abhängigkeit vom Verdrehungswinkel $\varphi = \varphi_1 - \varphi_2$ bei Lauf auch hier wieder ein Kreis sein muß. Denn zu dem konstant vorgegebenen Läuferstromanteil (Mittelpunktvektor) bei Speisung nur einer Maschine überlagert sich ein zweiter durch die Speisung der Maschine 2 hervorgerufener Anteil, der jedoch je nach der Winkeldifferenz $\varphi_1 - \varphi_2$ eine entsprechnede

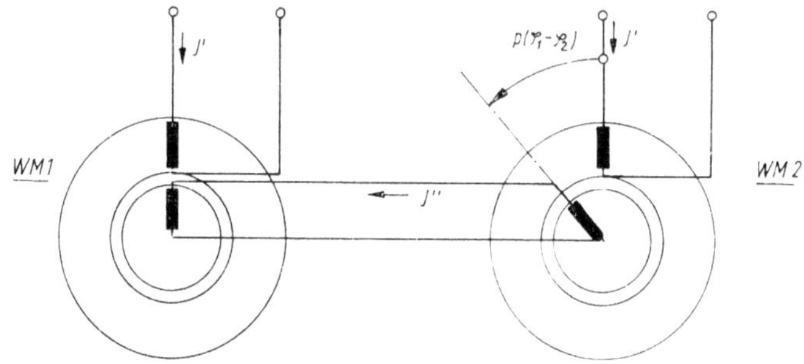

Abb. 107. Einphasiges Ersatzbild einer elektrischen Welle mit Gleichstromspeisung der dreiphasigen Wellenmaschinen

elektrische Phasenverschiebung $p\varphi$ aufweist. Dessen Spitze muß also mit Variation von φ einen Kreisbogen — den Wellenkreis — beschreiben.

Eine ähnliche Bedeutung, wie sie der Heylandkreis für die elektrische Welle mit Drehstromspeisung besitzt, muß die Stromortskurve der gleichstromerregten Asynchronmaschine für die elektrische Welle mit Gleichstromspeisung haben. Die Asynchronmaschine mit Gleichstromerregung ist als Bremsschaltung bekannt und in der Literatur beschrieben [46;101]. Wir erhalten mit den Bezeichnungen und Vorzeichenfestlegungen nach Abb. 107 bei direktem Läuferkurzschluß die Läuferspannungsgleichung für die einzelne Maschine zu:

$$0 = -i\omega(1-s)M\mathfrak{J}' + [R'' - i\omega(1-s)L'']\mathfrak{J}_s''. \tag{297}$$

Die Definition des Schlupfes wird wie bei Drehstromspeisung mit der Frequenz ω beibehalten. Wegen der Verschiebung der Ständerfrequenz um $-\omega$ auf Null entsteht jedoch jetzt im Läufer beim Schlupf s nicht mehr die Kreisfrequenz $s\omega$, sondern $\omega s - \omega = \omega(s-1) = -\omega(1-s)$. Dies ist in der Spannungsgleichung zu berücksichtigen.

Aus Gl. (297) ergibt sich mit $\beta = \dfrac{R''}{\omega L''}$ der Läuferstrom der Gleichstrombremse zu:

$$\mathfrak{J}_s'' = \mathfrak{J}' \frac{i(1-s)\dfrac{M}{L''}}{\beta - i(1-s)}. \tag{298}$$

Diese Gleichung beschreibt als Funktion von s einen Kreis durch den Nullpunkt, der symmetrisch zur reellen Achse liegt. Für $s = 1$ (Stillstand) verschwindet der Läuferstrom. Wenn wir den Umlaufsinn des fiktiven Drehfeldes immer in Drehrichtung festlegen, ist s definiert im Bereich $1 \geqslant s \geqslant -\infty$. Für $s = \pm\infty$ erhält man den größtmöglichen Wert des Läuferstromes mit $\mathfrak{I}_s(\pm\infty) = -\mathfrak{I}' \dfrac{M}{L''}$. Die Läuferstrom-Ortskurve der Gleichstrombremse ist der Halbkreis über dem Zeiger $\mathfrak{I}_s(s = \pm\infty)$.

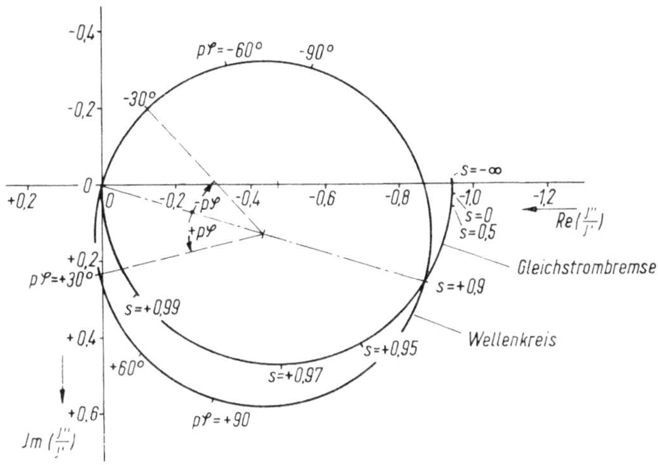

Abb. 108. Läufer-Stromortskurven der Gleichstrombremse und der elektrischen Welle mit Gleichstromerregung
(Maßstäblich für $\beta = 0{,}03$; $M/L'' = 0{,}944$)]

In Abb. 108 ist das Koordinatenkreuz so gewählt, daß der Halbkreis unterhalb der Abszisse liegt, so daß die zugehörigen Leistungen und Drehmomente als negative (bremsende) Größen unterhalb der Bezugslinie abgelesen werden. Multiplizieren wir die Läuferspannungen Gl. (297) skalar mit $3\mathfrak{I}_s''$, so ergibt sich die Leistungsbilanz:

$$0 = \underbrace{-3\omega(1-s)\,Mi\mathfrak{I}_s'' \cdot \mathfrak{I}'}_{P_{\text{mech}}} + \underbrace{3R''I_s''^2}_{P_v''}. \tag{299}$$

Die mechanische Leistung P_{mech} und damit das Bremsmoment M_s sind demnach – da $\mathfrak{I}'$ eine rein reelle Größe ist – proportional dem Imaginärteil von $\mathfrak{I}_s''$, also auch proportional dem senkrechten Abszissenabstand der Stromortskurve in Abb. 108.

Durch Auswertung des Skalarproduktes nach Gl. (299) erhält man für das Bremsmoment M_s beim Schlupf s mit:

$$M_s = -\frac{p}{\omega(1-s)} P_{\text{mech}} \tag{300}$$

die Formel:

$$M_s = -\frac{3p\beta(1-s)(1-\sigma)L'I'^2}{\beta^2+(1-s)^2}. \tag{301}$$

Der Höchstwert des Bremsmomentes M_{KB} tritt beim Schlupf $1-s=\beta$ ein und beträgt:

$$M_{KB} = -\frac{3}{2}p(1-\sigma)L'I'^2. \tag{302}$$

Damit sind alle Größen der Gleichstrombremse bekannt, die wir als Ausgangswerte für die Beurteilung der elektrischen Welle benötigen. Die Spannungsgleichung für den Läuferkreis der elektrischen Welle mit Gleichstromspeisung nach Abb. 107 lautet:

$$0 = -i\omega(1-s)M\mathfrak{J}' + 2[R'' - i\omega(1-s)L'']\mathfrak{J}'' + i\omega(1-s)M\mathfrak{J}'e^{-ip\varphi}. \tag{303}$$

Daraus ergibt sich unter Beachtung von Gl. (298) der Läuferstrom zu:

$$\mathfrak{J}'' = \frac{\mathfrak{J}_s''}{2}(1-e^{-ip\varphi}). \tag{304}$$

Der Wellenkreis als Ortskurve des Läuferstromes gemäß dieser Gleichung ist in Abb. 108 dargestellt. Der Zeiger des Stromes $\mathfrak{J}_s''$ der Gleichstrombremse bei dem jeweiligen Schlupf s stellt den Durchmesser des Wellenkreises dar. Bei Leerlauf ($\varphi = 0$) ist der Läuferstrom Null und bei Oppositionsstellung der Läufer ($p\varphi = 180°$ el) gleich dem Läuferstrom J_s'' der Gleichstrombremse — alles in völliger Übereinstimmung mit den Verhältnissen bei Drehstromspeisung.

Nach skalarer Multiplikation des Läuferspannungsgleichung (303) mit 3 $\mathfrak{J}''$ ergibt sich die Leistungsbilanz:

$$0 = \underbrace{+3\omega(1-s)Mi\mathfrak{J}''\cdot\mathfrak{J}'}_{P_{1\text{mech}}} \underbrace{+6R''I''^2}_{2P_V''} \underbrace{-3\omega(1-s)Mi\mathfrak{J}''e^{+ip\varphi}\cdot\mathfrak{J}'}_{P_{2\text{mech}}}; \tag{305}$$

und daraus mit Gleichung (300) das Drehmoment der Wellenmaschine ν zu:

$$M_\nu = -\frac{3}{2}p(1-\sigma)L'I'^2(1-s)\frac{\beta(1-\cos p\varphi)\pm(1-s)\sin p\varphi}{\beta^2+(1-s)^2}. \tag{306}$$

Beziehen wir die Wellenmomente auf das Kippmoment M_{KB} der Gleichstrombremse nach Gl. (302), so kann dafür auch geschrieben werden:

$$\frac{M_v}{|M_{KB}|} = -\frac{1-s}{\beta} \frac{(1-\cos p\varphi) \pm \frac{1-s}{\beta} \sin p\varphi}{1+\left(\frac{1-s}{\beta}\right)^2}. \tag{307}$$

Mit M_s als dem Moment der Gleichstrombremse beim Schlupf s nach Gl. (301) lautet die Drehmomentgleichung noch einfacher:

$$M_v = \frac{M_s}{2}\left[(1-\cos p\varphi) \pm \frac{1-s}{\beta} \sin p\varphi\right] \tag{308}$$

und entspricht in dieser Form vollkommen den entsprechenden Gln. (47) und (48) für die dp-Schaltung, wenn man berücksichtigt, daß der Kippschlupf der Bremse $(1-s)_k = \beta$ ist.

Wie Gl. (308) augenfällig zeigt, setzt sich auch das Drehmoment der mit Gleichstrom erregten elektrischen Welle aus einem an beiden Wellenmaschinen in gleicher Drehrichtung wirksamen asynchronen Anteil $M_{As} \sim (1-\cos p\varphi)$ und dem synchronisierenden Moment $M_{\mathrm{Sy}} \sim \sin p\varphi$ zusammen. Bemerkenswert ist jedoch, daß das asynchrone Moment bei Gleichstromspeisung immer bremsend wirkt, da M_s in Gl. (308) stets negativ ist.

In Abb. 109 ist für $\frac{1-s}{\beta} = 2$ und 10 der Verlauf der bezogenen Wellenmomente nach Gl. (307) über dem Verdrehungswinkel dargestellt und gleichzeitig eine Aufteilung in synchronisierende und asynchrone Komponenten durchgeführt. Wie die Kurven zeigen, ist im ersten Falle der asynchrone Momentanteil recht groß, während er bei größeren Werten des Verhältnisses $\frac{1-s}{\beta}$ gegenüber dem synchronisierenden Drehmoment sehr klein wird.

Da wir die positive Winkelrichtung in Übereinstimmung mit der Drehrichtung festgelegt haben, gilt auch hier — wie schon früher — für die stärker belastete Maschine das negative Vorzeichen des Verdrehungswinkels, während das zugehörige Drehmoment positiv ist, da es in Drehrichtung (also beschleunigend, wie es sein muß) wirkt. Arbeitet das Gleichlaufsystem z.B. als Ferndreherwelle, dann wird durch das bremsend wirkende asynchrone Moment das Kippmoment des Empfängers stets vermindert, was in diesem Falle natürlich nachteilig ist — ähnlich wie bei der dp-Schaltung bei Lauf gegen das Drehfeld. Aller-

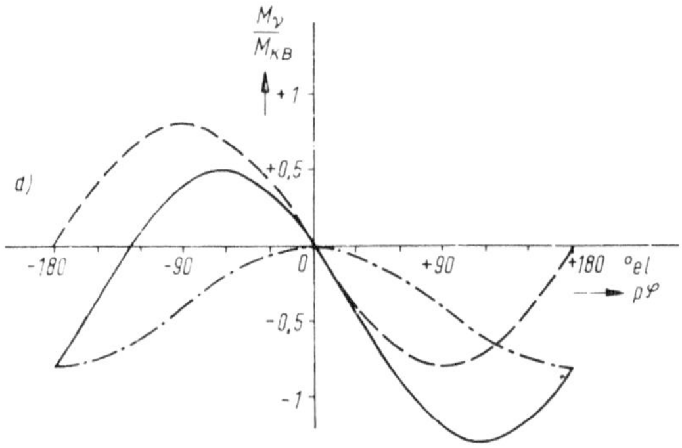

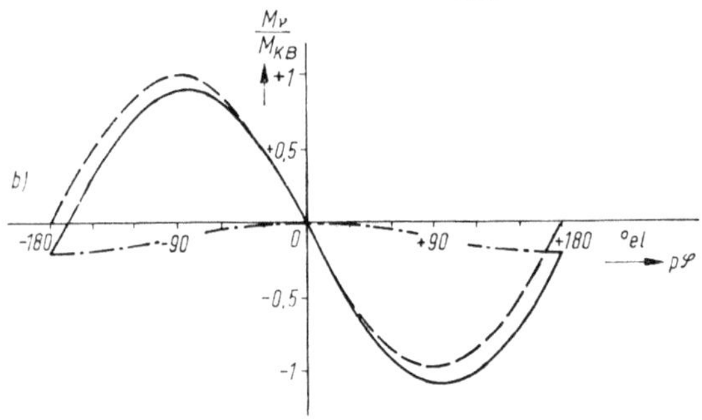

Abb. 109. Zusammensetzung der Drehmomente M_ν einer elektrischen Welle mit Gleichstromspeisung aus synchronisierendem M_{Sy} und asynchronem Drehmomentanteil M_{As}. M_{KB} = Kippmoment der Motoren im Bremsbetrieb.

——————— M_ν a) $\frac{1-s}{\beta} = 2$
— — — — M_{Sy}
—— · —— M_{As} b) $\frac{1-s}{\beta} = 10$

dings ist das asynchrone Moment im Lauf außer bei sehr niedrigen Drehzahlen relativ klein.

Wie man aus der Drehmomentgleichung durch Differentiation nach φ leicht ermitteln kann, tritt das Kippmoment der Wellenmaschinen beim Verdrehungswinkel:

$$p\gamma_{\text{Stat}} = -\text{arc tan}\,\frac{1-s}{\beta} \tag{309}$$

auf.

Da β gewöhnlich Werte von einigen Tausendsteln bis zu einigen Hundertsteln annimmt, wird mit abnehmendem Schlupf — also zunehmender

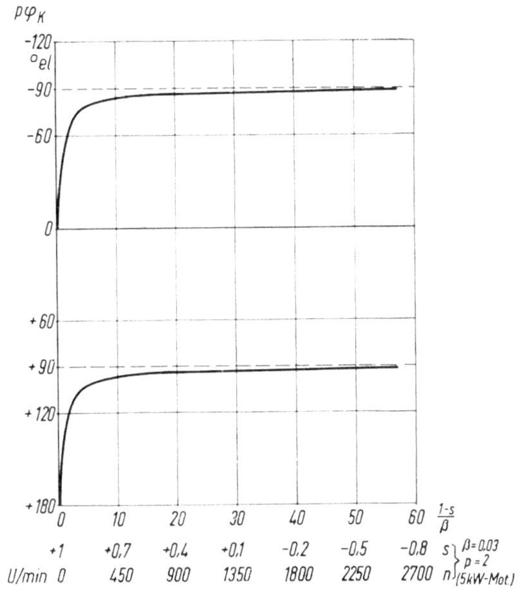

Abb. 110
Drehzahlabhängigkeit der Kippmomente einer elektrischen Welle mit Gleichstromspeisung

Drehzahl — der statisch stabile Lastwinkel an beiden Wellenmaschinen nahezu 90° el, wie auch der entsprechende Kurvenlauf in Abb. 110 über $\frac{1-s}{\beta}$ zeigt. In Abb. 111 sind die bezogenen Kippmomente der Wellenmaschinen dargestellt. Die zunächst in der Nähe des Kippschlupfes der Gleichstrombremse $1-s=\beta$ stark ausgeprägte Unsymmetrie der Wellenmomente nimmt mit zunehmender Drehzahl rasch ab.

In den Diagrammen ist außer dem allgemein gültigen Maßstab $\frac{1-s}{\beta}$ zur Veranschaulichung noch der entsprechende Schlupf s und die Drehzahl n für Wellenmaschinen mit einer Typenleistung von 5 kW angegeben. Vermeidet man sehr niedrige Drehzahlen, dann steht bei entsprechender Bemessung des Erreger-Gleichstromes ein hohes Ausgleichsmoment in nahezu drehzahlunabhängiger Größe zur Verfügung (vgl. Abb. 110). Die Wellenmomente sind außer von den Drehzahlgrößen natürlich in erster Linie vom Betrage des Erreger-Gleichstromes abhängig.

Für etwa gleich große Ausgleichsmomente bei Drehstrom- und Gleichstromspeisung müssen die jeweiligen Kippmomente von Motor und Gleichstrombremse gleich groß sein. Das Motorkippmoment erhält man

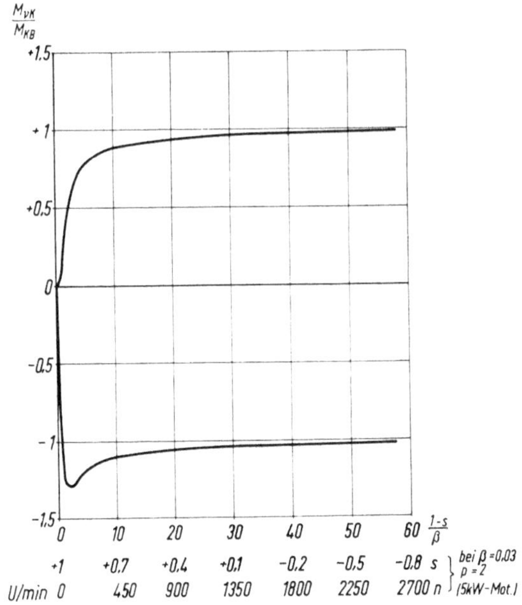

Abb. 111
Drehzahlabhängigkeit des Verdrehungswinkels beim Kippmoment, für eine elektrische Welle mit Gleichstromspeisung

bei Vernachlässigung des ohmschen Ständerwiderstandes (vgl. Gln. (117a) und (98a)) zu:

$$M_k = \frac{3}{2} p (1-\sigma) L' I_\mu^2 \cdot \frac{1}{\sigma}. \tag{117b}$$

Aus einem Vergleich mit dem Kippmoment der Bremse nach Gl. (302) ergibt sich, daß man den äquivalenten Erregerstrom I' also um:

$$\frac{I'}{I_\mu} = \frac{1}{\sqrt{\sigma}} \tag{310}$$

größer machen muß als den Magnetisierungsstrom I_μ, um gleiche Wellenmomente zu erzielen.

Die endgültige Festlegung des Erreger-Gleichstromes ist in erster Linie ein Erwärmungsproblem. Tatsächlich kann man die Gleichstromerregung oft größer wählen, als nach Gl. (310) gefordert wird, da die gesamten Eisenverluste bei Gleichstromerregung meistens wesentlich geringer sind, wodurch dann höhere Kupferverluste zulässig werden. Ohne eingehende Rechnung kann z.B. bei eh-Schaltung als Richtwert für den einzuspeisenden Gleichstrom zunächst das $\sqrt{2}$-fache des Motor-Nennstromes dienen.

Die Berechnung der elektrischen Welle mit Gleichstromspeisung nach dem eben angegebenen Rechnungsgang setzt die Kenntnis der Maschinendaten α, β, σ und L' und ihre Unabhängigkeit von den Betriebsdaten voraus. Die Rechnung stimmt also exakt nur für einen bestimmten Sättigungszustand der Maschinen.
Von der Gleichstrombremsung ist bekannt, daß sich dort das Maß der Sättigung während des Bremsvorganges sehr stark ändert. Die Maschine ist ja mit konstantem Strom gespeist, der im Extremfall mit seinem vollen Betrage die Eisenwege magnetisiert (z.B. bei Stillstand des Läufers), aber andererseits auch durch hohe Läuferströme kompensiert werden kann und dann nur zu einem geringen Rest den Aufbau eines magnetischen Feldes bewirkt (z.B. bei höheren Drehzahlen). Grundsätzlich können beide Extremfälle auch bei der elektrischen Welle eintreten. Der bei der Gleichstrombremse normale Betriebsfall hoher Ankerrückwirkung bei kleinem Fluß kommt bei der elektrischen Welle jedoch nur im gestörten Betrieb bei Verdrehungswinkeln nahe $p\varphi = 180°$ el vor. Im Leerlauf oder bei normalen Belastungen bleibt der Fluß in beiden Wellenmaschinen nahezu unabhängig von Drehzahl und Lastzustand konstant. Die zur Berechnung der gleichstromerregten elektrischen Welle anzunehmenden Werte für die Maschinendaten können daher mit dem Verhältnis I'/I_μ aus der Leerlaufkennlinie des Asynchronmotors ermittelt werden.

8.3. Dynamische Stabilität

Wenden wir uns nun dem dynamischen Verhalten der elektrischen Welle mit Gleichstromerregung zu. Für die Stabilitätsbetrachtung benötigen wir zunächst die Feder- und Dämpfungsfaktoren. Die Drehfederzahlen können direkt aus den Drehmomentgleichungen des stationären Betriebes Gl. (306) durch Differentiation nach dem Verdrehungswinkel φ gewonnen werden und ergeben sich gemäß der Definition nach Gl. (1) zu:

$$c_1 = +kp(1-s)\,\frac{\beta \sin p\varphi + (1-s)\cos p\varphi}{\beta^2 + (1-s)^2}\,; \tag{311}$$

$$c_2 = -kp(1-s)\,\frac{\beta \sin p\varphi - (1-s)\cos p\varphi}{\beta^2 + (1-s)^2} \tag{312}$$

mit

$$k = \frac{3}{2}\,p(1-s)\,L' I'^2\,. \tag{313}$$

Zur Bestimmung der Dämpfungsfaktoren ist bei Pendelungen ein neuer Rechnungsansatz unter Beachtung der Schlupfabweichungen

Δs an jeder Maschine erforderlich. Zweckmäßig geht man dabei ebenso vor wie bei den übrigen Schaltungen (z.B. dp-Schaltung). Zunächst werden die Teilströme bei Speisung nur einer Maschine und kurzgeschlosser Ständerwicklung an Maschine 2 berechnet und anschließend daran die Ströme bei Speisung der Maschine 2 unter Beachtung der Phasendrehung $p\varphi$ überlagert.
Bei Speisung der Maschine 1 ergibt sich die Spannungsgleichung (vgl. Abb. 107 und Abb. 55) für den Läuferkreis zu:

$$0 = -i\omega(1-s+\Delta s_1)M\mathfrak{I}''_{11} + 2[R'' - i\omega(1-s+\Delta s_1)L''] + \\ + i\omega(1-s+\Delta s_1)M\mathfrak{I}'_{21}, \tag{313}$$

und für den Ständerkreis der kurzgeschlossenen Maschine 2 zu:

$$0 = -i\omega(\Delta s_2 - \Delta s_1)M\mathfrak{I}''_{11} + [R' + i\omega(\Delta s_2 - \Delta s_1)L']\mathfrak{I}'_{21}. \tag{314}$$

Während im Ständer 1 nur der eingespeiste Gleichstrom fließt, entsteht im Ständerkreis 2 durch die Schlupfabweichungen Δs_ν ein Wechselstrom von der Frequenz $(\Delta s_2 - \Delta s_1)$.
Gleichartige Spannungsgleichungen bei entsprechend variierten Indizes gelten bei Speisung der Maschine 2. Mit den daraus berechneten Strömen werden nach Gl. (93) die Luftspaltleistungen und die vollständigen Drehmomentgleichungen in der Form der Gl. (86) bestimmt [46]. Die Dämpfungsfaktoren erhält man auf diese Weise zu:

$$d_{11} = k\frac{p}{\omega}\,\frac{(1-\sigma)(1-s)^4 + \alpha\beta[\beta^2-(1-s)^2] - \beta(1-\sigma)(1-s)^2[\beta\cos p\varphi - (1-s)\sin p\varphi]}{\alpha[\beta^2+(1-s)^2]^2}; \tag{315}$$

$$d_{12} = k\frac{p}{\omega}\,\frac{-(1-\sigma)(1-s)^4 - \beta\{\alpha[\beta^2-(1-s)^2] - \beta(1-\sigma)(1-s)^2\}\cos p\varphi + \beta(1-s)[2\alpha\beta-(1-\sigma)(1-s)^2]\sin p\varphi}{\alpha[\beta^2+(1-s)^2]^2}; \tag{316}$$

$$d_{21}(\varphi) = d_{12}(-\varphi); \tag{317}$$

$$d_{22}(\varphi) = d_{11}(-\varphi). \tag{318}$$

Wir interessieren uns zunächst für das dynamische Verhalten der *unbelasteten* elektrischen Welle. Im Leerlauf ($\varphi = 0$) erhalten wir $c_1 = c_2 = c$ und $d_{11} = -d_{12} = d_{22} = -d_{21} = d$, und es wird:

$$c = +kp\,\frac{(1-s)^2}{\beta^2+(1-s)^2}, \tag{319}$$

bzw.

$$d = +k\frac{p}{\omega}\left\{\frac{(1-\sigma)(1-s)^2[(1-s)^2-\beta^2]}{\alpha[(1-s)^2+\beta^2]^2} - \frac{\beta[(1-s)^2-\beta^2]}{[(1-s)^2+\beta^2]^2}\right\} =$$

$$= k\frac{p}{\omega}[f_1(1-s)+f_2(1-s)]. \tag{320}$$

Wie in Abschnitt 3.12 gezeigt, ist die dynamische Stabilität dieses Systems durch $d > 0$ bestimmt.

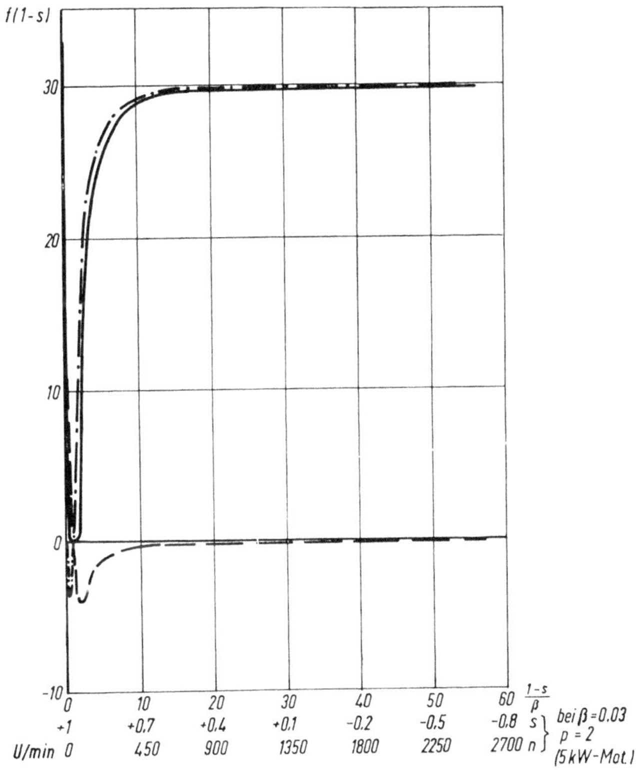

Abb. 112. Drehzahlabhängigkeit des Dämpfungsfaktors $d \sim f(1-s)$ und seiner Anteile $f_1(1-s)$ und $f_2(1-s)$ bei einer unbelasteten elektrischen Welle ($\varphi = 0$) mit den Maschinendaten $\alpha = \beta = 0{,}03$; $\sigma = 0{,}1$

—— · —— erster Dämpfungsfaktoranteil $f_1(1-s)$

— — — — zweiter Dämpfungsfaktoranteil $f_2(1-s)$

———— gesamter Dämpfungsfaktor $f_1(1-s)+f_2(1-s)$

$d = k/w f(1-s)$

Der Dämpfungsfaktor der gleichstromerregten elektrischen Welle ist aus zwei Anteilen zusammengesetzt, wie Gl. (320) erkennen läßt. Die beiden Teile $f_1(1-s)$ und $f_2(1-s)$ sind in ihrer Schlupfabhängigkeit in Abb. 112 einzeln und als Summe dargestellt. Der Kurvenverlauf des zweiten Teiles entspricht in typischer Weise dem charakterischen Verhalten des entsprechenden Faktors bei Drehstromspeisung in Abb. 56. Durch Vergleich mit der vereinfachten Gl. (104) für $\alpha = 0$ sieht man auch leicht die formelmäßige Übereinstimmung, wenn man bedenkt, daß $(s-1)$ dort dem Schlupf s und $\beta = (1-s)_k$ dem dortigen Kippschlupf $s_k = \frac{\beta}{\sigma}$ entsprechen.

Sehr bemerkenswert ist nun, daß außer diesem bekannten Dämpfungsanteil mit seinem charakterischen Verlauf (hohe positive Dämpfung zwischen $0 < s < s_k$, negative Dämpfung für $s > s_k$) ein zweiter Dämpfungsanteil auftritt, der gerade umgekehrt im Schlupfbereich oberhalb des Kippschlupfes positive Dämpfung liefert, und zwar mit erstaunlich großer Intensität. Wie Abb. 112 zeigt, hat die Summe der beiden Anteile — wenn wir wieder von den sehr niedrigen Drehzahlen nahe $1-s = \beta$ absehen — im gesamten praktisch bedeutsamen Drehzahlbereich für $1-s \gg \beta$ einen hohen positiven Wert vom Betrage:

$$d = k \frac{p}{\omega} \frac{1-\sigma}{\alpha}. \tag{321}$$

Bedeutsam ist, daß die Dämpfung mit zunehmendem Ohmschen Ständerwiderstand kleiner wird. Die Einschaltung von Dämpfungswiderständen hat also bei elektrischen Wellen mit Gleichstromspeisung keinen Sinn. Zusatzwiderstände im Ständerkreis sind sogar schädlich.
Die Stabilitätsbedingung $d > 0$ ist — wie die Kurve in Abb. 112 zeigt — mit Ausnahme des einen Punktes bei $1-s = \beta$ im gesamten Drehzahlbereich erfüllt. Zur Sicherheit sollte aber für dynamisch stabilen Betrieb stets

$$1-s > \beta \tag{322}$$

vorgesehen werden.
Die Stabilität der belasteten elektrischen Welle läßt sich am einfachsten im Falle *sehr verschieden großer Schwungmassen* überblicken. Wie schon wiederholt festgestellt wurde (Kap. 3.13), sind hier Pendelungen allein an dem mit der kleinen Schwungmasse behafteten Antrieb zu erwarten, wenn die resultierende Dämpfung an diesen Maschinen negativ ist. Für z.B. $\Theta_2 \gg \Theta_1$ lautet demnach die Stabilitätsbedingung $d_{11} > 0$ mit d_{11} nach Gl. (315). Diese Gleichung läßt sich mit einigen Umstellungen im Zähler wie folgt schreiben:

$$d_{11} = k\frac{p}{\omega}\left\{\frac{(1-\sigma)(1-s)^3\left\{(1-s)-\beta\left[\frac{\beta}{1-s}\cos p\varphi+\sin p\varphi\right]\right\}}{\alpha[\beta^2+(1-s)^2]^2} - \frac{\beta[(1-s)^2-\beta^2]}{[\beta^2+(1-s)^2]^2}\right\} \qquad (315a)$$

Das zweite Glied (Linie —·— in Abb. 112) ist offenbar unabhängig vom Lastzustand. Wie sich zeigt, wird aber auch der erste Teil von Gl. (315a) nur im Bereich $1-s \leq \beta$ merklich vom Lastwinkel $p\varphi$ beeinflußt. Bei höheren Drehzahlen mit $(1-s) \gg \beta$ strebt der Dämpfungsfaktor für beliebige Werte von φ dem für $\varphi = 0$ schon gefundenen Grenzwert nach Gl. (321) zu. In dem praktisch brauchbaren Drehzahlbereich $1-s > 5\beta$ wird der hohe positive Dämpfungsfaktor bei Belastung nur sehr wenig vermindert (vgl. Abb. 113).

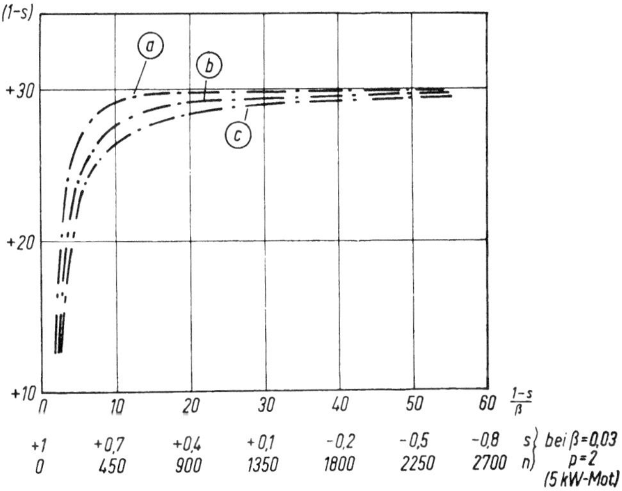

Abb. 113. Änderung des lastabhängigen Dämpfungsfaktoranteiles $f_1(1-s)$ nach Abb. 112 mit dem Lastwinkel $p\varphi$ als Parameter
$\Theta_2 \gg \Theta_1$; $\alpha = \beta = 0{,}03$; $\sigma = 0{,}1$
a) $p\varphi = 0°$ el
b) $p\varphi = +30°$ el
c) $p\varphi = +90°$ el

Ähnlich liegen die Verhältnisse auch für den allgemeinen Fall der belasteten elektrischen Welle mit Gleichstromspeisung.
Um dies in allgemeiner Form zu beweisen, müßte das Gleichungs-

system (22) und (23) gelöst werden, was praktisch kaum durchzuführen ist. Der Beweis gelingt aber, wenn man die Winkelfunktionen in den Gln. (311) bis (318) durch die ersten Glieder der Reihenentwicklungen ersetzt ($\sin p\varphi \approx p\varphi$ und $\cos p\varphi \approx 1-0{,}5\, p\varphi$) und höhere Potenzen von α und β vernachlässigt [49]. Unter diesen Vereinfachungen sind die Stabilitätskriterien nach Gl. (22) unter folgenden Bedingungen erfüllt:

$$1-s > \beta p\varphi \tag{323}$$

und

$$1-s > \frac{\beta p\varphi}{1-(p\varphi)^2} \tag{324}$$

Da die Ungleichung (324) die schärfere Forderung darstellt, ist diese als die maßgebende Bedingung anzusehen (φ ist im Bogenmaß einzusetzen)!

Das Ergebnis besagt, daß die Stabilitätsbedingung bei negativen Verdrehungswinkeln stets und bei positiven Winkeln bis zu sehr großen Werten von φ erfüllt ist, wobei natürlich der Gültigkeitsbereich der getroffenen Vereinfachungen zu beachten ist. Wie die durch Auswertung von Gl. (324) entstandene Grenzkurve der dynamischen Stabilität in Abb. 114 zeigt, ist in dem praktisch vorkommenden Lastwinkelbereich von etwa $\pm 30°$ el die dynamische Stabilität in dem allein interessanten

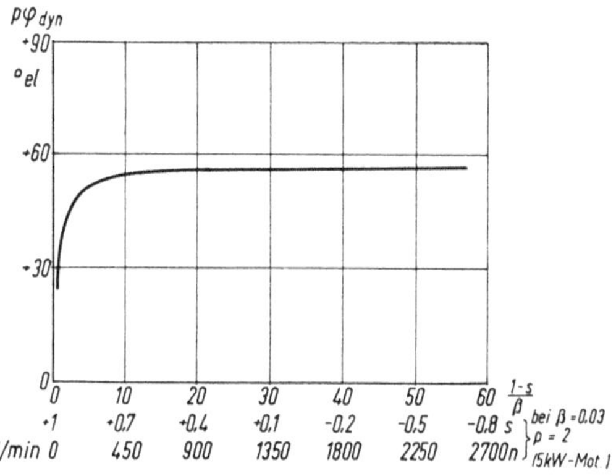

Abb. 114
Maximaler dynamisch stabiler Lastwinkel einer elektrischen Welle mit Gleichstromspeisung im allgemeinen Belastungsfall

Drehzahlbereich $1-s > \beta$ unter allen Umständen gewährleistet. Der Maximalwert des dynamisch stabilen Lastwinkels liegt für $1-s \gg \beta$ nahe bei $p\varphi = 1$ rad $\approx 57°$ el. Wegen der Linearisierung der Winkelfunktionen dürfte der genaue Grenzwert zwar hiervon noch etwas abweichen, er wird aber jedenfalls oberhalb des üblichen Lastwinkel-

bereiches liegen. Selbsterregte Pendelungen sind demnach bei elektrischen Wellen mit Gleichstromspeisung im normalen Arbeitsbereich unter keinen Umständen zu befürchten.
Auch für die Gleichstromwelle gelten die bei den übrigen Schaltungen bereits erläuterten allgemeinen Projektierungsgrundsätze.
Im nunmehr folgenden letzten Abschnitt wird auf den bei allen Schaltungen zu beachtenden Synchronisiervorgang eingegangen.

9. Synchronisieren elektrischer Wellen

Solange die Wellenmaschinen noch nicht zusammengeschaltet und ans Netz gelegt sind, können die Läufer der beiden Maschinengruppen jede beliebige Winkelstellung einnehmen. Unter Synchronisieren versteht man das Einstellen der Läufer auf gleiche Winkelstellung und das Herstellen der für den Gleichlauf vorgesehenen Schaltungsverbindungen zwischen den Maschinenwicklungen und zum Netz. Man muß hierbei unterscheiden zwischen dem montagemäßigen und dem betriebsmäßigen Synchronisieren.
Bei der Montage muß man darauf achten, daß die Drehfelder der zusammenzuschaltenden Maschinen den gleichen Drehsinn besitzen. Dies läßt sich durch Drehfeldanzeiger, mit Hilfe von Phasenlampen oder mit einem Spannungsmesser im Läuferkreis ohne weiteres entscheiden. Man schließt hierzu die Ständerwicklungen dreiphasig ans Netz und verbindet je einen Schleifring der zu kuppelnden Maschinen. Dann kann man durch Messung der Spannungen an den Schleifringen sofort erkennen, ob die Drehfelder den richtigen Drehsinn haben. Andernfalls sind in einer der Ständerwicklungen zwei Netzanschlüsse miteinander zu vertauschen. Durch Verdrehen eines der Läufer kann man die Spannungen zwischen je zwei Schleifringen beider Wellenmaschinen zum Verschwinden bringen. In dieser Stellung schließen die entsprechenden Läuferwicklungsachsen der Wellenmotoren den Winkel Null Grad ein.
Gelegentlich kann es schwierig oder sogar unmöglich sein, die Läufer einfach von Hand aus zu verdrehen (z.B. beim Hubwerk eines Schleusentores). In solchen Fällen muß man durch zyklische Vertauschung der Netzanschlüsse eines der Wellenmotoren die relative Winkellage der Drehfelder zueinander günstig zu gestalten suchen (Minimum des Verdrehungswinkels).
Beim normalen Betrieb werden die Wellenmaschinen auch während des Stillstandes der Antriebsmotoren möglichst nicht vom Netz getrennt. Lediglich bei größeren Betriebspausen, aber auch bei Spannungsausfall, bei Überlastung der Maschinen oder sonstigen Betriebsstörungen werden die Maschinen vom Netz abgeschaltet und fallen daher u.U.

außer Tritt. Bei der Wiederinbetriebnahme stimmt dann die Schaltung der Drehfelder natürlich, nicht aber die Stellung der Läufer. Schließt man die Wellenmaschinen zufällig in einer günstigen relativen Läuferstellung an ein Drehstromnetz (kleiner Verdrehungswinkel), dann stellt das synchronisierende Moment die Läufer nach einigen Schwingungen auf gleiche Winkelstellung ein. Bei besonders ungünstiger Ausgangslage jedoch — etwa 180° elektrischer Verdrehung — wird der eine Läufer infolge des außerdem noch wirkenden asynchronen Drehmoments u.U. so stark im Sinne des Drehfeldes beschleunigt, daß er über die andere Maschine hinweg hochläuft. Die Wellenmachinen bleiben außer Tritt und laufen asynchron hoch [28].
Noch viel schwieriger ist es natürlich, zwei unabhängig voneinander laufende Maschinen im Lauf zu synchronisieren, wo naturgemäß die Winkelstellungen und die Drehzahlen der Wellenmaschinen voneinander abweichen.

9.1. Synchronisieren im Stillstand

Der Bewegungsablauf beim Synchronisieren wird besonders übersichtlich, wenn man annimmt, daß ein Läufer festgebremst oder mit sehr großer Schwungmasse behaftet ist. Der ganze Bewegungsvorgang

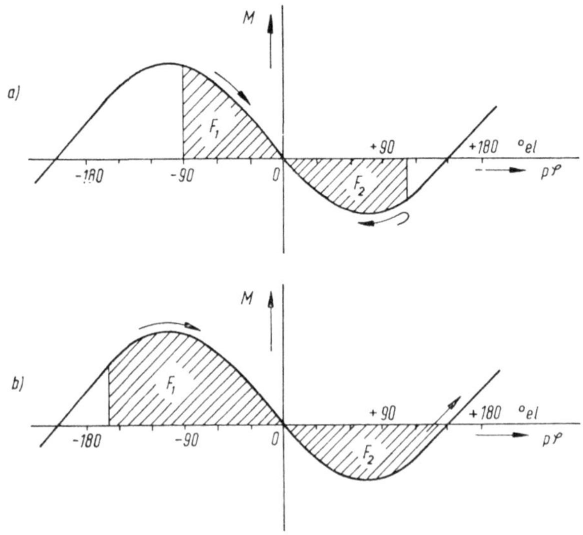

Abb. 115. Bewegungsablauf beim dreiphasigen Anschalten einer elektrischen Welle an ein Drehstromnetz. (Ein Läufer festgebremst)
a) Einschaltwinkel so, daß Synchronisieren möglich
b) Asynchrones Hochlaufen bei ungünstigem Schaltwinkel

spielt sich dann am zweiten Läufer ab und besteht im Einstellen dieser Maschine auf die Winkelstellung der feststehenden Wellenmaschine. In Abb. 115 ist die Läuferbewegung an Hand der Drehmomentkennlinie skizziert. Ohne Berücksichtigung der Reibungs- und sonstiger Dämpfungsmomente schwingt der Läufer beim Einschalten von einem beliebigen Verdrehungswinkel aus — z.B. $p\varphi = -90°$ el in Abb. 115a — so weit über die synchrone Winkellage hinaus, bis die durch die schraffierte Fläche F_1 unter der Drehmomentlinie gekennzeichnete kinetische Energie wieder voll als potentielle Energie gespeichert ist. Ohne Energieverluste muß also $F_2 = F_1$ sein.
Bei sehr großen Einschaltwinkeln nahe $p\varphi = 180°$ el ist bei einer dreiphasigen Schaltung die in der ersten Halbwelle gespeicherte Energie infolge der Momentenunsymmetrie größer als die gesamte Fläche unter der negativen Halbwelle (Abb. 115b). Sobald $F_1 > F_2$ wird, dreht der Läufer über die negative Halbwelle hinaus und kehrt nicht mehr zur Nullage zurück, er läuft asynchron hoch.
Die Ursache der Synchronisierungsschwierigkeiten ist diese Momentenunsymmetrie, also das Vorhandensein eines asynchronen Drehmomentanteils. Als einfachste Abhilfe bietet sich die Verwendung einer einphasigen Schaltung an, da diese im Stillstand keine asynchrone Drehmomentkomponente aufweisen. Man schließt daher die Ständerwicklungen zunächst in e-Schaltung oder eh-Schaltung einphasig an das Netz an und schaltet erst nach einiger Zeit auf die endgültige dreiphasige Schaltung um, so daß sich der Synchronisierungsvorgang in zwei Stufen vollzieht.

Aber auch das zweistufige Synchronisieren funktioniert nicht in jedem Falle fehlerfrei. Die Läufer können nämlich beim einphasigen Vorsynchronisieren zufällig genau in Oppositionsstellung stehen und dort infolge von Oberfeldmomenten (Nutung!) verharren, so daß bei Umschaltung auf dreiphasige Erregung ein asynchrones Hochlaufen zu erwarten ist.
Eine Schaltung, die mit Sicherheit Fehlsynchronisationen ausschließt, ist in Abb. 116 dargestellt. Hier vollzieht sich der gesamte Synchronisierungsvorgang in drei Stufen. Bei Schließen des Schalters c_{11} werden die Wellenmaschinen zunächst in e-Schaltung erregt, wobei jedoch, wie in Abb. 117 gezeigt, die Feldvektoren einen räumlichen Phasenwinkel entsprechend $p\varphi = 60°$ el einschließen. Erst kurze Zeit später wird durch Schließen von Schalter c_{12} auf die eh-Schaltung bei übereinstimmender Feldrichtung in beiden Maschinen umgeschaltet und schließlich durch Betätigen von Schalter c_{13} die endgültige dreiphasige Netzverbindung beider Maschinen hergestellt.
Die beschriebene dreistufige Synchronisierschaltung hat den Vorteil, daß nach der ersten Schaltstufe nur zwei Läuferstellungen möglich

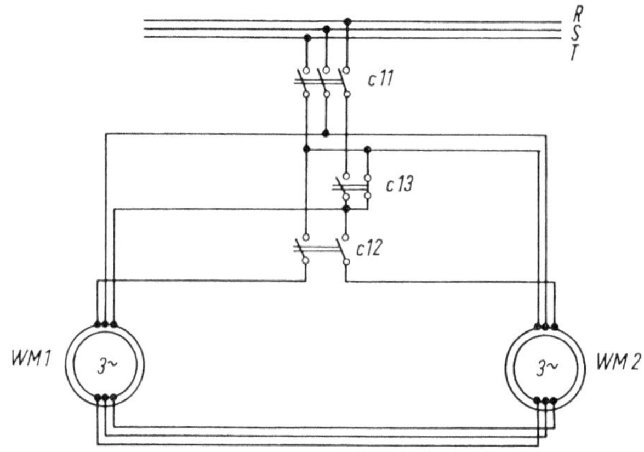

Abb. 116. Schaltbild für sicheres Synchronisieren in drei Stufen

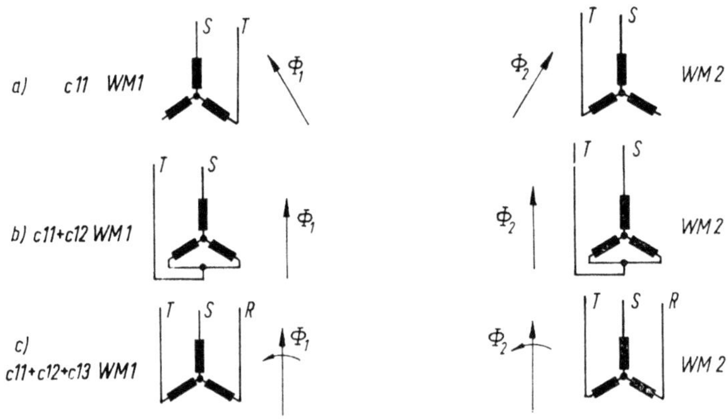

Abb. 117. Räumliche Lage des Hauptflusses in den Wellenmaschinen bei den verschiedenen Stufen der Synchronisierungsschaltung nach Abb. 116

sind, die in der nächsten Stufe mit Sicherheit zur Synchronstellung führen. Nach Betätigung des Schalters c_{11} drehen sich die Läufer in die gleiche relative Winkelstellung wie die Ständerflüsse (Φ_1 und Φ_2 in Abb. 117a), oder sie bleiben in einer um 180° el gegen diese verdrehten Stellung stehen. Diese beiden Stellungen bedeuten in der nächsten Schaltstufe (c_{11} und c_{12} geschlossen) eine Anfangsphasendifferenz von 60° el oder 120° el, die beide in der eh-Schaltung nach Abklingen der Ausgleichsbewegung zur Synchronstellung führen (Abb 118). Mit Umschaltung des Schalters c_{13} erhält man den störungsfreien Übergang zum endgültigen dreiphasigen Netzanschluß.

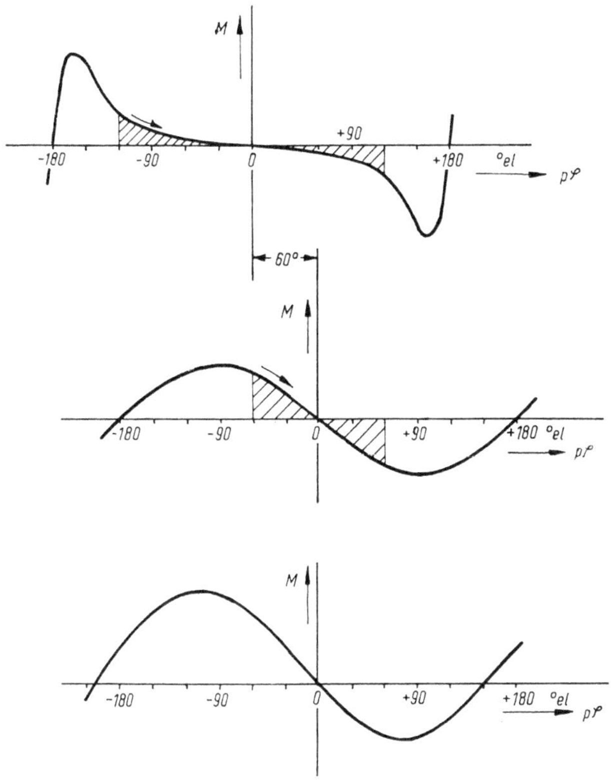

Abb. 118. Bewegungsablauf des dreistufigen Synchroniserungsvorgangs bei Schaltung nach Abb. 116.

Das Synchronisieren in drei Stufen ist nicht in jedem Falle unumgänglich notwendig. In anspruchsloseren Anlagen oder, wenn nur sehr selten synchronisiert zu werden braucht, wird eine gelegentliche Fehlsynchronisation manchmal in Kauf genommen. Hier genügt eine zweistufige Synchronisierung (vgl. Abb. 33).
Unter gewissen Umständen kann auch von vornherein feststehen, daß genügend große Last- oder Reibungsmomente vorhanden sind, so daß auch bei direktem dreiphasigem Netzanschluß kein asynchroner Hochlauf zu befürchten ist. Dies ist der Fall, wenn die Arbeit der Lastmomente im Verlauf einer Drehung um $p\varphi = 360°$ el größer ist als die Arbeit des asynchronen Drehmomentanteils $\left(\int_0^{2\pi} M d\varphi = \right.$ Fläche unter der Dreh-

momentlinie des asynchronen Momentanteils, Abb. 43). Nur wenn diese Bedingung erfüllt ist, kann auf die einphasige Vorsynchronisierung verzichtet werden.
Aber auch bei Anwendung der stufenweisen Synchronisation ist natürlich eine Abdämpfung der Schwingungen um die jeweilige synchrone Lage erforderlich. Bei Ausgleichsbewegungen um die Stillstandslage ist die Abdämpfung von Schwingungen jedoch besonders gut, da die Reibungs- und meist auch die sonstigen Lastmomente der jeweiligen Richtung der Drehbewegung entgegenwirken und daher in vollem Maße dämpfend auf die Ausgleichsschwingung wirken. In den meisten Fällen ist man daher für den Synchronisiervorgang nicht auf eine positive elektromagnetische Dämpfung angewiesen. Wenn in Sonderfällen keine ausreichende mechanische Dämpfung vorhanden ist, schaltet man zur Abkürzung der Wartezeiten zwischen den einzelnen Synchronisierstufen in die Läuferverbindungen relativ große Dämpfungswiderstände ein, die bei der letzten Umschaltung auf dreiphasigen Netzanschluß überbrückt und so für den Normalbetrieb unwirksam gemacht werden. Die üblichen Verzögerungszeiten zwischen den Schaltstufen beim Synchronisieren betragen wenige Sekunden.

9.2. Synchronisieren im Lauf

Die Forderung, eine elektrische Welle im Lauf zu synchronisieren, tritt in der Praxis nur in seltenen Ausnahmefällen auf. In der Regel ist diese Bedingung auch nur unter besonders günstigen Umständen oder mit erheblichem zusätzlichen Aufwand zu erfüllen. Wenn die Technologie des Arbeitsablaufes jedoch das Stillsetzen der zu synchronisierenden Antriebsgruppen nicht gestattet, kann auch im Lauf synchronisiert werden. Dies kommt z.B. vor bei Ferndreherwellen, wenn ein Geber mehrere Empfänger antreibt, die einzeln zeitweise stillzusetzen sind, während die übrigen weiterlaufen. Man kann das Synchronisieren im Lauf jedoch meistens dadurch umgehen, daß jeder Empfänger einen eigenen Geber erhält. Zum Stillsetzen braucht dann nur die Kupplung zwischen Geber und Hauptantrieb gelöst zu werden, ohne die elektrische Welle vom Netz zu trennen.
Beim Synchronisieren im Lauf können wir davon ausgehen, daß zuvor eine Wellenmaschine mit fester Drehzahl angetrieben wird, während die andere stillsteht. Schließt man nun bei verbundenen Läuferwicklungen beide Ständer an des Netz an, dann wird das weitere Verhalten entscheidend vom Belastungszustand der zuvor stillstehenden Maschine bestimmt. Ist die völlig unbelastet, dann läuft sie in Richtung des Drehfeldes hoch. Sie kann aber nicht mit dem Geber in Synchronismus kommen, weil sie durch das asynchrone Drehmoment über

dessen Drehzahl hinausgetrieben wird. Andererseits reichen bei Belastungen in der Größenordnung des Nennmomentes der elektrischen Welle die beschleunigenden Drehmomente an der stillstehenden Maschine nicht aus, um diese auf die Drehzahl des Gebers hochzufahren. Nur bei ganz besonders günstigen Lastverhältnissen kann der Empfänger hochlaufen und mit dem Geber in Synchronismus kommen, wenn dieser mit dem Drehfeld angetrieben wurde.
Zum Synchronisieren im Lauf ist ein Vorsynchronisieren mit einphasigem Netzanschluß wenig zweckmäßig. Denn nur bei Stillstand der Wellenmaschinen ist die Drehmomentkennlinie der einphasig erregten elektrischen Welle symmetrisch und enthält damit keinen asynchronen Drehmomentanteil. Bei Lauf tritt jedoch auch bei den einphasigen Schaltungen ein beschleunigendes oder bremsendes asynchrones Moment auf, so daß auch hier ein Synchronisieren im Lauf nur unter ganz speziellen Bedingungen erfolgt.

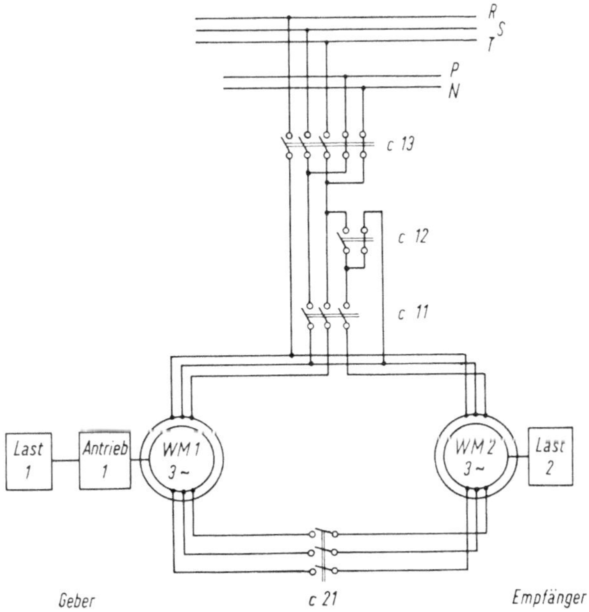

Abb. 119. Synchronisieren einer elektrischen Welle im Lauf Hochfahren und Synchronisation bei Gleichstrom-, Dauerbetrieb bei Drehstromspeisung.

Die sicherste Möglichkeit, zwei Wellenmaschinen auf gleiche Drehzahl zu bringen und dann zu synchronisieren, ist bei Gleichstromspeisung und Schaltung nach Abb. 119 gegeben. Hier ist angenommen, daß Wellenmaschine *WM* 1 mit dem Antrieb 1 läuft und *WM* 2 hochzufahren und zu synchronisieren ist. Nach Schließen der Schalter c_{11} und c_{21} wird *WM* 2 vom Läufer her mit einem Drehfeld gespeist, dessen Frequenz durch die Drehzahl von *WM* 1 gegeben ist. Da bei diesem Schaltzustand die Ständerwicklung von *WM* 2 kurzgeschlossen ist, läuft der Empfänger wie ein normaler Asynchronmotor bis nahezu auf

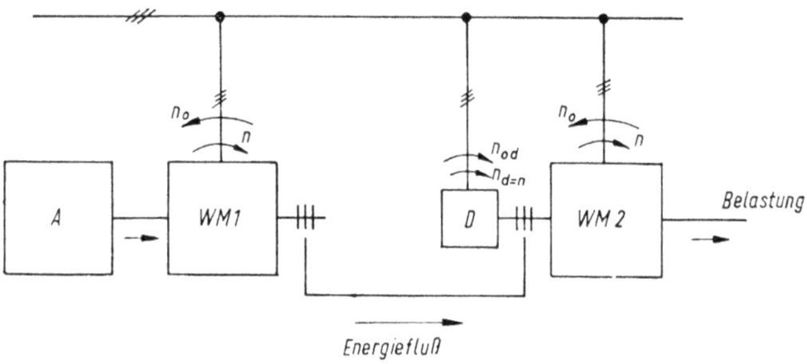

Abb. 120. Anordnung der „gedämpften" Ferndreherwelle (s. S. 92) A = Antrieb; $WM1$ = Gebermaschine; $WM2$ = Empfängermaschine; D = Dämpfermaschine; n_0 = synchrone Drehzahl der Wellenmaschinen; n_{od} = synchrone Drehzahl der Dämpfermaschine; $n = n_d$ = Drehzahl der elektrischen Welle)

seine synchrone Drehzahl hoch, die gleich der Drehzahl des Gebers ist. Nach Umschaltung von c_{12} wird auch *WM* 2 mit Gleichstrom erregt, so daß ihr Läufer vollends mit *WM* 1 in Synchronismus kommt. Hiernach kann durch Betätigung von c_{13} auf Drehstromerregung umgeschaltet werden, womit der Synchronisierungsvorgang abgeschlossen ist.

10. Mehrmaschinenwellen

Die theoretischen Untersuchungen über elektrische Wellen werden gewöhnlich für die Zusammenschaltung von nur zwei Schleifringläufermaschinen gleicher Bauart durchgeführt. Diese Einschränkung ist sehr nützlich, da sie zu erheblichen Rechnungsvereinfachungen führt. Überdies ist die Einwellenanordnung aus zwei gleich gebauten Maschinen in der Praxis der Regelfall.

Gelegentlich kommt es aber auch vor, daß mehr als zwei Antriebsgruppen im Gleichlauf zu halten sind. Wenn die Lasten an den Arbeitsmaschinen etwa gleich groß sind, werden für die Ausgleichsmaschinen gleiche Motorentypen verwendet. Wird die Auslegung der Wellenmaschinen wie bei der Zweimaschinenanordnung vorgenommen, dann können bei der Mehrmaschinenwelle mindestens die gleichen Dauermomente und sogar etwas höhere Kippmomente an jedem Wellenmotor abgenommen werden. Für die dynamische Berechnung ist zu beachten, daß zwischen beliebigen Maschinenpaaren Schwingungen möglich sind. Besonders bei äußeren Pendelmomenten sind alle Eigenfrequenzen auf Resonanz zu untersuchen.

Wie schon im Abschnitt über Ferndreherwellen erwähnt, verzichtet man bei kleinen Leistungen gern auf getrennte Antriebs- und Ausgleichsmaschinen. So wird auch bei Mehrmaschinenantrieben, besonders bei kleinen Leistungen, die sogenannte Leitwellenanordung bevorzugt. Es handelt sich hierbei im Prinzip um eine Ferndreherwelle mit zahlreichen Empfängern und nur einem größeren Geber, der gewöhnlich getrennt aufgestellt und von einem eigenen Motor angetrieben wird. Die Auslegung der einzelnen Maschinen kann weitgehend den jeweiligen Lastverhältnissen angepaßt werden. Die Typengröße der Empfängermaschinen richtet sich nach dem Lastmoment der Antriebe, wobei die Empfänger auch verschiedene Baugröße haben können. Wichtig ist die zweckmäßige Wahl der Drehrichtung. Wenn es der vorgesehene Drehzahlbereich erlaubt, ist der Lauf im Sinne des Drehfeldes vorzuziehen. Dadurch werden besonders bei kleinen Motortypen die zulässigen Empfängermomente erheblich größer. Außerdem braucht der Antriebsmotor der Gebermaschine nur für eine kleinere Leistung ausgelegt zu werden, als der Summe der Empfängerleistungen entspricht. Umgekehrt ist bei Lauf entgegen der Drehfeldrichtung besonders zu beachten, daß der Antriebsmotor des Gebers eine größere Leistung, in ungünstigen Fällen sogar ein mehrfaches der Summe der Antriebsleistungen der Empfänger, benötigt.

Die Vorausberechnung von Mehrmaschinenwellen mit unterschiedlichen Typengrößen der Wellenmaschinen erfordert einen erhöhten Rechenaufwand. Die Baugröße der Wellenmaschinen kann zunächst überschlägig festgelegt werden. Jede einzelne Empfängermaschine wird so groß gewählt, daß sie in einer Ferndreherwelle aus zwei gleichen Maschinen die geforderten Lastmomente abgeben könnte. Die Typengröße des Gebers ist ausreichend gewählt, wenn ihre Motorleistung mindestens der Summe der Motorleistungen aller Empfänger entspricht.

Die erforderlichen Angaben für die unter gegebenen Lastverhältnissen zu erwartenden Ströme und Verdrehungswinkel können aus einer überschlägigen Rechnung nur ungefähr bestimmt werden, und insbesondere bei größeren Maschinenleistungen ist eine genauere Rechnung [47] notwendig.

Literaturhinweise

I. Ausgleichs- und Ferndreherwellen mit dreiphasigem Netzanschluß

A. Betriebsverhalten und Theorie des stationären Betriebs

[1] *Jordan, H.:* Über den stationären Betrieb und die Auslegung von elektrischen Ausgleichwellen, ETZ (A) **73** (1952), H. 2, S. 38 - 41.

[2] *Nowacki, L. M.:* Induction Motors as Selsyn Drives, Electr. Engg. (1933), S. 848 - 853.

[3] *Geiler, L. B.:* Elektrowellen für Drehstrom in den Elektroantrieben der spanabhebenden Werkzeugmaschinen, Deutsche Elektrotechn. **6** (1952), H. 9. S. 433 - 442.

[4] *Jalla, M. F.:* Les arbres electriques en regime statique, Rev. gen. Electr. **64** (1955), H. 12, S. 631 - 647.

[5] *Ungruh, F.:* Gleichlaufantriebe mit elektrischen Wellen, Elektro-Techn. **42** (1960), H. 8/9, S. 61 - 63.

[6] *Schilli, R.:* Die elektrische Welle und das elektrische Differential beim Mehrmotorenantrieb, CEIG-Ber. **4** (1958), H. 4, S. 191 - 195.

[7] *Kucera, J.:* La theorie du selsyn, Rev. gen. Electr. **67** (1958), S. 433 - 442.

[8] *Kucera, J.:* Hyper- und hyposynchrone Maschinen, Elektrotechn. u. Masch.-Bau **74** (1957), H. 11, S. 244 - 248.

[9] *Fleißer, H.:* Gleichlaufanordnungen von Asynchronmaschinen, Diss. TH Berlin 1944.

[10] *v. Gundlach* und *Sparing, O.:* Elektrische Anordnung zur Sicherung des Gleichlaufs mehrerer Wellen, Siemens-Zeitschrift **7** (1927), H. 9, S. 600 - 605 und H. 10, S. 678 - 688.

[11] *Winne, H. A.:* Synchronous Ties, Gen. Electr. Rev. (1933), Nr. 11, S. 129 - 135.

[12] *Liwschitz, M.:* Gleichlaufanordung für Gleichstrommotoren mit Hilfe von synchronen Drehfeldmaschinen, Wiss. Veröff. Siemens-Konz. **5** (1926), H. 2, S. 27.

[13] *Lund, H.:* Asynchronmaschinen im Gleichlauf, Forschung u. Technik (1930).

[14] *Dreyfus, L.:* Über den Gleichlauf von Mehrphasen-Asynchronmotoren, Elektrotechn. u. Maschinenbau **48** (1930), H. 44, S. 985 - 991 u. H. 45, S. 1006 - 1013.

[15] *Scharstein, E.:* Kippgrenze der Gleichlaufanordnung mit Hilfe von Asynchronmotoren, Arch. Elektrotechn. **28** (1934), S. 770 - 774.

[16] *Schuisky, W.:* Über den Gleichlauf von Induktionsmotoren, Arch. Elektrotechn. **28** (1934), S. 597.

[17] *Schmitz, T.:* Das Kreisdiagramm der elektrischen Welle, ETZ (A) **57** (1936), H. 32, S. 911 - 915.

[18] *Stoll, W.:* Die elektrische Welle, AEG-Mitt. **31** (1941), S. 197.
[19] *Treschtschew, I. I.:* Zur Frage einer allgemeinen Theorie der elektrischen Welle, Deutsche Elektrotechnik **7** (1953), H. 10, S. 507 – 510.
[20] *Schwarz-Kast, E. L.:* Induction motor for synchronized drives, Electr. Engg. **68** (1949), S. 856.
[21] *Tortia, E.:* Procedimento di calcolo di alberi elettrici per la rotatione sincrona di duo motori, Elettrotecnica **36** (1949), S. 528 – 532.
[22] *Finzi, L. A.* und *Wellard, L. C.:* The geometric loci of the synchronous tie, Trans. Amer. Inst. Electr. Engg. (I) **68**, (1949), S. 168 – 171.
[23] *Finzi, L. A.* und *McConnel, H. M.:* The torques of the synchronous tie, Trans. Amer. Inst. Electr. Engg. (II) **68** (1949), S. 1147 – 1152.
[24] *De Ries, J.:* Etude sur l'axe electrique, Rev. gen. Electr. **62** (1953), S. 335 – 358.
[25] *Pflügel,* Gleichlauf von Antrieben durch elektrische Wellen, BBC-Nachrichten **24** (1960), H. 8, S. 428 – 440.
[26] *Nürnberg, W.:* Die Prüfung elektrischer Maschinen, Verlag Springer, 4. Aufl. 1959, S. 125 ff.
[27] *Schuisky, W.:* Elektromotoren, ihre Eigenschaften und ihre Verwendung für Antriebe, Verlag Springer, Wien 1951.

A. Untersuchungen der dynamischen Eigenschaften

[28] *Jordan, H.:* Selbsterregte Pendelungen einer elektrischen Welle. Jahrb. AEG-Forschg. **7** (1949), S. 91 – 111.
[29] *Jordan, H.:* Über Gleichlaufschaltungen mit Asynchronmaschinen, Z. f. Elektrotechn. **44** (1949), H. 2, S. 33 – 44.
[30] *Concordia, C.* und *Kron, C.:* Damping and Synchronizing Torques of Power Selsyn, Trans. Amer. Inst. Electr. Engg. **64** (1945), S. 366 – 371.
[31] *Jordan, H.* und *Schmitt, W.:* Über die Unterdrückung der Pendelneigung elektrischer Wellen durch induktive und ohmsche Widerstände im Läuferkreis, AEG-Mitt. **31** (1941), H. 3/4, S. 102 – 106.
[32] *Jordan, H.:* Der Einfluß des ohmschen Ständerwiderstandes auf die Stabilität einer elektrischen Ausgleichswelle, Arch. Elektrotechn. **40** (1952), S. 385 – 391.
[33] *Prescott, J. C.* und *Raju, B. P.:* The Inherent Instability of Induction Motors under Conditions of Double Supply, J. Inst. Electr. Engg., London, **1050** (1958), S. 319 – 329, Monograph Nr. 282 U.
[34] *Ungruh, F.:* Die Stabilität elektrischer Ausgleichswellen bei Speisung mit Drehstrom, Wechselstrom und Gleichstrom, Diss. TH Hannover 1959 und Arch. Elektrotechn. **45** (1960), H. 6, S. 373 – 398.
[35] *Ungruh, F.:* Pendelungen elektrischer Wellen und Maßnahmen zu ihrer Unterdrückung, Siemens-Z. **34** (1960), H. 7, S. 437 – 444.
[36] *Jordan, H.* und *Freise, W.:* Drillschwingungen von Elektroantrieben und ihre Bekämpfung, Glückauf **95** (1959), H. 9, S. 519 – 525.
[37] *Zendrini, G.:* Untersuchungen über die Stabilität der Eigenschwingungen einer elektrischen Welle, BBC-Mitt. **46** (1959), H. 7, S. 407 – 418.

[38] *Jordan, H.* und *Freise, W.:* Die Bemessung von elektrischen Ausgleichswellen, Konstruktion **12** (1960), H. 4, S. 141 – 146.
[39] *Ungruh, F.:* Theoretische und experimentalle Untersuchung eines mechanischen Schwingungsdämpfers für elektrische Wellen, Siemens-Z. **35** (1961), H. 8, S. 610 – 618.
[40] *Blöm, J. F.:* Overgangsverschiejnselen van de asynchrone draaistrommaschine, De Ingenieur **25** (1960), E. 42 – E 50.
[41] *Burg, F. A. W. van den:* Problems on the electrical Transmission Shaft, De Ingenieur **38** (1960), E. 95 – E 103.
[42] *Burg, F. A. W. van den:* An Electrical Transmission Shaft and its Stability Founded on a General Theory of Electrical Machines, Diss. TH Delft 1961.

C. Reihenschaltung der Ständerwicklungen

[43] *Kovacs, K. P.:* Elektrische Welle in Reihenschaltung, Bull. Schweiz. elektrotechn. Ver. **33** (1942), H. 16, S. 443 – 450.
[44] *Ungruh, F.* und *Schneider, J.:* Berechnung elektrischer Ausgleichswellen bei Reihenschaltung der Ständerwicklungen, ETZ (A) **81** (1960), H. 10, S. 366 – 369.
[45] *Schneider, J.:* Über die Stabilität elektrischer Wellen bei Reihenschaltung der Ständerwicklungen, Diss. TH Hannover 1961.

D. Gleichstromspeisung

[46] *Jordan, H.* und *Lax, F.:* Die Unterdrückung selbsterregter Pendelungen elektrischer Wellen durch Gleichstromspeisung, Jahrb. AEG-Forsch. **9** (1942), S. 18 – 29.

E. Mehrmaschinenwellen

[47] *Jordan, H.:* Über unsymmetrische Ausgleichswellen und Mehrmaschinenwellen, Arch. Elektrotechn. **40** (1952), S. 391 – 397.

II. Elektrische Arbeitswellen

[48] *Jordan, H.:* Das stationäre Betriebsverhalten und die Bemessung von Arbeitswellen, Elektrotechn. u. Masch.-Bau **69** (1952), H. 20, S. 455 – 458.
[49] *Hannakam, L.:* Dynamisches Verhalten elektrischer Arbeitswellen, Diss. TH Darmstadt 1953.
[50] *Hannakam, L.:* Die elektrische Arbeitswelle und ihre Anwendung zum Antrieb von Portalkränen, VDE-Fachber. 1956, Teil 1, S. 100 – 105.
[51] *Roch, A.:* Der Krempelsatz und sein Antrieb, Melliand Textilber. **38** (1957), H. 6, S. 598 – 602 und H. 7, S. 743–745.
[52] *Ünalan, E.:* Beziehungen zwischen der elektrischen Ausgleichs- und Arbeitswelle, Elektrotechn. u. Masch.-Bau **74** (1957), H. 5, S. 103 – 107.

[53] *Jotwani, D. D.:* Über das stationäre und dynamische Verhalten einer Arbeitswelle aus zwei Drehstromasynchronmotoren gleicher Type unter Berücksichtigung des Ständerwiderstandes, Diss. TH Hannover 1960.

III. Unsymmetrische Ständerschaltungen

[54] *Diesner, R.:* Die elektrische Welle mit unsymmetrischen Ständerschaltungen Diss. TH Wien 1953.

[55] *Mesarovic, M.:* Konstruktion und experimentelle Untersuchung des Arbeitsdiagramms einer Einphasen-Ausgleichswelle, Arch. Elektrotechn. **41** (1955), H. 7, S. 384 – 392.

[56] *Seiler, G.:* Gleichlauf von Einphasen-Asynchronmaschinen, Diss. TH München 1955 und ETZ (A) **79** (1958), S. 75 – 80.

[57] *Goswami, A. K.:* Ermittlung der Drehmomente und Ströme der einphasigen elektrischen Welle, Diss. TH Darmstadt 1957 und Elektrotechn. u. Masch.-Bau **76** (1959), H. 13, S. 327 – 333 und H. 14, S. 354 – 356.

[58] *Goswami, A. K.:* Leistungsbilanz und statische Stabilität der einphasigen elektrischen Welle, Arch. Elektrotechn. **44** (1959), H. 5, S. 297 – 305.

[59] *Dreier, H.:* Experimentelle und theoretische Untersuchung der einphasigen elektrischen Gleichlaufschaltung, Diss. TH Braunschweig 1960.

[60] *Jordan, H.:* Über einen Fall von rheolinearen Schwingungen bei unsymmetrischen Gleichlaufschaltungen mit Asynchronmaschinen, Z. f. Elektrotechn. **44** (1949), H 5, S. 114 – 116.

IV. Anwendungen der elektrischen Welle

[61] *Oertel, F.:* Die elektrische Welle, Elektrotechn. u. Masch.-Bau **61** (1943), H. 47/48, S. 569 – 579.

[62] *Bock, L.:* Elektrische Gleichlaufantriebe an Werkzeugmaschinen, ETZ (A) **78** (1957), H. 18, S. 632 – 636.

[63] *Natalis:* Kritische Betrachtungen über Vertikalbewegungen von Lasten und ihre Regelung bei elektrischen Aufzügen und Kranen, Wiss. Veröff. Siemens-Konz. **7** (1928/1929).

[64] *Drake, C. W.:* Synchronism without mechanical connection, Electr. World **107** (1939), S. 44 (720), S. 112 (788).

[65] *Ochsner, A.:* Commandes individuelles d'assortiments de cardes pour laine, Bull. Oerlikon (1946), S. 1703 – 1710.

[66] *Jansö, A.:* Electrical Selsyn drive for woollen card sets, ASEA J., Västeraes **25** (1952), *S.* 10 – 22.

[67] *Jalla, F.* und *Lutz. H.:* Arbre electrique de compensation de partiques jumeles pour maneuvre de batardeaux, Bull. Oerlikon (1953), S. 72 – 76.

[68] *Resset, M.:* Die elektrische Welle, eine praktische Lösung für die rein elektrische kraftschlüssige Verbindung von Maschinenteilen, BBC-Mitt. **32** (1945), H. 4, S. 133 – 135.

[69] *Riggenbach, M.:* Die elektrische Welle, BBC-Mitt. **32** (1945), H. 8, S. 263 - 272.
[70] *Rusterholz, V.:* Einige interessante Anwendungen der elektrischen Welle, BBC-Mitt. **41** (1954), H. 5, S. 158.
[71] *Cordes, H.:* Automatisierte Walzenanstellung mit Lochkarten-Programmierung, BBC-Nachr. **42** (1960), H. 5, S. 228 - 231.
[72] *Theuer, A.:* Die Regelung von Mehrmotorenantrieben, BBC-Nachr. **42** (1960), H. 5, S. 251 - 258.
[73] *Campbell, S. J.:* Synchrotic Systems, Westinghouse Engr. Bd. 14 (1953), Nr. 6, S. 178 - 183.
[74] *Frick, B.* und *Brown, S. S.:* Precise control for lock 27, Westinghouse Eng. (1953), S. 184 - 187.
[75] *Boss, W.:* Elektrische Welle für Vorschubantriebe, Öst. Maschinenmarkt m. Elektrowirtsch. **7** (1953), Nr. 9/10, S. 129 - 131.

V. Drehmeldersysteme und Gleichlaufregelungen

[76] *Wildermuth, E.:* Induktive Fernübertragungssysteme und ihre Bausteine, Feinwerktechnik **62** (1958), H. 10, S. 333 - 334.
[77] *Choudhury, S. A.:* Selsyn applications and synchronizing problems, B.T.H.-Activites, British-Thomson-Houston, Rugby **25** (1954), S. 55 - 67.
[78] *Klaus, G.:* Fernübertragung von Winkelstellungen, Funk-Techn. (1957), H. 18, S. 640 - 642.
[79] *Anonym:* Wechselstrom-Drehmelder, Technische Erläuterungen, Siemens- u. Halske AG, München 1960.
[80] *Schiller, F.:* Das ELTOR-System für die Gleichlaufregelung von Mehrmotorenantrieben an Papiermaschinen, Siemens-Z. **34** (1960), S. 201 - 203.
[81] *Keßler, G.:* Die Regelung des Gleichlaufs an Papiermaschinen, Wochenblatt für Papierfabrikation **87** (1959), S. 498 - 505.
[82] *Bailey, A. E.:* Meter Reading and signal transmitted by Selsyn Motors, Power **68** (1928), S. 434 - 435,
[83] *Holbein, G.:* Induktive Meßwertwandler zur Fernübertragung von Meßwerten und Regelsignalen, Feinwerktechn. **63** (1959), H. 11, S. 393 - 403.
[84] *Milkiewicz, F.:* Die Verwendung des Selsyns als eines Spannungsinduktionsgebers bei Messungen von linearen und Winkel-Verschiebungen (poln.) Pomiary automat. kontrola **6** (1960), H. 4, S. 129 - 132.
[85] *Salonimer, D. J.:* Unusual applications for conventional synchron, Electronics **32** (1959), H. 39, S. 84 - 86.
[86] *Brandt, R.:* Theoretical Approach to Speed and Tie Line Control, Trans. Amer. Inst. Electr. Engg. **66** (1947), S. 24 - 30 und Proc. Amer. Inst. Electr. Engg. **66** (1947), Nr. 74, S. 1 - 7.
[87] *Zeitz, K. H.:* Elektrische Messung und Fernübertragung von Dreh- und Hubbewegungen, Elektro-Anzeiger (1959), S. 143 - 145.
[88] *Ahrendt, H. R.* und *Savant, C. J.:* Servomechanism Practics, McGraw Hill Book Comp. London.

[89] *Crown, L. R.*: Synchros, Self-Synchronous Devices and Electrical Servo-Mechanisms, Vincennes, Indiana (The scientific Book Publ. Co) 1955.

[90] *Brown, G. S.* und *Campbell, D. P.*: Principle of Servomechanism, New York (Wiley) 1948.

[91] *Schäfer, O.*: Grundlagen der selbsttätigen Regelungen, München (Franzis-Verlag) 1953.

[92] *Oppelt, W.*: Kleines Handbuch technischer Regelvorgänge, Weinheim/Bergstr. (Verlag Chemie GmbH) 1956.

[93] *Sokolow, T. N.*: Elektrische Hochlaufregler, München (Porta-Verlag) 1957.

[94] *Gibson, J. E.* und *Tuteur, F. B.*: Control System Components, New York, Toronto, London (McGraw Hill Book Comp. Inc.) 1958.

[95] *Kadegge, G.*: Die Gleichlaufregelung von Mehrmotorenantrieben in der Textilindustrie, Melliand Textilberichte **37** (1956), H. 6, S. 702 - 707.

[96] *Rodewald, E.* und *Popovic, A.*: Gleichlaufanordnungen bei Drehstrom-Kommutatormotoren, Siemens-Z. **35** (1961), H. 6, S. 486 - 492.

VI. Sonstige Veröffentlichungen

[97] *Richter, R.*: Elektrische Maschinen, I. Band, Verlag Birkhäuser, Basel, 1951, und IV. Band, Verlag Springer, Berlin, 1936.

[98] *Arnold, E.*: Die Wechselstromtechnik Bd V, Teil 1: Die Induktionsmaschinen, von E. Arnold und J. L. La Cour, Verlag Springer, Berlin, 1909.

[99] *Oberdorfer, G.*: Die Ortskurventheorie der Wechselstromtechnik, 2. Aufl. Wien 1950.

[100] *Fortescue, I. C. L.*: Method of symmetrical coordinates, Trans. Amer. Inst. Electr. Engg. **37** (1918), Teil II, S. 1027 - 1140.

[101] *Kovacs, K. P.*: Betriebsverhalten von Asynchronmaschinen, Berlin, VEB-Verlag Technik 1957.

[102] *Jordan, H.* und *Lax, F.*: Vorausberechnung des Nullsystems unsymmetrischer Schaltungen von Drehstromasynchronmaschinen, ETZ (A) **75** (1954), H. 20, S. 696 - 699.

[103] *Schmitt, W.* und *Jordan, H.*: Über Drehstromasynchronmotoren mit unsymmetrischer Schaltung der Ständerwicklung, ETZ (A) **76** (1955), H. 3, S. 124 - 131.

[104] *Lax, F.*: Über die Wirkung von Nullsystemen in unsymmetrischen Ständerschaltungen von Drehstromasynchronmaschinen, Jahrb. AEG-Forschung **9** (1942), S. 113 - 148.

[105] *Hurwitz, A.*: Über die Bedingungen, unter welchen eine Gleichung nur Wurzeln mit negativen reellen Teilen besitzt, Math. Ann. **46** (1895), S. 273 - 284.

[106]. *Malkin, I. G.*: Theorie der Stabilität einer Bewegung, Verlag Oldenbourg, München 1959.

[107] *Cremer, L.*: Die Verringerung der Zahl der Koeffizienten bei Voraussetzung positiver Koeffizienten der charakteristischen Gleichung, Z. f. angew. Math. u. Mech. **33** (1953), S. 221 - 227.

[108] *Becker, H.:* Bemerkungen zum Stabilitätskriterium von Hurwitz, Regelungstechn. **5** (1957), H. 6, S. 205 - 206.
[109] *Lany, J.:* Einrichtung zum selbsttätigen Geschwindigkeiten- und Drehzahlenausgleich, VDI-Z. **102** (1960), H. 12, S. 471 - 172.
[110] *Üner, Z., Freise, W.* und *Jordan, H.:* Unterdrückung von selbsterregten Pendelungen elektrischer Ausgleichwellen mit Hilfe von Dämpfermaschinen, Konstruktion, **15** (1963), H. 12. S. 498 - 500.
[111] *Orth, A.:* Die elektrische Welle und ihre Anwendungen in modernen Industrie- und Verkehrsanlagen, BBC-Nachr. **46** (1964), H. 1, S. 30 - 40.
[112] *Stock, W.:* Die Leistungen und Drehmomente der elektrischen Ausgleichswelle als Funktion der Winkelabweichung bei konstantem Schlupf, Elektrie **18** (1964), H. 1, S. 8 - 12.
[113] *Reichl, M.:* Wechselstrom-Drehmelder und ihre vielseitingen Verwendungsmöglichkeiten, Siemens-Z. **37** (1963), H, 4, S. 261 - 263.
[114] Stock, W.: Das stationäre Kennlinienfeld der elektrischen Ausgleichswelle, Wiss. Z. Elektrotechn., Leipzig 2 (1964), H. 4, S. 239 - 258.
[115] Stock, W.: Beitrag zur Bestimmung der Leistungen und Drehmomente der elektrischen Arbeitswelle bei konstantem Schlupf, Elektrie **18** (196), H. 4, S. 117 - 119.

Stichwortverzeichnis

GPSR Compliance

The European Union's (EU) General Product Safety Regulation (GPSR) is a set of rules that requires consumer products to be safe and our obligations to ensure this.

If you have any concerns about our products, you can contact us on ProductSafety@springernature.com

In case Publisher is established outside the EU, the EU authorized representative is:

Springer Nature Customer Service Center GmbH
Europaplatz 3
69115 Heidelberg, Germany

Batch number: 10577896

Printed by Printforce, the Netherlands